博碩文化

博碩文化

Word 全方位排版實務
紙本書與電子書製作一次搞定
好評回饋版

榮欽科技 著

有效學習 Word 專業排版的必會技能

輕鬆活用Word做到專業文件排版

- 深入淺出Word排版觀念與運用技巧
- 了解正規的排版方法，讓繁複的排版工作變得輕鬆且有效率
- 掌握各種Word設計要領，輕鬆顯現別出心裁的效果與匠心獨具的版面
- 從無到有實際完成一本書的排版，親身體驗排版工作會遇到的各種問題

適用 Word2021、2019、2016 版本

博碩文化

作　　　者：榮欽科技
編　　　輯：曾婉玲、魏聲圩

董　事　長：曾梓翔
總　編　輯：陳錦輝

出　　　版：博碩文化股份有限公司
地　　　址：221 新北市汐止區新台五路一段 112 號 10 樓 A 棟
　　　　　　電話 (02) 2696-2869　傳真 (02) 2696-2867

發　　　行：博碩文化股份有限公司
郵撥帳號：17484299　戶名：博碩文化股份有限公司
博碩網站：http://www.drmaster.com.tw
讀者服務信箱：dr26962869@gmail.com
訂購服務專線：(02) 2696-2869 分機 238、519
（週一至週五 09:30 ～ 12:00；13:30 ～ 17:00）

版　　　次：2025 年 8 月五版一刷

博碩書號：MI22512
建議零售價：新台幣 450 元
Ｉ Ｓ Ｂ Ｎ：978-626-414-293-9
律師顧問：鳴權法律事務所 陳曉鳴律師

本書如有破損或裝訂錯誤，請寄回本公司更換

國家圖書館出版品預行編目資料

Word 全方位排版實務：紙本書與電子書製作一次搞定 (2016/2019/2021 適用)/ 榮欽科技著 . -- 五版 . -- 新北市：博碩文化股份有限公司 , 2025.08
　面；　公分

ISBN 978-626-414-293-9(平裝)

1.CST: WORD(電腦程式)　2.CST: 電腦排版

312.49W39　　　　　　　　　　　114011398

Printed in Taiwan

歡迎團體訂購，另有優惠，請洽服務專線
博碩粉絲團　(02) 2696-2869 分機 238、519

商標聲明

本書中所引用之商標、產品名稱分屬各公司所有，本書引用純屬介紹之用，並無任何侵害之意。

有限擔保責任聲明

雖然作者與出版社已全力編輯與製作本書，唯不擔保本書及其所附媒體無任何瑕疵；亦不為使用本書而引起之衍生利益損失或意外損毀之損失擔保責任。即使本公司先前已被告知前述損毀之發生。本公司依本書所負之責任，僅限於台端對本書所付之實際價款。

著作權聲明

本書著作權為作者所有，並受國際著作權法保護，未經授權任意拷貝、引用、翻印，均屬違法。

PREFACE
序 言

　　對於上班族或學生來說，利用 Word 程式來處理辦公文件或研究報告，是最基本的工作技能，不管是通知書、會議記錄單、表格、圖表、宣傳單、卡片、價目表、手冊、網頁、書面報告，大家都說會使用 Word 來製作編排，只是完成的作品參差不齊罷了！

　　文件的編排能否給人專業又清新的感覺，文件的呈現是否具視覺效果而易閱讀，層級架構的表達是否清楚而統一，讓讀者與作者間的溝通無障礙，錯誤的修正是否萬無一失，迅速又確實。這些在應用 Word 時所遇到的疑問，本書都將給各位一些指引。

　　本書除了讓大家對 Word 軟體的熟悉度達到精熟的地步，更著重在以 Word 作專業排版，目的在協助各位使用已熟悉的 Word 程式，來製作一份具專業質感且又具效率的文件。因此對於印刷流程、紙張開本、版面結構、裝訂裁切、文件類型、排版原則、頁面佈局、文字建構、樣式設定、範本製作、圖文編排、內容圖形化、快速修正錯誤…等各項必備知識，從中歸納出許多簡單又實用的使用技巧和要訣，輔以實際範例解說，使之一目了然，再加上各位已熟悉的 Word 功能，要快速完成具專業水準的排版文件就變得輕鬆簡單。

　　本書秉持一貫作風：深入淺出、輕鬆活用，將 Word 排版觀念與運用技巧融入在各章節中，把握正規的排版方法，讓繁複的排版工作變得輕鬆而有效率，掌握各種的設計要領，別出心裁的效果與匠心獨具的版面也能輕鬆顯現。

　　另外，章節中也規劃了「實作」單元，讓各位真正從無到有實際完成一本書的排版，包含文字處理、版面安排、格式設定、樣式套用、範本製作、圖文配置、目錄、封面、主控文件處理等，親身體驗排版工作所遇到的問題，以及解決問題的方法。

　　想用 Word 做專業排版嗎？本書絕對是你最佳的選擇！

榮欽科技　鄭苑鳳

目錄

Chapter 01 認識數位排版

1.1 印刷出版流程 ……………………………………………… 003
    1.1.1 作者定稿 …………………………………………003
    1.1.2 美術編排與校正 …………………………………003
    1.1.3 製版廠製版 ………………………………………004
    1.1.4 印刷／裁切／裝訂 ………………………………004
    1.1.5 入庫與上架 ………………………………………005

1.2 印刷排版基礎知識 …………………………………………… 005
    1.2.1 印刷用色 …………………………………………005
    1.2.2 紙張規格 …………………………………………006
    1.2.3 書籍結構 …………………………………………007
    1.2.4 版面結構 …………………………………………008
    1.2.5 出血設定 …………………………………………009
    1.2.6 刊物版面計畫 ……………………………………009

1.3 Word 做排版的優／缺點 …………………………………… 010
    1.3.1 以 Word 做排版的優點 …………………………010
    1.3.2 以 Word 做排版的缺點 …………………………011

1.4 Word 文件類型 ……………………………………………… 011
    1.4.1 簡單型文件 ………………………………………011
    1.4.2 圖文並茂文件 ……………………………………012
    1.4.3 郵件處理與合併列印文件 ………………………013
    1.4.4 長文件排版 ………………………………………013

1.5 Word 排版原則與應用 ……………………………………… 014
    1.5.1 使用範本快速建立文件 …………………………014
    1.5.2 運用樣式快速格式化文件 ………………………015
    1.5.3 使用佈景主題快速格式化文件 …………………015

1.6 Word 環境概觀 ……………………………………………… 016
    1.6.1 索引標籤與功能鈕 ………………………………017
    1.6.2 快速存取工具列 …………………………………018
    1.6.3 窗格 ………………………………………………018
    1.6.4 尺規 ………………………………………………019
    1.6.5 顯示比例控制 ……………………………………019
    1.6.6 檢視模式切換 ……………………………………019

Chapter 02 頁面佈局的排版技巧

2.1 頁面佈局要領 ………………………………………………… 022
- 2.1.1 頁面構成要素 …………………………………………… 022
- 2.1.2 佈局舒適性的考量 ……………………………………… 023
- 2.1.3 視覺中心的建構 ………………………………………… 024
- 2.1.4 版面的平衡法則 ………………………………………… 024
- 2.1.5 視線的導引 ……………………………………………… 025

2.2 設計文件的版面配置 …………………………………………… 026
- 2.2.1 純文字的版面配置 ……………………………………… 027
- 2.2.2 圖文類的版面配置 ……………………………………… 027
- 2.2.3 圖／文／表綜合的版面配置 …………………………… 029

2.3 開始頁面佈局 …………………………………………………… 030
- 2.3.1 版面規格設定 …………………………………………… 030
- 2.3.2 版芯與邊界設定 ………………………………………… 031
- 2.3.3 設定頁面方向 …………………………………………… 031
- 2.3.4 頁首頁尾設定 …………………………………………… 032
- 2.3.5 天頭與地腳的設定 ……………………………………… 033
- 2.3.6 頁面加入框線 …………………………………………… 033
- 2.3.7 頁面加入單色／漸層／材質／圖樣／圖片 …………… 035
- 2.3.8 添加浮水印效果 ………………………………………… 036
- 2.3.9 分欄設定 ………………………………………………… 037

2.4 實作－書冊版面設定 …………………………………………… 038
- 2.4.1 新增與儲存文件 ………………………………………… 038
- 2.4.2 版面基本佈局 …………………………………………… 039
- 2.4.3 設定頁首與頁碼資訊 …………………………………… 040
- 2.4.4 設定首頁與其他頁不同 ………………………………… 043

Chapter 03 文字建構的排版技巧

3.1 文字排版要點 …………………………………………………… 046
- 3.1.1 中文標點符號應使用全形 ……………………………… 046
- 3.1.2 英文標點符號一律用半形符號 ………………………… 047
- 3.1.3 注意文字斷句 …………………………………………… 047
- 3.1.4 可將文字視為物件處理 ………………………………… 047

3.2 文字與符號輸入 ………………………………………………… 048
- 3.2.1 中英文輸入 ……………………………………………… 049
- 3.2.2 輸入標點符號／特殊字元／符號 ……………………… 049
- 3.2.3 輸入數字類型編號 ……………………………………… 051
- 3.2.4 插入日期及時間 ………………………………………… 051
- 3.2.5 上標文字與下標文字 …………………………………… 051

v

- **3.2.6** 變更英文字大小寫 ········· 052
- **3.2.7** 輸入圍繞字元 ············· 052
- **3.2.8** 從檔案插入文字 ··········· 053

3.3 建構其他文字物件 ············· 054
- **3.3.1** 輸入數學方程式 ··········· 054
- **3.3.2** 插入水平／垂直文字方塊 ··· 055
- **3.3.3** 文字方塊間的鏈結 ········· 055
- **3.3.4** 插入與套用文字藝術師 ····· 056
- **3.3.5** 建置與插入快速組件 ······· 057

3.4 實作－建構文字 ··············· 059
- **3.4.1** 將原文件轉存成 TXT 純文字檔 ··· 059
- **3.4.2** 純文字檔匯入排版文件 ····· 060
- **3.4.3** 以「取代」功能刪除多餘的空白與空格 ··· 061
- **3.4.4** 以「取代」功能統一標點符號（） ··· 062

Chapter 04 文件格式化的排版技巧

4.1 格式化設定要領 ··············· 066
- **4.1.1** 字型和字型大小選擇 ······· 066
- **4.1.2** 字距／行距的協調與設定 ··· 067
- **4.1.3** 字體色彩的選擇 ··········· 068
- **4.1.4** 中英文字型的協調與設定 ··· 069
- **4.1.5** 段落統一分明 ············· 070
- **4.1.6** 大小標題清楚易辨 ········· 071
- **4.1.7** 善用項目符號提綱挈領 ····· 071
- **4.1.8** 行長與分段設定 ··········· 071

4.2 強化文件佈局的整齊清晰 ······· 072
- **4.2.1** 首行縮排 ················· 072
- **4.2.2** 首字放大與首字靠邊 ······· 073
- **4.2.3** 調整適當的段落間距 ······· 074

4.3 字元與段落格式設定 ··········· 075
- **4.3.1** 以「常用」標籤設定字型格式 ··· 075
- **4.3.2** 文字加入底線 ············· 076
- **4.3.3** 文字／段落加入框線與網底 ··· 076
- **4.3.4** 以「字元比例」變形文字 ··· 078
- **4.3.5** 變更文字方向為直書／橫書 ··· 079
- **4.3.6** 橫向文字與並列文字 ······· 080
- **4.3.7** 加入文字效果與印刷樣式 ··· 081
- **4.3.8** 顯示／隱藏格式化標記符號 ··· 081
- **4.3.9** 段落縮排 ················· 082
- **4.3.10** 快速複製字元或段落格式 ··· 082
- **4.3.11** 尺規與定位點設置 ········ 083

4.4 項目符號與編號 ·········· 084
- 4.4.1 套用與自訂項目符號 ·········· 085
- 4.4.2 套用與自訂編號清單 ·········· 085
- 4.4.3 套用與定義多層次編號清單 ·········· 086
- 4.4.4 檔案中內嵌字型 ·········· 088

4.5 實作－文字與段落格式設定 ·········· 088
- 4.5.1 設定段落的首行縮排／行距與段落間距 ·········· 089
- 4.5.2 設定大小標題格式 ·········· 089
- 4.5.3 強調文字加粗 ·········· 090
- 4.5.4 以「複製格式」鈕複製段落格式 ·········· 090
- 4.5.5 為區塊加入網底與框線 ·········· 091
- 4.5.6 設定 TIP 文字效果 ·········· 093

Chapter 05 樣式編修的排版技巧

5.1 為何要使用樣式 ·········· 096
- 5.1.1 樣式類型 ·········· 096
- 5.1.2 樣式應用範圍 ·········· 097

5.2 樣式的套用／修改與建立 ·········· 097
- 5.2.1 套用預設樣式 ·········· 097
- 5.2.2 修改預設樣式 ·········· 098
- 5.2.3 將選定的格式建立成新樣式 ·········· 099
- 5.2.4 更新樣式以符合選取範圍 ·········· 101
- 5.2.5 從無到有建立字元樣式 ·········· 101

5.3 以樣式集與佈景主題改變文件格式 ·········· 103
- 5.3.1 以樣式集快速變更文件外觀 ·········· 103
- 5.3.2 套用與修改 Office 佈景主題 ·········· 103

5.4 樣式的管理與檢查 ·········· 104
- 5.4.1 樣式檢查 ·········· 105
- 5.4.2 「樣式」窗格只顯示使用中的樣式 ·········· 106
- 5.4.3 以樣式快速選取多處相同樣式的文字 ·········· 106
- 5.4.4 刪除多餘樣式 ·········· 107

5.5 實作－樣式的設定 ·········· 107
- 5.5.1 將選定的格式建立成樣式 ·········· 107
- 5.5.2 更新以符合選取範圍 ·········· 109
- 5.5.3 從無到有建立清單樣式 ·········· 110

Chapter 06 提高文件建立的效率－善用範本做排版

6.1 為何要製作範本 ·········· 114

- 6.1.1 範本的特色與應用 ······ 114
- 6.1.2 範本格式 ······ 115
- 6.1.3 儲存文件為範本檔 ······ 116
- 6.1.4 開啟自訂的 Office 範本 ······ 116
- 6.1.5 預設個人範本位置 ······ 117

6.2 範本版面配置技巧 ······ 118
- 6.2.1 分欄式編排版面 ······ 118
- 6.2.2 以表格切割版面 ······ 118
- 6.2.3 以文字方塊建立區塊 ······ 119
- 6.2.4 以快速組件建置組塊 ······ 119
- 6.2.5 圖案應用 ······ 120

6.3 實作－建立與應用書冊排版範本 ······ 121
- 6.3.1 建立書冊排版範本 ······ 121
- 6.3.2 以範本檔建立新文件 ······ 122
- 6.3.3 開始編修新文件 ······ 123

Chapter 07 圖文配置的排版技巧

7.1 善用圖片或美工圖案修飾文件 ······ 126
- 7.1.1 利用圖片襯托文件資訊 ······ 126
- 7.1.2 滿版圖片更具視覺張力 ······ 127
- 7.1.3 剪裁圖片突顯重點 ······ 127
- 7.1.4 善用生動活潑的美工插圖 ······ 128
- 7.1.5 多樣的圖片外框 ······ 129
- 7.1.6 沿外框剪下圖片－圖形去背景處理 ······ 130

7.2 圖文配置技巧 ······ 130
- 7.2.1 從檔案插入圖片 ······ 130
- 7.2.2 將線上圖片插入至文件中 ······ 131
- 7.2.3 從螢幕擷取畫面 ······ 132
- 7.2.4 在頁首處插入插圖 ······ 133
- 7.2.5 排列位置與文繞圖設定 ······ 134
- 7.2.6 編輯文字區端點 ······ 136

7.3 圖片編輯與格式設定 ······ 137
- 7.3.1 裁剪圖片 ······ 138
- 7.3.2 精確設定圖片尺寸 ······ 139
- 7.3.3 旋轉與翻轉圖片 ······ 140
- 7.3.4 套用圖片樣式 ······ 141
- 7.3.5 美術效果設定 ······ 141
- 7.3.6 圖片校正與變更色彩 ······ 142
- 7.3.7 刪除圖片背景 ······ 142
- 7.3.8 壓縮圖片 ······ 143
- 7.3.9 設定圖片格式 ······ 144

7.3.10	匯出文件中的圖片	145

7.4 實作－圖片與文字的組合搭配 … 145

7.4.1	插入圖檔	146
7.4.2	調整圖片大小與對齊方式	146
7.4.3	並列圖片與圖片樣式設定	147
7.4.4	設定文繞圖效果	148

Chapter 08 文件內容圖形化的排版技巧

8.1 使用與編輯圖案 … 152

8.1.1	插入基本圖案	152
8.1.2	插入線條圖案	153
8.1.3	圖案的縮放與變形	154
8.1.4	編輯圖案端點	155
8.1.5	圖案中新增文字	156
8.1.6	加入與變更圖案樣式	156
8.1.7	變更圖案	157
8.1.8	設定為預設圖案	157
8.1.9	多圖案的對齊／等距排列	158
8.1.10	變更圖案前後位置	158
8.1.11	群組圖案	159
8.1.12	繪圖畫布的新增與應用	159

8.2 使用與編輯 SmartArt 圖形 … 161

8.2.1	內容圖形化的使用時機	161
8.2.2	插入 SmartArt 圖形	162
8.2.3	以文字窗格增刪 SmartArt 結構	162
8.2.4	更改 SmartArt 版面配置	164
8.2.5	SmartArt 樣式的美化	165
8.2.6	將插入圖片轉換為 SmartArt 圖形	166

8.3 實作－以 SmartArt 圖形製作圖片清單 … 167

8.3.1	插入與選取 SmartArt 圖形配置	168
8.3.2	編修文字與圖案結構	169
8.3.3	插入清單圖片	170
8.3.4	變更圖形色彩	172
8.3.5	圖形版面置中對齊	172

Chapter 09 表格與圖表的排版技巧

9.1 表格與圖表使用技巧 … 174

9.1.1	快速將文件內容轉換為表格	174
9.1.2	顯示內容間的差異	175

- **9.1.3** 利用配色使表格內容更明確 ········· 175
- **9.1.4** 將數據資料視覺化 ········· 176
- **9.1.5** 重複標題與防止跨頁斷列 ········· 177

9.2 表格建立與結構調整 ········· 178
- **9.2.1** 插入表格 ········· 178
- **9.2.2** 手繪表格 ········· 179
- **9.2.3** 文字／表格相互轉換 ········· 180
- **9.2.4** 插入 Excel 試算表 ········· 181
- **9.2.5** 新增與刪除欄列 ········· 182
- **9.2.6** 合併與分割儲存格 ········· 183
- **9.2.7** 列高／欄寬的調整與均分 ········· 183
- **9.2.8** 自動調整表格大小 ········· 184
- **9.2.9** 上下或左右分割表格 ········· 184

9.3 表格內容設定與美化 ········· 186
- **9.3.1** 表格文字的輸入與對齊設定 ········· 186
- **9.3.2** 表格內容自動編號 ········· 188
- **9.3.3** 表格中插入圖片 ········· 188
- **9.3.4** 圖片自動調整成儲存格大小 ········· 190
- **9.3.5** 套用表格樣式 ········· 191
- **9.3.6** 自訂表格框線 ········· 192
- **9.3.7** 文字環繞表格 ········· 193

9.4 使用與編輯圖表 ········· 194
- **9.4.1** 插入圖表 ········· 195
- **9.4.2** 編輯圖表資料 ········· 196
- **9.4.3** 變更圖表版面配置 ········· 196
- **9.4.4** 變更圖表樣式與色彩 ········· 197
- **9.4.5** 變更圖表類型 ········· 198

9.5 實作－文字轉表格與表格美化 ········· 198
- **9.5.1** 文字轉換為表格 ········· 199
- **9.5.2** 表格與文字置中對齊 ········· 200
- **9.5.3** 套用表格樣式 ········· 201

Chapter 10 長文件的排版技巧

10.1 長文件編排注意事項 ········· 204
- **10.1.1** 使用目錄速查資料 ········· 204
- **10.1.2** 以頁首頁尾增加文件的易讀性 ········· 206
- **10.1.3** 加入頁碼顯示目前頁數 ········· 206
- **10.1.4** 以註腳和附註增加文件可讀性 ········· 207
- **10.1.5** 以標號增強圖／表的可讀性 ········· 208

10.2 頁碼與頁首／頁尾設定 ········· 208

10.2.1	變更頁首／頁尾大小	209
10.2.2	讓頁首／頁尾資訊靠右對齊	209
10.2.3	快速新增頁首頁尾的內容組件	210
10.2.4	同份文件的不同頁碼格式	210
10.2.5	讓每頁的頁首及頁尾內容都不同	212

10.3 自動標號功能 … 212

10.3.1	以標號功能為圖片自動編號	212
10.3.2	以標號功能為表格自動編號	214
10.3.3	標號自動設定	214

10.4 參考資料設定 … 215

10.4.1	插入註腳或章節附註	216
10.4.2	調整註腳／章節附註的位置與編碼格式	217
10.4.3	轉換註腳與章節附註	218
10.4.4	插入引文	218
10.4.5	插入書目	219

10.5 建立目錄 … 221

10.5.1	以標題樣式自動建立目錄	221
10.5.2	更新目錄	224
10.5.3	使用標號樣式建立圖表目錄	224
10.5.4	設定目錄格式	225

10.6 封面製作 … 227

10.6.1	插入與修改內建的封面頁	228
10.6.2	插入空白頁或分頁符號	229

10.7 主控文件應用 … 230

10.7.1	將多份文件合併至主控文件	230
10.7.2	調整子文件先後順序	232
10.7.3	鎖定子文件防止修改	233
10.7.4	在主控文件中編輯子文件	234
10.7.5	將子文件內容寫入主控文件中	234

10.8 實作－章名頁／書名頁／推薦序言／目錄／主控文件設定 … 235

10.8.1	各章加入章名頁	235
10.8.2	加入書名頁	237
10.8.3	推薦序言與頁首資訊設定	239
10.8.4	加入章節目錄	242
10.8.5	主控文件設定	245

Chapter 11 快速修正排版錯誤

11.1 自動校閱文件 … 250

11.1.1	自動修正拼字與文法問題	251
11.1.2	校閱拼字及文法檢查	252

11.2 尋找與取代文字 ... 253
- 11.2.1 以導覽功能窗格搜尋文字 ... 253
- 11.2.2 快速修改同一錯誤 ... 254
- 11.2.3 刪除多餘的半形或全形空格 ... 255
- 11.2.4 快速轉換英文大小寫 ... 255
- 11.2.5 快速轉換半形與全形英文字 ... 256
- 11.2.6 使用萬用字元搜尋與取代 ... 257

11.3 指定方式做取代 ... 258
- 11.3.1 去除段落之間的空白段落 ... 258
- 11.3.2 去除文件中所有圖形 ... 260

11.4 尋找與取代格式 ... 260
- 11.4.1 取代與變更字型格式 ... 261
- 11.4.2 取代與變更圖片對齊方式 ... 263

Chapter 12 列印／輸出與文件保護

12.1 少量列印文件 ... 266
- 12.1.1 列印目前的頁面 ... 267
- 12.1.2 指定多頁面的列印 ... 268
- 12.1.3 只列印選取範圍 ... 268
- 12.1.4 單頁紙張列印多頁內容 ... 269
- 12.1.5 手動雙面列印 ... 269

12.2 印刷輸出 ... 271
- 12.2.1 匯出成 PDF 格式 ... 271
- 12.2.2 Word 文件輸出成 PRN 格式 ... 272

12.3 文件保護 ... 273
- 12.3.1 將文件標示為完稿 ... 274
- 12.3.2 以密碼加密文件 ... 275
- 12.3.3 消除文件密碼設定 ... 276

12.4 將文件轉為電子書格式 ... 276
- 12.4.1 使用 Issuu 將文件轉為 Flash 電子書 ... 277
- 12.4.2 Issuu 的電子書管理與分享 ... 279

CHAPTER

01

認識數位排版

- ✓ 1.1 印刷出版流程
- ✓ 1.2 印刷排版基礎知識
- ✓ 1.3 Word 做排版的優/缺點
- ✓ 1.4 Word 文件類型
- ✓ 1.5 Word 排版原則與應用
- ✓ 1.6 Word 環境概觀

「數位排版」是指透過電腦將文字和圖像等素材置入到排版軟體中，利用軟體所提供的各項功能指令，諸如：版面配置、文件格式、插入、字元／段落樣式…等，將文件內容編排成冊。由於是透過電腦輔助來做設計，所以增／刪內容或修改圖像都非常地容易。

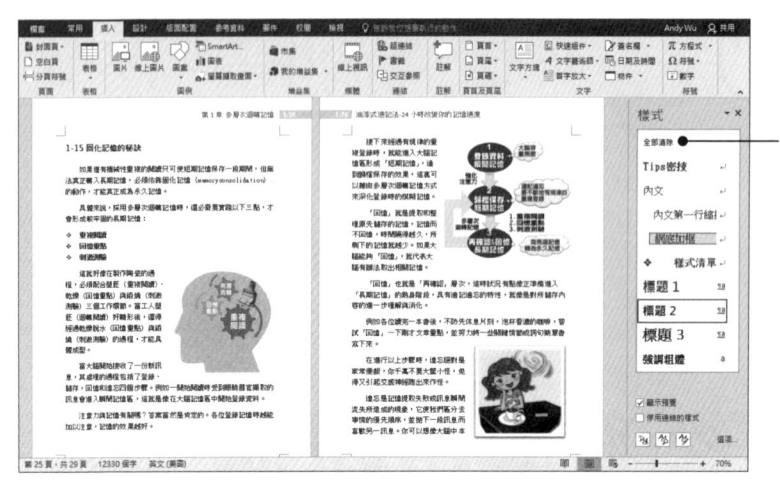

現今的趨勢是以應用軟體編排文件內容，將文件數位化

　　早期文件／書籍的編排相當費時，必須經由美術設計人員先行將文稿內容照相打字，再將相紙輸出，利用美工刀切割文字區塊，然後修剪、拼貼於完稿紙上，而線條圖案則須利用黑色的針筆繪製，照片插圖也須經由照相處理，然後透過美工設計人員的美感與巧思，即時將照片圖案黏貼於完稿紙上，如此繁複的步驟才能完成一張頁面的編排。一旦稿件中的文字內容有所增減，就必須以美工刀切割移除錯誤的區域再進行修補，所以沒有一雙輕巧小手與細心可是無法完成完美的稿件。

　　由於現今文件的編排已成數位化，任何人只要電腦中有安裝編排的應用程式，並熟悉該項軟體的操作，就能輕鬆依照個人的想法來編排圖文，而且能將編排完成的文件透過列表機或印刷機輸出成紙本形式，甚至直接將文件轉化成電子書形式。

　　數位出版的時代來臨，可使同一份文稿能夠同時印刷成書冊，也可以出版成電子書。但無論如何，「美術編排」還是一樣重要，如何透過軟體所提供的功能指令，快速將書冊的綱要重點清楚表達出來，同時讓閱讀者在閱讀時能有賞心悅目和愉悅的感受。因此本書就是要來探討書冊的編輯技巧，讓各位輕鬆利用熟悉的 Word 程式來做數位化的書籍排版。

1.1 印刷出版流程

從事數位排版，編輯的文稿若要出版成書籍，那麼對於印刷出版的流程就必須有所了解才行。此處將出版的流程大致說明於下：

1. 作者定稿
2. 美術編排與校正
3. 製版廠製版
4. 印刷/裁切/裝訂
5. 入庫與上架

1.1.1 作者定稿

一本書籍的規劃與出版，通常都是由作者向出版社提出構想，並列出書籍綱要後，等出版社確認通過大綱，作者即可動工編寫稿件。有的則是由出版社先行規劃主題，再尋找該領域的專業人才進行編寫。但是不管是哪種方式，寫作內容完全都是由作者或作者群所定稿，出版社大都是處於輔助的角色，頂多只針對文句加以潤飾，若稿件內容有表達不清楚的地方，則會跟作者先行討論，再請作者進行修正。

1.1.2 美術編排與校正

當書稿內容編寫完成後，出版者就會針對印刷方式、版面大小、印刷用紙、印刷色數等進行規劃，同時指定負責的美術設計師或編排人員。如果作者繳交的是手寫稿件，除了必須事先請打字快手繕打文稿外，若有需要插圖的繪製或是照相攝影，也必須事先協調相關人員進行製作。

若是作者提供的是電子檔案，那麼可以省下繕打的時間，直接把檔案轉換成純文字類型，方便將來套用新設定的文字格式與樣式。圖檔部分通常使用 TIFF 的點陣圖格式，若是彩色印刷的書籍，則會將圖檔預先轉換成 CMYK 模式，再儲存成 TIFF 格式。

接下來，美術設計人員會依照出版社的規劃來進行版面的設計與安排。這裡會包含頁面方向、版面尺寸、邊界設定、章名頁、書名、章名、頁碼…等設定，另外還有段落樣式與文字格式的設定，以便快速套用至大／小標題與內文之中，讓書冊看起來條理分明又易閱讀。

當編排人員將書稿利用編輯程式編排完成時，會先給作者作第一次的校對工作，以便把原稿中的錯誤或是編排時的錯誤找出來，進行稿件修正後，接著編排人員會把書名頁、書籍目錄、序言、版權頁等內容一併加入，再進行第二次的校對工作。美術設計人員也會針對封面進行設計，而出版社則是進行出版品的 ISBN 申請。如果所編排的文稿只需做少量的印製，像是畢業論文、研討會…等用途，則可直接利用雷射印表機列印輸出即可。

1.1.3 製版廠製版

稿件編排與校正完成後，接著會傳送到製版廠進行製版或拼版。當排版檔匯出成 PostScript 或 PDF 檔，經 RIP（Raster Image Processor）影像做點陣化處理，把檔案轉換成 1-bit 格式的網版檔，如此就可以進行打樣。

「打樣」就是最後印刷成品的樣本，此階段是稿件的最後確認工作，一般會送給客戶做校稿，回稿後如果有錯誤還會再進行修正定稿，稿件若校對完畢則稱為「清樣」，確認無誤即可進行曬版和印刷。

1.1.4 印刷／裁切／裝訂

印刷的方式有很多種，就印刷的特性來分，有凸版印刷、平版印刷、凹版印刷、網版印刷等四種，通常教科書、雜誌、海報、報紙、彩色印刷等，大都會選用平版印刷，因為平版印刷的製版簡便、成本低廉、套色裝版精確，且可承印大數量的印刷。一般的四色機、雙色機、單色機、快速印刷機等，都是屬於平版印刷。

就書籍的印刷來說，包含內頁與封面的印製。封面都會使用彩色印刷，有的還會在表面加工處理，像是局部上光，使封面顯現不同的質感。內頁依顏色可區分為單色印刷、套色印刷、彩色印刷等，要選擇何種色彩印刷端視書籍內容或是價格上的考量。

對於重要的印刷案件，印刷廠還會請客戶看印，若無問題就會進入後加工的階段。裝訂廠會透過摺紙機折疊印刷好的紙張，經配頁處理把頁碼排定，接著就會進行裁切、上膠、裱褙、糊封等處理，最後送上裁紙機裁切書口和上下端，完成一本書的製作。

1.1.5 入庫與上架

書籍製作完成後，出版社或經銷商會先將書籍入庫，接著寄送樣書到各通路商，通路商採購下單後才會進行上架的動作，而從入庫、鋪書到網路 / 實體書店的上架，通常需要 3 至 4 週的時間。

在這個數位出版的世代，書籍的出版已經變得容易許多，如果各位有獨到觀點想要宣傳給其他人，想藉由出版品的流通與他人分享創作，那麼自費出版的方式也是值得考慮。尤其是當您懂得使用編輯程式來進行書冊的編排，排版費用就可以省下，只要書的內容受到肯定，獲取的利潤也會比出版社來得高。

1.2 印刷排版基礎知識

了解印刷出版的流程後，現在要來說明排版的相關知識。像是印刷用色、紙張規格、書籍結構…等，這裡一併作說明。

1.2.1 印刷用色

在印刷色彩方面，大致上可區分為彩色（四色）印刷、特別色印刷、單色印刷等方式。

彩色（四色）印刷

彩色印刷又稱為「四色印刷」，是指使用 C（青色）、M（洋紅）、Y（黃色）、K（黑色）四種標準油墨來印製顏色，每一種油墨的數值由 0% 到 100%，此四種油墨會因各顏色比例的多寡而呈現不同的色彩。一般來說，如果印刷的內容物包含多種複雜混合的顏色或是有漸層色彩，大都會選用四色印刷的方式，而一般印刷品大都是以四色印刷為主，除非是有特別的設計或是成本的考量，才會選擇單色、雙色或特別色印刷。

特別色印刷

特別色不同於 CMYK 四種油墨調和的方式，它是加入特殊成分調和而成的顏色，印刷上指的特別色幾乎是以 PANTONE 作為基準，這是因為絕大多數的 PANTONE 色票是無法使用 CMYK 四色來取代，必須透過人工特別調製才能產生，像是金色、銀色、螢光色都是屬於特別色。

選用特別色在輸出製作過程中會產生一張色片，利用單色印刷機印刷就可完成單色印刷。若是使用單色印刷機需要印刷兩次則是雙色印刷，印刷品中如果只需 1～2 種顏色或是指定特別的色，大都選用 PANTONE 的色票。

單色印刷

單色印刷，顧名思義就是使用一塊色版，也就是使用一種油墨印刷而成的印刷品，其中包括使用 CMYK 其中的一色來作為單色印刷，也可以使用單一的特別色來做印刷。

在印刷上，多加印一個顏色就要多付一次的印刷費，而選用單色或雙色印刷的最大考量就是「省成本」，通常應用在簡單的 DM、傳單、文具用品、包裝盒上，或是使用在企業 LOGO 的標準色上，一般書籍的內文也是以單色印刷為主，而且多以黑色為標準的印刷色。

1.2.2 紙張規格

印刷用的紙張規格主要分為 2 種，一個是菊版，另一個是四六版。菊版的菊全開規格以 A1 作為代表，將 A1（菊全開）規格的紙張對折就變成 A2（菊 2 開）的規格，以此類推（如左下圖所示）。同樣的紙張切割方式，四六版的全開規格為 B1，對開的規格則為 B2，以此類推（如右下圖所示）。

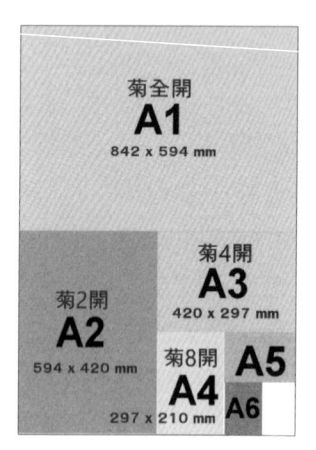

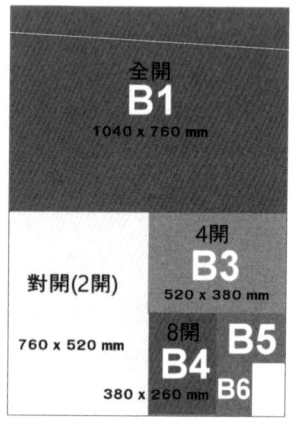

菊全開 A1 842 x 594 mm
菊2開 A2 594 x 420 mm
菊4開 A3 420 x 297 mm
菊8開 A4 297 x 210 mm
A5
A6

全開 B1 1040 x 760 mm
對開(2開) 760 x 520 mm
4開 B3 520 x 380 mm
8開 B4 380 x 260 mm
B5
B6

通常做書籍規劃或版面設計時，大都會配合紙張通用的標準尺寸來做編排設計。以出版界為例，「開本」或「開數」是對於書籍大小的一個通稱，像是 16 開尺寸為 190×260 mm，32 開尺寸為 130×190 mm。而 18 開（170×230 mm）是台灣電腦書籍的傳統尺寸，另有大 18 開，尺寸為 185×230 mm。如果要使用到特殊的尺寸比例，也要參考上面的紙張規格，避免裁切過後剩下的紙過多而造成成本的增加。

1.2.3 書籍結構

　　一本書通常是由好幾個部分所構成，從事書刊的編輯當然要對書籍的內/外結構有所認識。這裡先針對書籍的外部結構簡要列表說明於下：

名稱	說明
書頭	書的頂端，又稱「天頭」。
書腳	書的底部，又稱「地腳」。
封面	書的外皮，用以顯示書名、作者、出版社、書籍特色等相關資訊。
書背／書脊	書的背面，靠近書籍的裝訂處，不論是平裝書或精裝書本，書背通常顯示書名、作者姓名、出版社等資訊，書根處也會有索書號碼（書標）。當書籍排列在書架上，可以透過書冊來快速找到書籍。
封底	顯示書籍重點、出版社聯絡資訊、書籍條碼、價格等相關資訊。
書口	書籍打開的地方，又稱「切口」，通常會以裁切機裁切平整。

書籍的內部結構則列表於下：

襯頁	黏貼在書版內面的空白頁，可以使封面更為堅固的紙頁。
扉頁／蝴蝶頁	書籍前後的白紙，用以強化書皮與內頁的固定，可使封面更為堅固。
書名頁	書籍的第一個印刷頁，通常會顯示書名、作者、編著者、出版社等資訊。
序言	是正文前的文字敘述資料，通常是作者陳述該書的緣起、動機、寫作主旨、重點綱要，以作為閱讀者的導引。另外「他序」則多由作者的師長或該領域的專家所撰寫的評論或讀後感言，目的在推薦該書。
目錄	記載該書各章節名稱以及起始頁碼，方便讀者快速了解該書的架構，或作為查詢主題之用。
內文	圖書內容的主體，用以傳達作者的理念。
附錄補充或參考資料	載於書籍最後的文字或圖表，用來提示一些與內文有關的資訊，但不便載入該書章節中的資料，方便讀者參考。
版權頁	記載書籍的版權資料，包括著作者、叢書名、出版商、發行者、印刷者、出版地、出版日期、版次、售價、國際書號（ISBN）…等相關資訊，透過版權頁可以讀者了解一本書的基本資料。

扉頁／蝴蝶頁
襯頁
書名頁

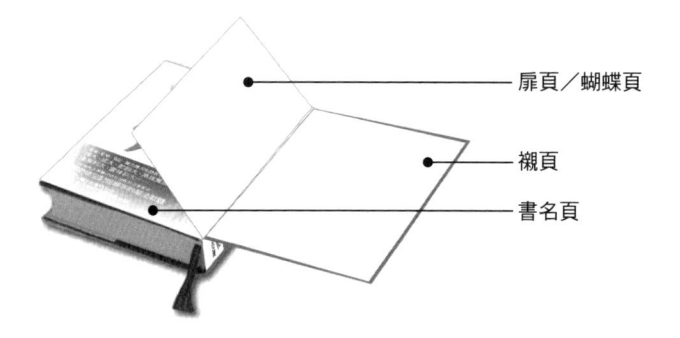

1.2.4 版面結構

在版面結構方面，有「跨頁」和「單一頁面」的兩種形式，每個頁面又可劃分為天、地、內、外等區域，頁首及頁尾區域用以放置書籍名稱、章節標題、頁碼等相關必要資訊，中間則為內文編輯區域，又稱為「版芯」，用以放置內文字和解說的圖片。版面形式又簡稱為「版式」，通常在書籍編排前就會預先設定完成。如下圖所示的便是跨頁的版面形式。

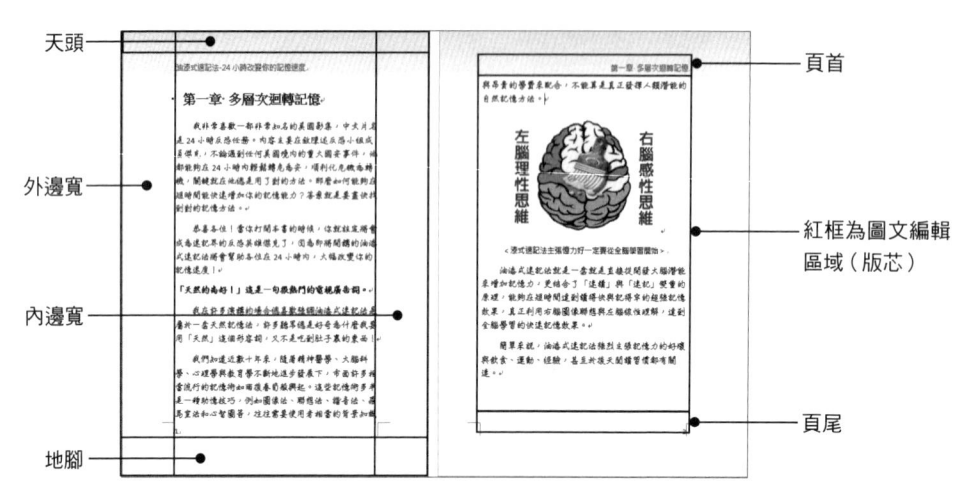

天頭
外邊寬
內邊寬
地腳
頁首
紅框為圖文編輯區域（版芯）
頁尾

上圖所示的「版芯」便是各位要編排文稿的區域範圍，此區域除了大小標題用以讓讀者了解章節的重點外，每個段落皆由一行一行的文字所組成。段落與段落間可插入解說的圖片和說明文字，這樣可以讓長篇文字中增添視覺的效果，而 Word「文件」便是由這一個個頁面所組成。

圖片與解說文字

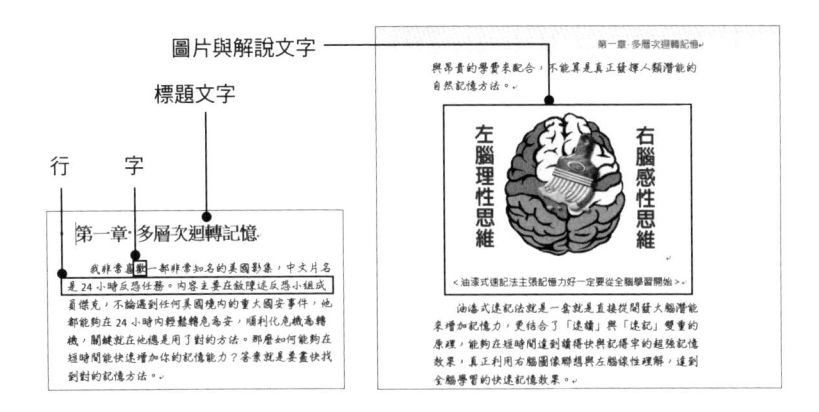

標題文字

行　字

1.2.5 出血設定

　　當印刷品或書籍的邊界並非是白色時,在設計稿件時就會將該色塊加大至邊界以外的區域,通常是增加 0.3 至 0.5 公分的長度,好讓紙張在做裁切時,不會因為對位得不夠精確,而在頁面邊界處顯示未印刷到的白色紙張,這樣畫面才能完整無缺。所以只要是設計滿版的出版品,一般都必須加入出血的區域。如下圖所示的綠色區域,比紙張的邊界要大些。

出血

頁面

紙張

1.2.6 刊物版面計畫

　　通常刊物出版前,出版社都會先對刊物內容擬定計畫,例如:刊物的目標對象、發行量、印刷方式、發行方式、總頁數等,接著美術編輯會考慮到刊物的版面形式,諸如:刊物尺寸、封面風格、各單元的設計、內頁編輯、欄位設定、文字排列方式、標題/內文的樣式設定等,以作為發行前的版面檢討或確認,並作為刊物編輯時的依據。

CHAPTER 01 認識數位排版

009

1.3 Word 做排版的優 / 缺點

對於上班族或學生來說，大家都會使用 Word 軟體來編排簡單的文件，舉凡履歷表、菜單、信件、信封、封面、報告、賀卡、邀請函、摺頁冊、名片…等，利用 Word 處理辦公文件或研究報告更是人人必會的工作技能。由於 Word 所提供的功能相當多，對於圖文的編排可說易如反掌，只要對 Word 軟體的功能熟悉，大多數的人就可以輕鬆透過滑鼠的操作來完成各種具專業水平的文件。

然而提到專業圖書 / 雜誌的排版，很多人對 Word 軟體倒是嗤之以鼻，不屑一顧。認為現今最專業的數位排版就應該使用 Adobe InDesign，而早期被廣泛使用的排版軟體還有 Quark Xpress、CorelDRAW、PageMaker 等，這是因為這些排版軟體大都是美術 / 設計相關系所必定教授的軟體，它能與繪圖軟體整合運用，適合作彩色印刷，且印刷的色彩精確度較高，因為此緣故，從事美術設計的設計師們會以前列的軟體來作為數位排版的首選，而把 word 軟體定位在文字處理的工具。

到底利用 Word 軟體來做數位排版有什麼優點和缺點，在此簡要做個說明：

1.3.1 以 Word 做排版的優點

由於 Office 辦公軟體相當普及，幾乎所有安裝 Windows 作業系統的電腦都會安裝 Word 程式，Word 相較於其他專業排版軟體來說取得較為容易。此外，Word 排版還具備了以下的優點：

- Word 和 PowerPoint、Excel、Outlook 是微軟 Office 套裝軟體之一，由於操作介面相同，所以只要熟悉其中的一套，其他軟體也能夠快速上手。
- Word 以標籤頁方式顯示各項功能指令，圖鈕式功能清楚易懂、易操作。
- Word 擁有較優的文字處理能力，執行速度較其他排版軟體快。
- Word 擁有巨集的功能，對於 Word 並未提供的排版功能，使用者可自行利用 VBA 來處理。
- Word 的「檢視」功能有提供多種檢視模式，「大綱模式」可方便觀看文件的完整架構，「整頁模式」則顯示所見即所得的頁面，另外還有「導覽」功能窗格，想要透過標題或頁面進行搜尋更是易如反掌，透過不同模式可以多重角度來查看文件。

勾選此項可開啟左側的「導覽」功能窗格

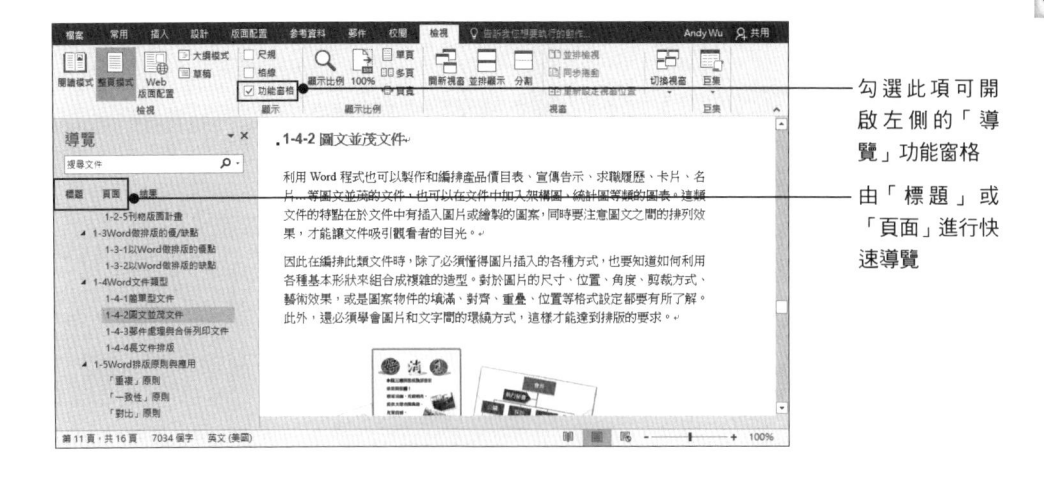

由「標題」或「頁面」進行快速導覽

1.3.2 以 Word 做排版的缺點

相較於其他 InDesign、Quark Xpress 等專業排版軟體，因為擁有較好的組版與頁面控制功能，且顏色功能較強，適合做多色彩的編排，也可分色輸出。而 Word 在色彩的選擇性較少。另外頁面尺寸如果稍大些，Word 也就無法處理。除此之外，Word 色彩模式為 RGB 模式，較適合在電腦螢幕上顯示，一般四色印刷是採用 CMYK 的色彩模式，因此以 Word 輸出成彩色文件時，容易有色偏或不飽和的情況發生，黑白印刷則無影響，因此黑白印刷的書籍選用 Word 程式來排版是最好不過的。

1.4 Word 文件類型

Word 文件是由文字和圖片、表格、圖表等元素所組成，所以預先了解你要編輯的文件類型與具體編排任務，就可以選擇最恰當的排版方式，讓編輯過程更快更完美。基本上，Word 文件類型大致上可分為以下幾種：

1.4.1 簡單型文件

各位初學 Word 編輯程式，通常都是用 Word 來編輯簡單型的文件，像是通知書、會議記錄單、登記表格等簡單的文件，因此只要會輸入或編修文字，接著選取文字範圍進行字型格式或段落的設定，再利用 Word 表格功能來建立與設定表格外觀，就可以完成這類簡單型的文件製作與編排。

1.4.2 圖文並茂文件

利用 Word 程式也可以製作和編排產品價目表、宣傳告示、求職履歷、卡片、名片…等圖文並茂的文件，也可以在文件中加入架構圖、統計圖等類的圖表。這類文件的特點在於文件中有插入圖片或繪製的圖案，同時要注意圖文之間的排列效果，才能讓文件吸引觀看者的目光。

因此在編排此類文件時，除了必須懂得圖片插入的各種方式，也要知道如何利用各種基本形狀來組合成複雜的造型。對於圖片的尺寸、位置、角度、剪裁方式、藝術效果，或是圖案物件的填滿、對齊、重疊、位置等格式設定都要有所了解。此外，還必須學會圖片和文字間的環繞方式，這樣才能達到排版的要求。

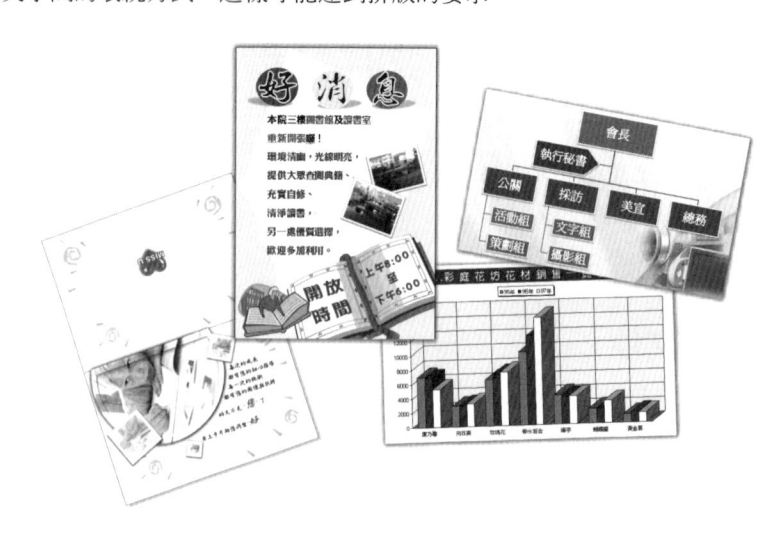

1.4.3 郵件處理與合併列印文件

　　在辦公文件處理方面，經常需要寄發一些內容格式雷同的文件，像是錄取通知單、會議邀請函、會員通知信函…等。製作這類的批次處理文件，通常都會使用 Word 的合併列印功能，只要預先製作好一份包含相似內容和格式的主文件，以及一份列有收件者資料的文件，就可以將兩份文件進行合併列印，進而自動產生多份文件。

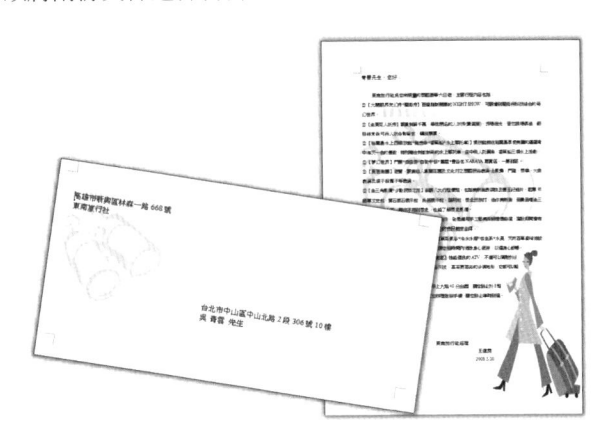

1.4.4 長文件排版

　　在學術界或出版公司，使用 Word 來編排長篇文件是常有的事，少則十多頁，多則數百頁。針對論文或是書籍的編排，如果想要加快編排的速度，對於版面設定、樣式設定修改、頁首頁尾資訊、目錄、索引、範本、尋找及取代…等功能，就要多花一些時間來了解，如此才能讓排版之路變得簡單容易。

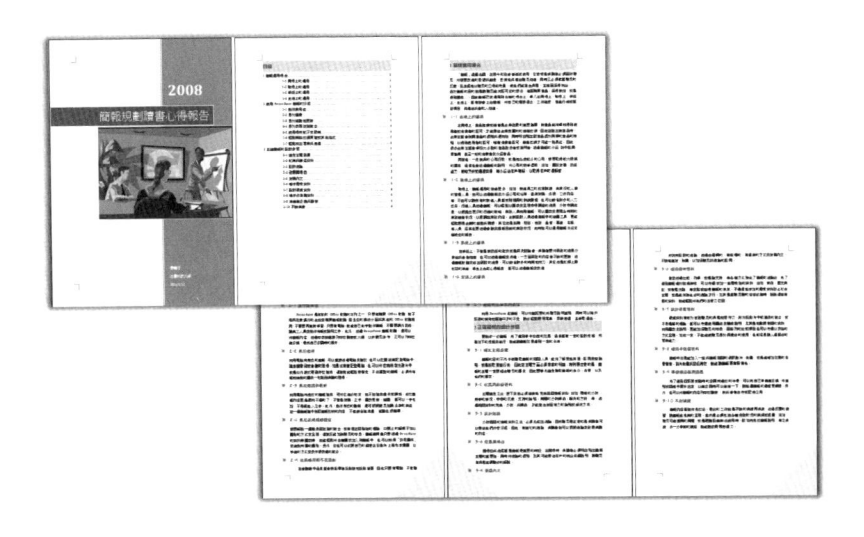

013

1.5 Word 排版原則與應用

利用 Word 做排版時，為了提高文件排版的效率，同時讓整份文件具有統一的風格，「重複」、「一致性」、「對比」原則是不可或缺的。

「重複」原則

「重複」是指頁面中某個元素反覆出現多次，這樣就可以營造頁面的統一感，並增加吸引力。

「一致性」原則

「一致性」就是要確保同一階層或同類型的內容具有相同的格式，文件就會整齊劃一。

「對比」原則

「對比」是指元素與元素之間的差異性要明顯一些，這樣才能顯而易見。例如，大/小標題的字體、顏色或大小的對比要強烈一些，這樣就能醒目易辨識。或是標題、內文、頁首/頁尾資訊也要明顯不同，好讓閱讀者可以清楚辨識。

基於上面三個原則，事實上透過 Word 的「範本」、「樣式」、「佈景主題」等功能就可以快速達成，而且省下許多編輯的時間。

1.5.1 使用範本快速建立文件

範本是文件的基本模型，它的格式為 *.dot 或 *.dotx，範本中可以預先設定好文件的版面配置、字體格式、段落樣式、快速鍵等內容，只要儲存時將「存檔類型」設為「Word 範本」就可以變成範本。當使用者使用範本建立新文件時，新文件就會自動包含所有已設定好的格式內容，省去重新設定的麻煩，也能確保所有文件的一致性。所以在編排整本書籍時，各位要善用「範本」的功能。

除了自己設定的範本外，在 Word 新增文件時，也有提供各種的線上範本可以選用，透過這些範本也能加速各種圖文並茂的文件編排。

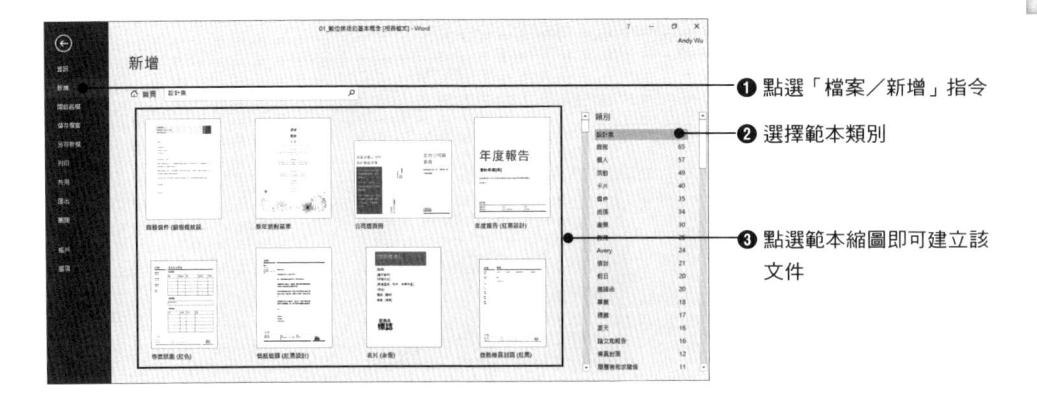

❶ 點選「檔案／新增」指令
❷ 選擇範本類別
❸ 點選範本縮圖即可建立該文件

1.5.2 運用樣式快速格式化文件

編排長篇文件時，文件中會透過大/小標題來顯示文章的綱要與段落的層級，如果每個大/小標題都要從無到有設定格式，就會增加很多機械性的重複步驟，降低工作效率。而運用 Word「樣式」功能，只要設定一次，之後就可以直接套用，而且最大的優點就是一旦修改樣式，分布在文件各處的同一樣式就會自動修正，非常的聰明。

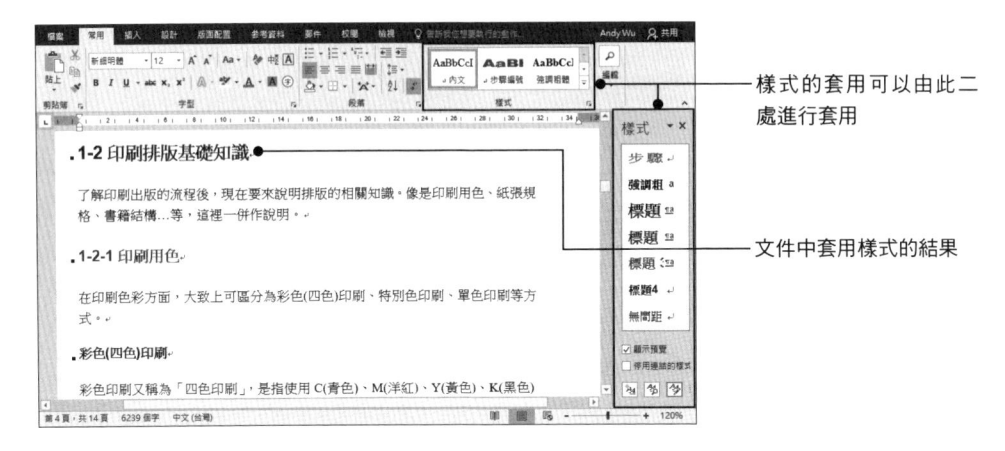

樣式的套用可以由此二處進行套用

文件中套用樣式的結果

1.5.3 使用佈景主題快速格式化文件

當各位有套用線上的各種範本，那麼在「設計」標籤中還會看到「佈景主題」的功能，每一個主題功能都會使用一組獨特的色彩、字型和效果，讓使用者可以建立一致性的外觀與風格。這套完整的完整的主題色彩與格式集合，可以快速建立具專業水準，又有個人風格的精美文件。

由「佈景主題」可以快速變更文件樣式，使具備個人風格

另外，在「設計」標籤按下「色彩」鈕，可針對佈景主題色彩進行變更。如圖所示，下拉的選單中提供各種不同的調色盤，點選色盤即可快速變更文件中使用的所有色彩，保證讓文件外觀絕對協調美觀。

按此鈕可改變文件的所有色彩

1.6 Word 環境概觀

當各位對於 Word 排版的優／缺點、Word 文件類型以及 Word 排版原則與應用等有了深一層的認識後，這裡繼續跟大家說明 Word 環境外觀。不管是新手或老手，當筆者在說明某處功能時，各位就可以快速找到。請由「開始」處點選「Word 2016」，即可開啟 Word 編輯軟體。其視窗畫面如下：

[圖示標註]
- 快速存取工具列
- 索引標籤
- 功能區功能鈕
- 窗格
- 尺規
- 檢視模式切換
- 顯示比例控制

1.6.1 索引標籤與功能鈕

標籤索引替代了早期的功能表，以標籤方式顯示，用以區分不同的核心工作。諸如：常用、插入、設計、版面配置…等類別。標籤內又依功能分別將相關按鈕群組在一起，例如：「常用」標籤是將最常使用到的功能放置在最明顯的位置，讓使用者在編輯文件時，可以更快速找到所需的功能按鈕，像是「剪貼簿」的群組包含剪下、複製、貼上、複製格式等功能鈕。每個功能鈕都採直覺式的圖示，即使沒有標籤的提示，使用者也可以依圖會意。

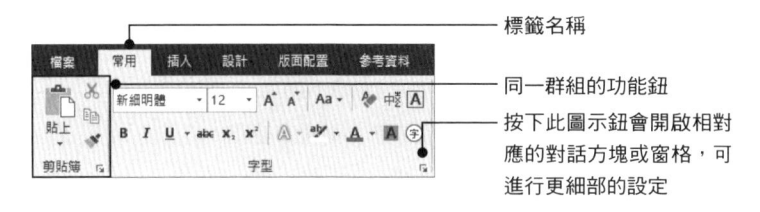

[圖示標註]
- 標籤名稱
- 同一群組的功能鈕
- 按下此圖示鈕會開啟相對應的對話方塊或窗格，可進行更細部的設定

在預設狀態下，索引標籤和其下方的功能區按鈕會同時顯現，如果想要有更多的編輯空間，按下索引標籤右下角的 ∧ 鈕將會隱藏標籤下的功能鈕，讓視窗只顯示出索引標籤的名稱。或是直接在標籤名稱上按滑鼠兩下，即可隱藏或顯示下方的功能區。

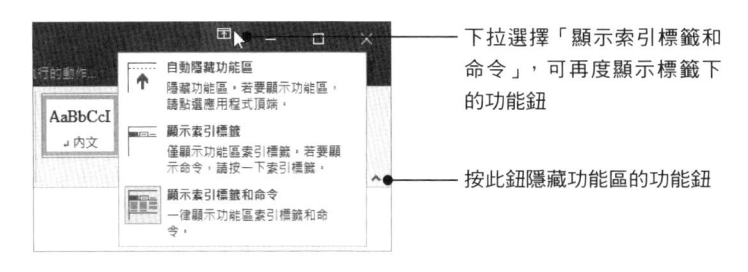

[圖示標註]
- 下拉選擇「顯示索引標籤和命令」，可再度顯示標籤下的功能鈕
- 按此鈕隱藏功能區的功能鈕

017

1.6.2 快速存取工具列

　　快速存取工具列是將常用的工具鈕直接放在視窗左上端，由左而右依序為「儲存檔案」、「復原」、「取消復原」，方便使用者直接選用。若按下▼鈕，還會顯示其他尚未被勾選的功能，諸如：新增、開啟、電子郵件…等。如果想要自訂其他常用的功能鈕到快速存取工具列上，可下拉執行「其他命令」指令。

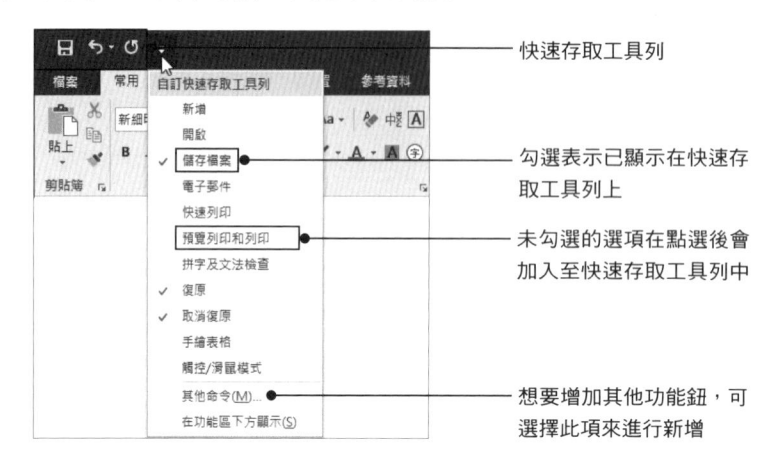

快速存取工具列

勾選表示已顯示在快速存取工具列上

未勾選的選項在點選後會加入至快速存取工具列中

想要增加其他功能鈕，可選擇此項來進行新增

1.6.3 窗格

　　「窗格」通常鑲嵌在視窗的左右兩側，以「常用」標籤為例，按下「樣式」旁的鈕會在右側顯示「樣式」窗格，而「剪貼簿」旁的則顯示「剪貼簿」窗格。若是點選「檢視」標籤下的「功能窗格」，則是在左側開啟「導覽」窗格。如圖示：

按此鈕顯示樣式窗格

按此鈕顯示剪貼簿窗格

窗格如果不再使用，可按此鈕關閉

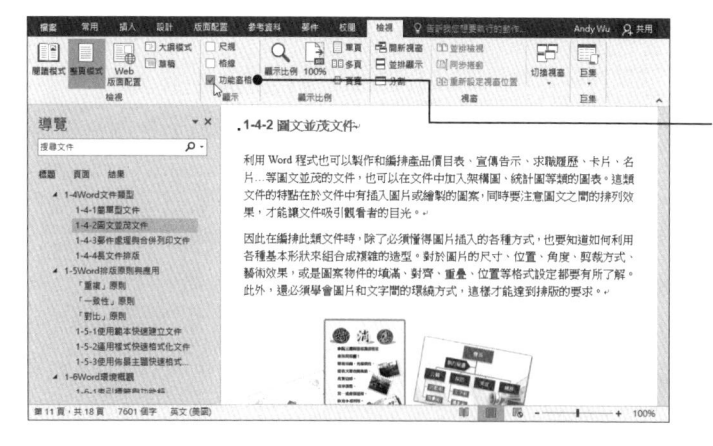

勾選「功能窗格」將顯示左側的「導覽」窗格

透過窗格可以快速點選想要執行或套用的指令，不管是樣式、剪貼簿或導覽窗格，對於長篇書籍的編排都非常好用。像是在導覽窗格，只要點選標題就可立即顯示該頁面，想套用任何的樣式，可立即在「樣式」窗格中點選，經常用到的圖形或文字，可透過剪貼簿加以收集，方便在編排時快速複製與貼上。

1.6.4 尺規

由「檢視」標籤中勾選「尺規」選項，可在文件上方水平尺規，左側顯示垂直尺規。勾選尺規後，水平尺規上可設定定位停駐點、首行縮排、左邊縮排、右邊縮排的位置，或做表格框線移動，也可以當作文件中各種物件對齊的一個準則。

1.6.5 顯示比例控制

視窗的右下角可以快速控制文件內容的放大與縮小。除了直接拖曳中間的滑鈕控制縮放的大小外，按下「-」鈕將拉遠顯示，按「+」鈕則拉近顯示，而按下最右側的縮放比例，還可開啟「顯示比例」的對話方塊做多頁的顯示設定。

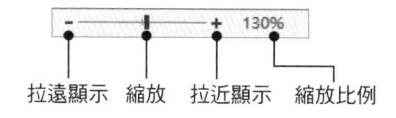

拉遠顯示　縮放　拉近顯示　縮放比例

1.6.6 檢視模式切換

在視窗下方除了顯示比例的控制外，還提供三種檢視模式的切換，由左而右依序為「閱讀模式」、「整頁模式」、「Web 版面配置」。

通常編輯文件都使用「整頁模式」，因為它會顯示實際編排的版面，諸如：邊界位置、格式設定、圖文編排效果等，讓使用者充分掌握文件列印的外觀和結果。

如果想要觀看文件在網頁上所呈現的效果，或是文件中有寬的表格，則適合選用「Web 版面配置」。

選用「閱讀模式」主要用在檢視或讀取文件內文，因此視窗上方只會顯示「檔案」、「工具」、「檢視」三個標籤，點選「檢視 / 功能窗格」指令可透過左側的「導覽」窗格進行各標題或頁面縮圖的切換。如下圖所示：

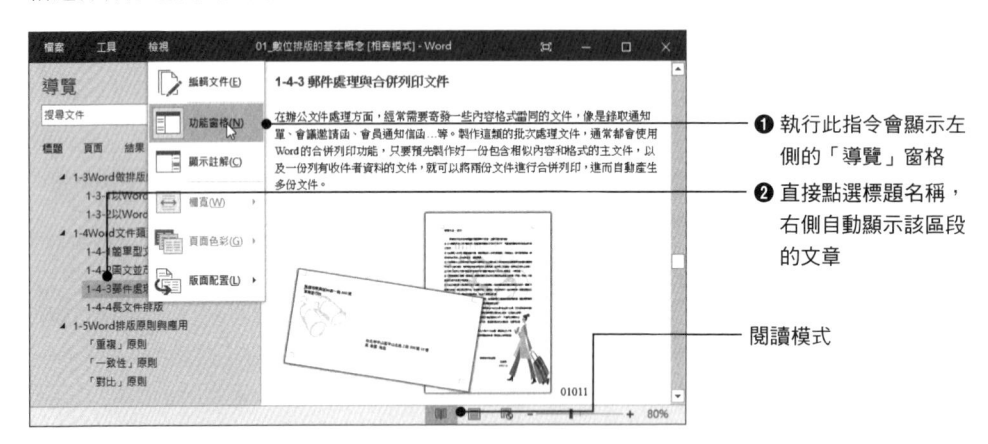

❶ 執行此指令會顯示左側的「導覽」窗格

❷ 直接點選標題名稱，右側自動顯示該區段的文章

閱讀模式

行文至此，我們已經將數位排版的基本觀念以及 Word 操作環境介紹完畢，下一章開始將進行頁面佈局的介紹。

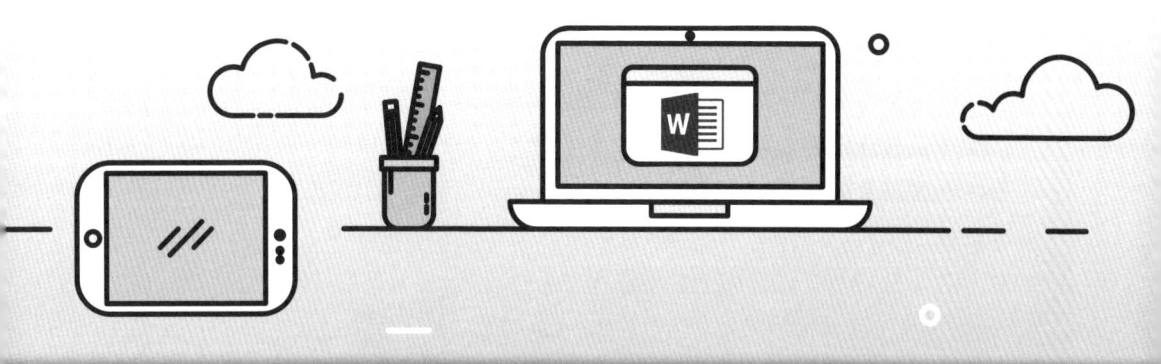

CHAPTER

02

頁面佈局的排版技巧

- ✓ 2.1 頁面佈局要領
- ✓ 2.2 設計文件的版面配置
- ✓ 2.3 開始頁面佈局
- ✓ 2.4 實作－書冊版面設定

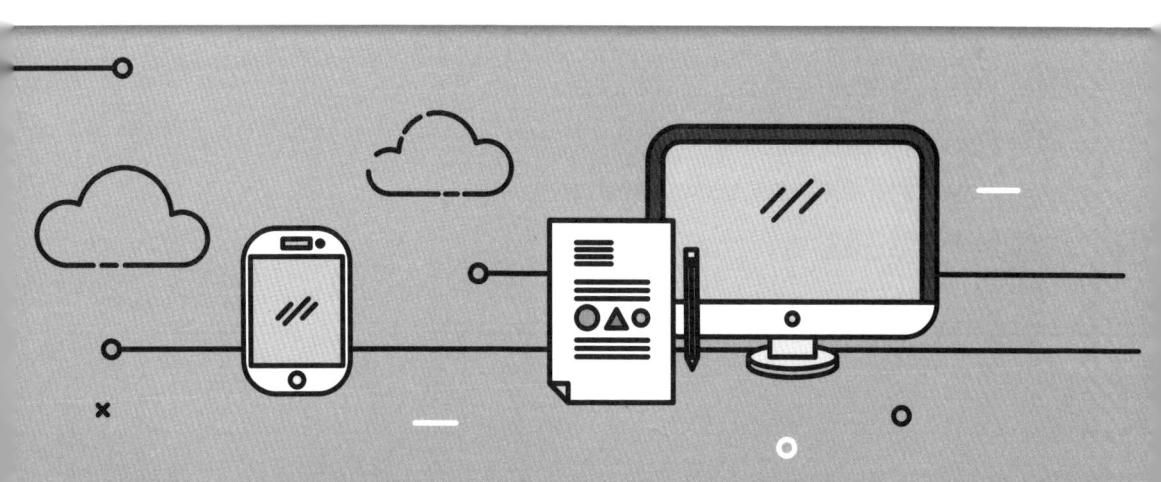

在商業設計或美術排版上，頁面設計是視覺傳達與行銷的重點之一，設計師透過良好的頁面設計與圖文編排，搭起了書籍與讀者之間的溝通橋樑，除了建立讀者的信任度外，也讓讀者在每次的翻頁閱讀中享受書籍所要傳達的主旨與精神。

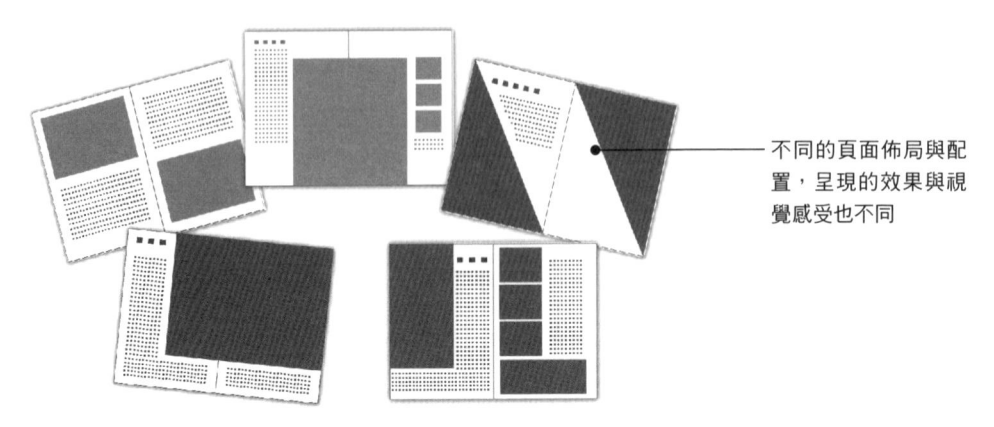

不同的頁面佈局與配置，呈現的效果與視覺感受也不同

在學術界或出版界，利用 Word 做長篇文件編輯時，頁面設定與佈局更是要在一開始就要確認，才能進行之後的書冊編排，所以這個章節就要好好地了解一下頁面的佈局與設定要領。

2.1 頁面佈局要領

要做專業的排版，除了要了解頁面的基本要素外，如何做版面的佈局也必須知道，這個小節我們將和各位探討佈局的技巧，讓頁面看起來能夠賞心悅目。

2.1.1 頁面構成要素

書刊中「頁面」，通常包括圖文部分和留白部分，亦即包括版芯和其版芯周圍的空白區域。前面我們概略提過，版面的結構包含版芯、頁首、頁尾、天頭、地腳、邊界等部分，而 Word 的頁面構成要素當然也包含了這幾項。

- 版芯：藍色區塊是圖與文的編輯區域。版芯的大小與書籍的開數有關，版芯小則容納的文字量就變小，而且會因為設定的字體大小、字與字的間距、行與行的間距、段落與段落的間距而有所差異。

- 頁首／頁尾：版芯以上及以下的區域，一般把頁首和頁尾合稱為「頁眉」。常用來顯示文件的附加資訊，像是：書籍名稱、章節標題、文件標題、檔案名稱、公司標誌、頁碼、作者...等訊息。

- 天頭／地腳：在頁首或頁尾輸入內容資訊後，頁首以上或頁尾以下的空白區域。通常天頭大於地腳的視覺效果較好，如果天地留白的空間不夠多，會讓人感覺擁擠不舒服。

- 邊界：一般是指版芯的四個邊界到頁面四個邊界的區域。當然包括了頁眉、天、地、內、外等區域。

2.1.2 佈局舒適性的考量

書籍內的頁面是串起讀者和作者間的溝通橋樑，內頁的編排如果能清晰，並將視覺干擾降到最低，就可以讓讀者在舒適而愉悅的心情下吸取知識，同時獲得較高的理解力。

要讓頁面佈局能夠具備舒適性，考量的方向很多，這裡提出幾項供各位做參考：

- 注意設計風格的呈現，同時要讓重點突出、主次分明、圖文並茂，盡量把讀者最有興趣的內容和訊息放在最重要的位置。

- 色彩方面能與主題形象統一，主色調與輔助色的色彩不宜過多，且明亮度盡量能確保瀏覽者閱讀時的舒適度。

- 圖片展示要注意到比例的協調、不變形、且畫面清晰易懂。

- 文字排列方面要讓標題與內文明顯區隔，段落要清晰，而字體盡量採用易讀的字體，避免文字過小和過密而造成眼睛的疲累。

- 中英文字型的搭配要協調，內文字通常搭配較細的英文字體，標題選用較粗的字體，不要細的中文字搭配粗的英文字，看起來會不協調。

- 圖文並排時要考慮圖文間的距離，不可過於緊密和鬆散。

- 頁面過寬時可以考慮分欄的處理，避免頁面過長而影響到閱讀。

- 表格主要是讓複雜的信息可以更易於理解，所以設定表格的欄列色彩或是儲存格大小時，要考慮到讀者對訊息的接收度與理解力。

2.1.3 視覺中心的建構

　　視覺的建構主要依據是書籍的主題，再去執行內頁的版面設計，不同的表現手法會呈現不同的視覺心理感受，若要期望閱讀者都能夠迅速進入所設計的情境當中，同時讓主題的訴求在不知不覺中感染給觀看者，那麼設計時最好能多方做嘗試，這樣才能呈現較多樣的風貌。

　　一般來說，點、線、面是構成視覺效果的基本要素，在版面編排上，一個頁碼、一個文字可以視為一個「點」，一行文字、一行空白可視為一個「線」，一個段落文字、表格、圖片可視為一個「面」。透過這些點線面的組合搭配，就可以產生千變萬化的版面效果。

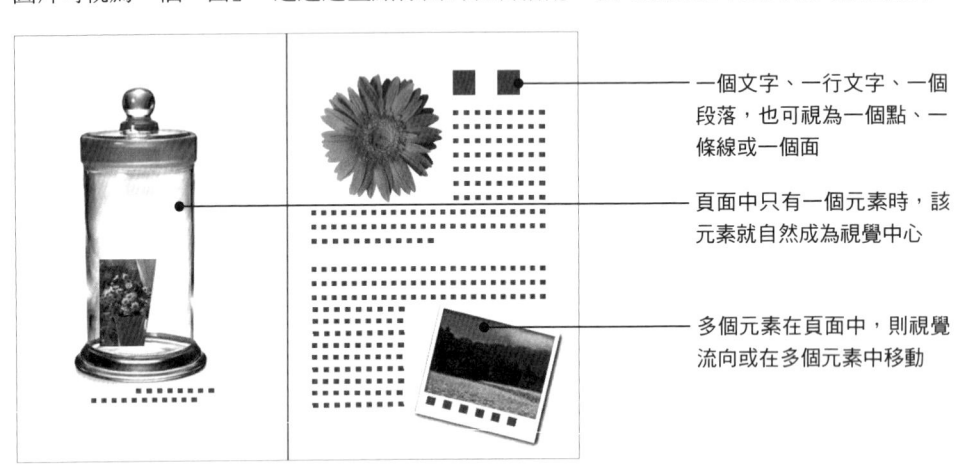

一個文字、一行文字、一個段落，也可視為一個點、一條線或一個面

頁面中只有一個元素時，該元素就自然成為視覺中心

多個元素在頁面中，則視覺流向或在多個元素中移動

　　頁面的視覺中心並不一定在頁面的最中央，而是頁面中最能激發閱讀者閱讀情緒的視覺點，像是影像、插圖等都是視覺效果較為強眼的元素。假如頁面中只有一個元素，這個元素自然會成為視覺中心的焦點，如果有兩個元素，視線就會在此二元素中來回流動。在編排頁面時，只要不影響文稿順序，一定要注意到點線面的整體和諧與安排，而版面設計就是圍繞視覺中心來設計頁面的外觀，讓讀者的視線能隨著自己建立的視覺流向來流動。

2.1.4 版面的平衡法則

　　排版人員在設計版面時，除了要抓住視覺中心，建構頁面的視覺流向外，還要考慮到元素之間是否平衡，才不會出現頭重腳輕的情況。如下頁的左上圖所示：

頁面看起來右重左輕，明顯失衡　　　　　　左下角加入小圖可平衡畫面

如果頁面在構圖時偏離頁面中心，容易造成左右兩側的不平衡，此時就必須調整頁面，像是縮小圖片的比例與位置，或是增加小圖來平衡頁面…等，都是解決版面平衡的方式。如右上圖所示。

2.1.5 視線的導引

在進行排版設計時，通常都會預設讀者目光移動的方向。以直式的文字排列為例，讀者都會習慣由上而下、由右到左進行閱讀，如果頁面有做上下分欄設定，那麼上方欄位閱讀完後就會自動將視線移到下方的欄位繼續閱讀，而橫式文字閱讀則是由左而右、由上而下進行閱讀。

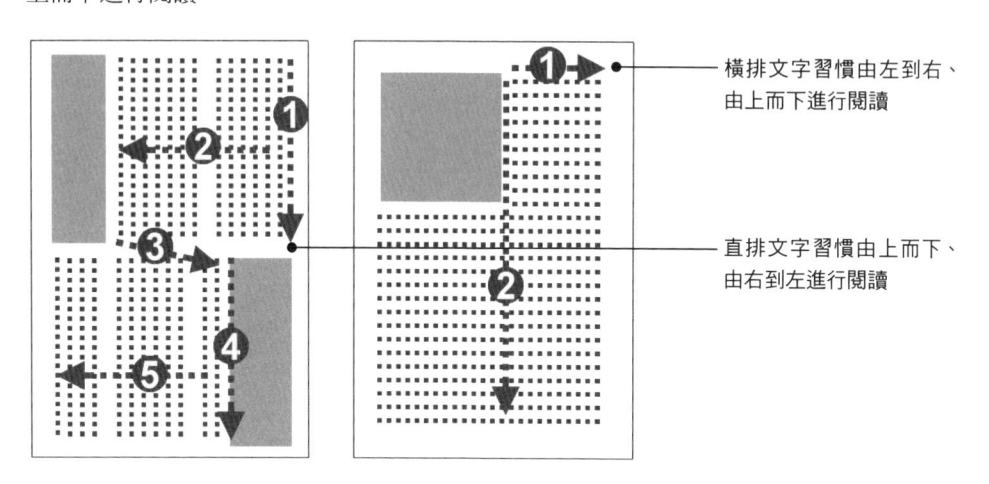

橫排文字習慣由左到右、由上而下進行閱讀

直排文字習慣由上而下、由右到左進行閱讀

文字本身就是按照一定的順序進行排列，所以也能引導讀者視線依循文字走向來移動。設計者也可以在頁面中適時地加入一些能夠引導讀者移動視線的元素，像是首字大寫可引導讀者從該處進行內文字的閱讀，而箭頭效果的圖形或符號也有指引方向的特點。

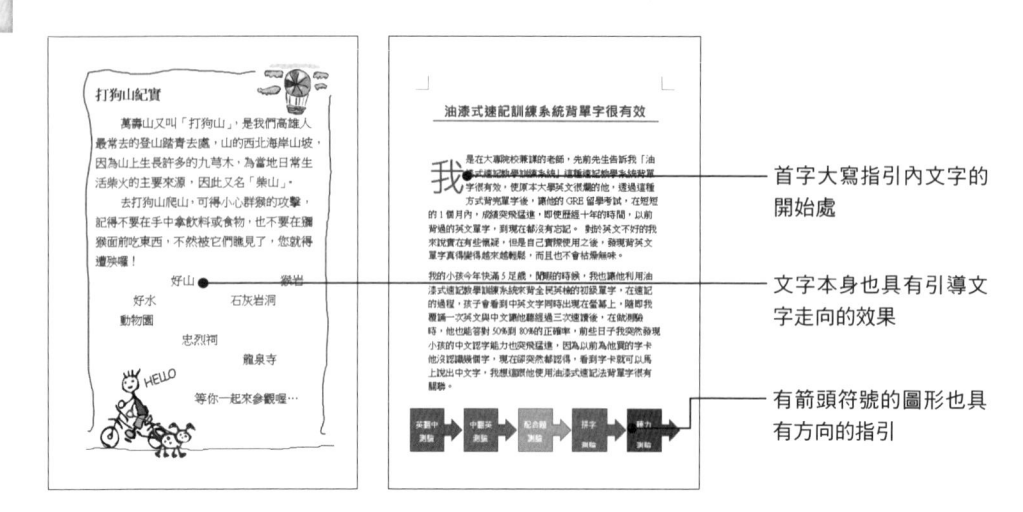

除此之外,還可以透過運動中的物體形象來引導方向。如左下圖的人物,雙手往後張開讓讀者視線能集中在主標題處,而傾斜的頭部也能將是視線帶領到下方的履歷表格。右下圖小男孩的臉朝問候的詞句上,而眼睛視線則是引導至下方的兩張插圖處。

2.2 設計文件的版面配置

針對不同的文件類型,版面配置的方式會有所不同,但目的都是要透過美好的視覺編排來傳達文件的主題和內涵。靈活的排版可給人賞心悅目的感受,進而能夠讓讀者愉悅的進行閱讀。

這裡提供一些簡單的設計思維供各位參考，讓各位可以依照文件類型來處理文件的版面。

2.2.1 純文字的版面配置

當文件內容只有文字，不包括圖片、表格、圖案時，為了避免視覺上太過單調，通常會利用色彩的深淺、字體的大小、大小標題來營造文件的結構性與層次感，也可以利用段落間的空白、線條的分隔、分欄的設定，來產生類似畫面分割的效果。

2.2.2 圖文類的版面配置

文件內容不單純只有文字還包含圖片，這種圖文並茂的文件類型，在排版時經常會利用文字方塊和圖形框來做編排處理，而常用的版面構圖方式有如下幾種：

中心式構圖

顧名思義，就是將主體放置在畫面中心進行構圖，也就是將大幅圖片或大標題配置在版面的正中央，可輕鬆強調主體，通常用在單頁中的單一主題，但是版面易流於呆板沉重。

上下分割或左右分割構圖

上下分割是最常看見的排版構圖，也就是將版面分為上下兩個部分，一部分用來放置標題與段落文字，另一部分用來放置圖片。左右分割則是使用圖片或色塊，將頁面分割成左右兩塊，也可以運用在對頁的設計中，讓一頁顯示滿版圖，另一頁單純顯示文字。

此二種構圖的版面通常看起來較穩重，有時也會顯得呆板沉悶，若要使用在活潑的主題上，可以試著運用色塊或色彩搭配來讓版面變活潑些。

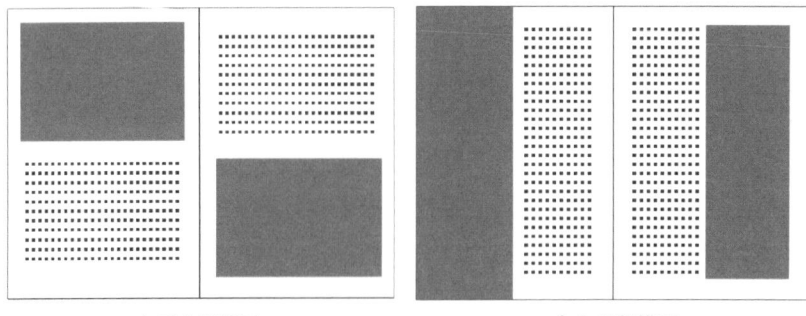

上下分割構圖　　　　　　　　左右分割構圖

傾斜分割構圖

傾斜分割是以傾斜的線條分割畫面，不管是單頁分割或對頁分割，向左傾斜或向右傾斜都能造成強烈的動感，此種構圖多運用在運動或休閒的主題上，畫面屬於不對稱的構圖。

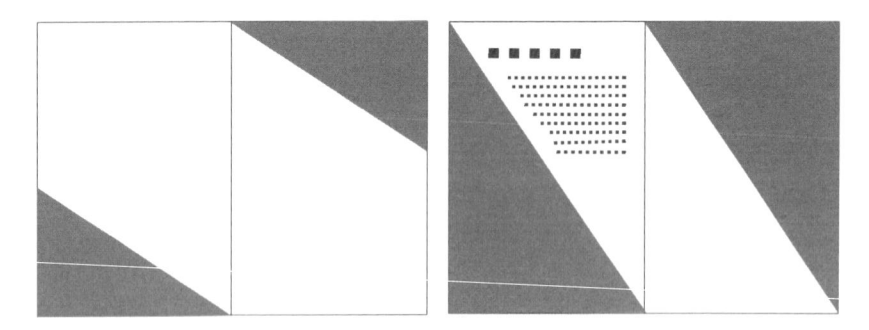

L 型構圖

L 型構圖是單頁或對頁的頁面上，顯示效果如同英文字母「L」的形狀，構圖上較為靈活有變化，像是將 L 型方向左右翻轉或是 L 型放置圖片再做分割，都能讓版面更顯活潑生動，產生視覺延伸的效果。

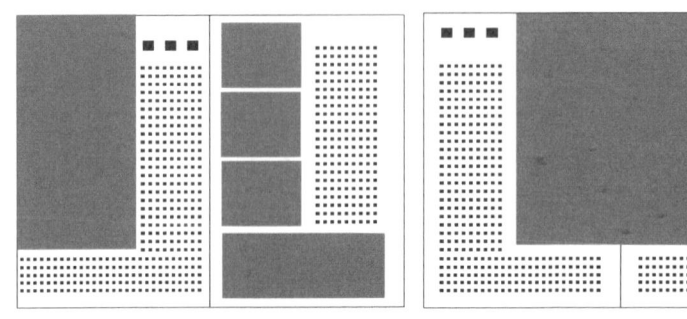

單頁的 L 型切割方式　　　　　　　　對頁的 L 型構圖

U 型構圖

U 型構圖事實上是兩個 L 型構圖的重疊，屬於非常穩固的構圖，U 型也有上下或左右的變形。使用 U 型構圖時要注意留白的區域不要太滿，否則會顯得單板些。

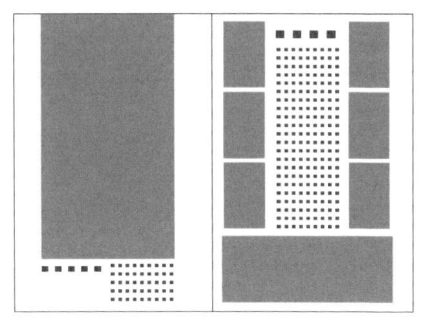

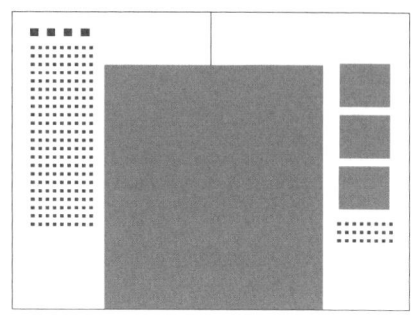

U 型的上下變化

對頁的 U 型構圖與變形

2.2.3 圖 / 文 / 表綜合的版面配置

文件中包含有文字、圖片、圖案和表格等物件，這種綜合類型的文件通常可以運用表格來安排版面和定位圖片的位置，因為表格可以隨意的組合、分割區塊，所建構出來的版面較靈活有變化，而且又十分整齊美觀。如下兩個範例，基本上都是利用表格來編排文件內容。

2.3 開始頁面佈局

排版的第一件事就是做版面設定,也就是先確認紙張大小和邊界,把尺寸、版芯位置、天地等都先訂定下來,這樣才能設定一個個的排版單元,使不同的單元擁有不同的大局設定,讓每個單元都有專屬的編頁方式、起始頁次、頁首頁尾資訊。

2.3.1 版面規格設定

版面規格的設定通常會考慮到出版物的出版目的與目標對象,然後依據書籍類型來決定開本的大小。通常書籍的性質和內容可初步決定書籍的寬度與高度,像是理論的書或學校用書通常採用 16 開或 32 開的開本;青少年的讀物則會選用稍微偏大的開數,以利圖片的展示;兒童讀物大多接近正方形的開本為多,以適合兒童閱讀的習慣。考量閱讀對象、開數大小、價格、書籍篇幅…等各種條件因素後,才能進行頁面的版面設計。

在 Word 新增空白文件後,由「版面配置」標籤的「大小」下拉,即可進行紙張大小的選擇。

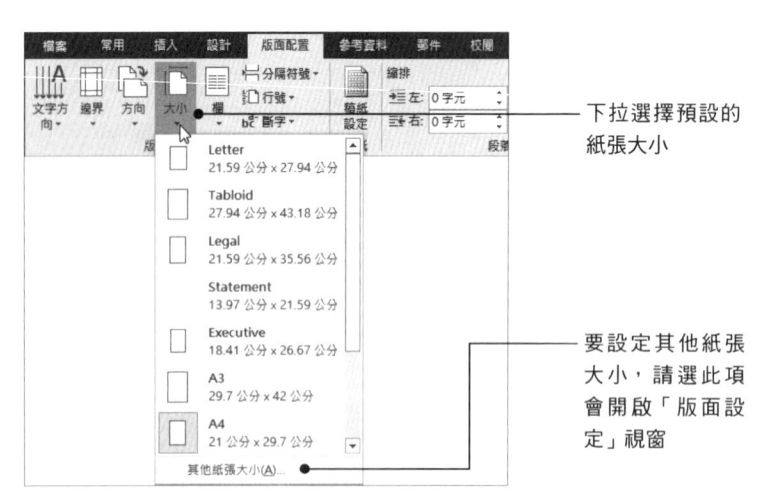

下拉選擇預設的紙張大小

要設定其他紙張大小,請選此項會開啟「版面設定」視窗

你也可以按下「版面設定」群組旁的 ▫ 鈕,就可以同時進行紙張大小、邊界、版面配置、頁面方向、頁面框線、文件格線…等設定。

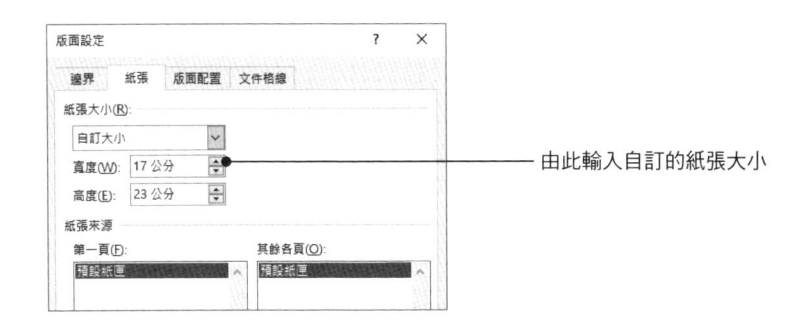

2.3.2 版芯與邊界設定

版芯是圖文編輯的區域，而邊界是指版芯的四個邊界到頁面四個邊界的區域。在 Word 軟體中，版芯寬度實際上就等於紙張寬度減掉左／右兩個邊界的寬度，而版芯高度就是紙張高度減去上／下兩個邊界的高度。由「版面配置」標籤的「邊界」下拉可快速選取一些預設的邊界，諸如：標準、窄、中等、寬等設定效果，而下拉選擇「自訂邊界」，可在「邊界」標籤中設定上、下、左、右四個邊界。

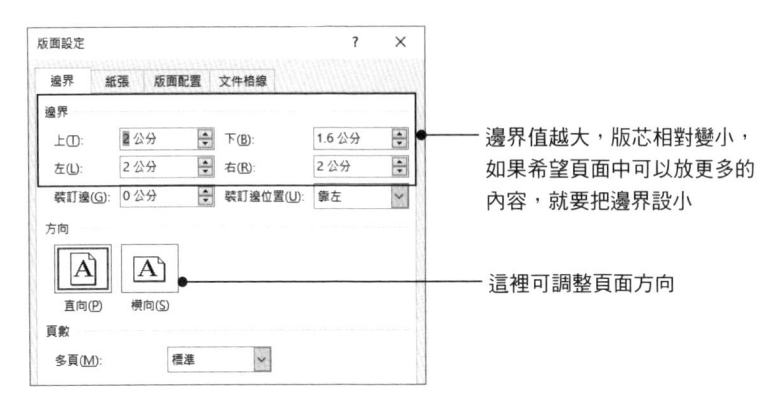

2.3.3 設定頁面方向

通常頁面的方向都是採用直向，若是需要在水平方向上顯示更多的內容時，就可以將方向設為橫向。由「版面配置」標籤的「方向」下拉，即可進行切換，或是在上圖中的「邊界」標籤，也可以進行變更。

2.3.4 頁首頁尾設定

頁首頁尾位於版芯上方與下方，是設計版面時不可忽略的地方。除了將一些與頁面相關的文字訊息，像是書籍名稱、章節標題、頁碼等資訊放置在頁首頁尾處，也可以加入色塊、圖案、圖片當作裝飾。

> **說明**
> 如果插入的內容物較大，頁首頁尾的區域會自動增大，相對地版芯會自動縮小。

編輯頁首頁尾時，只要在頁首頁尾處按滑鼠兩下，就會進入編輯狀態，版芯內容則會顯示為淺灰色，而頁首頁尾的內容則變成黑色。此時 Word 也會聰明地切換到「設計」標籤，裡面提供許多與頁首頁尾相關的設定項目讓各位設定。如下圖所示：

- 編輯完成按此鈕關閉頁首頁尾
- 按滑鼠兩下即可進入編輯狀態
- 透過顏色深淺度，可知道目前編輯狀態是在版芯或頁首頁尾

通常在任一頁的頁首 / 頁尾輸入內容後，其他頁面的頁首 / 頁尾也將自動顯示相同內容。另外，也可以由「插入」標籤按下 頁首 ▼、 頁尾 ▼、 頁碼 ▼ 等按鈕，裡面提供各種內建的編排方式可以直接選用。

- 依照需要選擇所需的頁首頁尾與頁碼

如果是要做書籍的排版,那麼可以透過以下兩種方式的設定,讓第一頁的頁首頁尾與其他頁不同,或是讓奇數頁/偶數頁擁有不同的頁首頁尾。

由「版面設定」視窗做設定

切換到「版面配置」標籤,勾選「第一頁不同」的選項,讓第一頁的頁首頁尾與其他頁不同,而勾選「奇偶頁不同」是讓奇數頁/偶數頁擁有不同的頁首頁尾資訊。

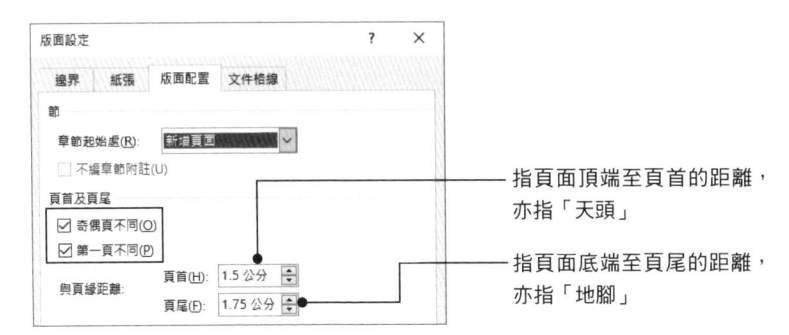

指頁面頂端至頁首的距離,亦指「天頭」

指頁面底端至頁尾的距離,亦指「地腳」

編輯狀態中由「設計」標籤進行設定

在頁首頁尾編輯狀態下,由「設計」標籤中勾選「首頁不同」,能讓文件第一頁的頁首頁尾不同於其他頁。勾選「奇偶頁不同」則左右兩頁擁有不同的頁首頁尾資訊。

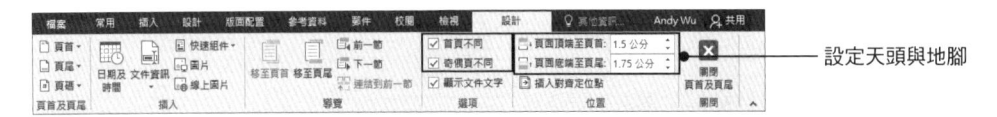

設定天頭與地腳

2.3.5 天頭與地腳的設定

「天頭」是頁首以上的留白區域,「地腳」是頁尾以下的留白區域,一般而言,「天頭」尺寸大於「地腳」尺寸,其視覺效果會比較舒服。如要變更設定,可在「版面設定」或「設計」標籤裡進行修改,如上二圖所示。

2.3.6 頁面加入框線

想要為頁面加入框線,有下面三種方式:

❏ 「版面配置」標籤,按「版面設定」群組旁的 鈕,使開啟「版面設定」視窗,由「版面配置」標籤按下「框線」鈕。

❏ 「常用」標籤按下「框線」 鈕,下拉「框線及網底」指令。

❏ 「設計」標籤按下「頁面框線」 鈕。

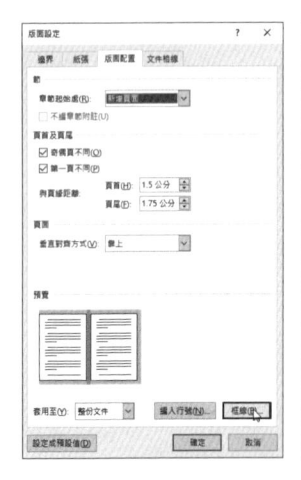

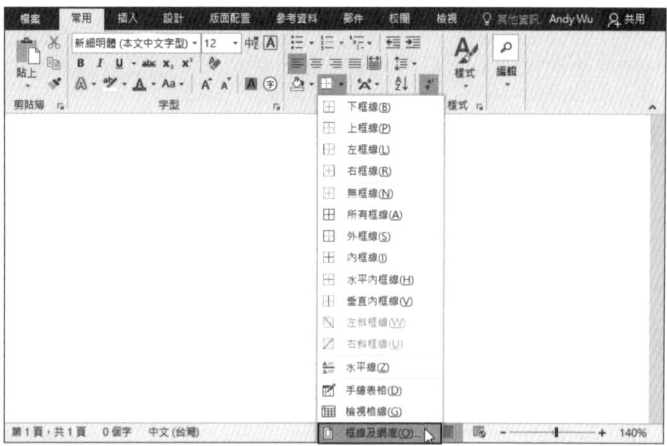

頁面框線的設定可為簡單的線條或花邊效果，也可以指定線條寬度、色彩、陰影、3D效果。另外，還能指定框線套用至整個文件或指定的節。

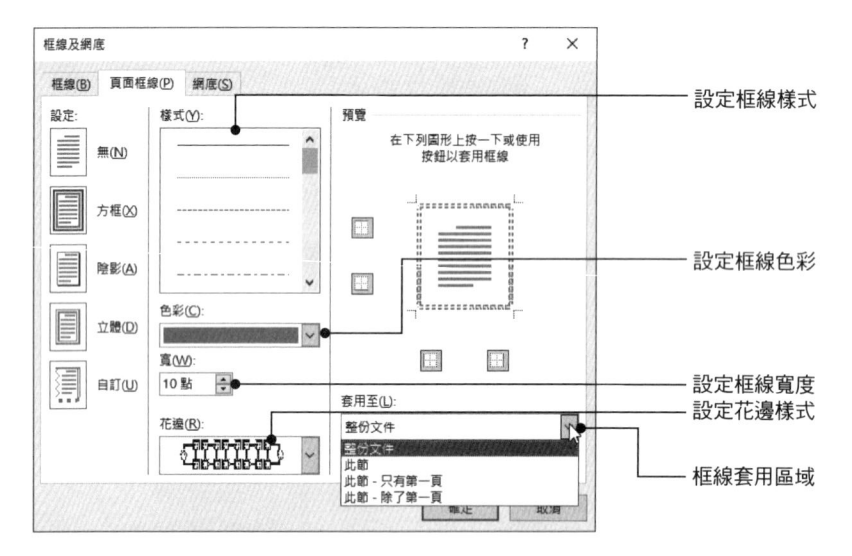

說明 如果想要調整框線與文字間的距離，可在「頁面框線」標籤右下角按下「選項」鈕，進入「框線及網底選項」視窗後，修改上下左右的數值即可。數值越大，框線離文字距離越近。

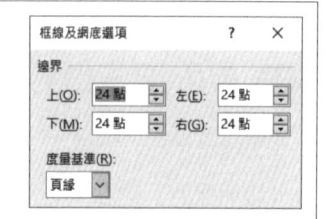

2.3.7 頁面加入單色 / 漸層 / 材質 / 圖樣 / 圖片

對於一般文件而言，大家都習慣使用白色的頁面色彩，主要是怕會影響到文字的閱讀。如果列印文件將來要以有色的紙張做列印，那麼設定與紙張相同的色彩，可以更清楚地了解最後完成品的效果。

要設定頁面的背景，請在「設計」標籤按下「頁面色彩」鈕，便可直接點選佈景主題的色彩，或是執行「其他色彩」指令，進入「色彩」視窗自訂喜歡的顏色。

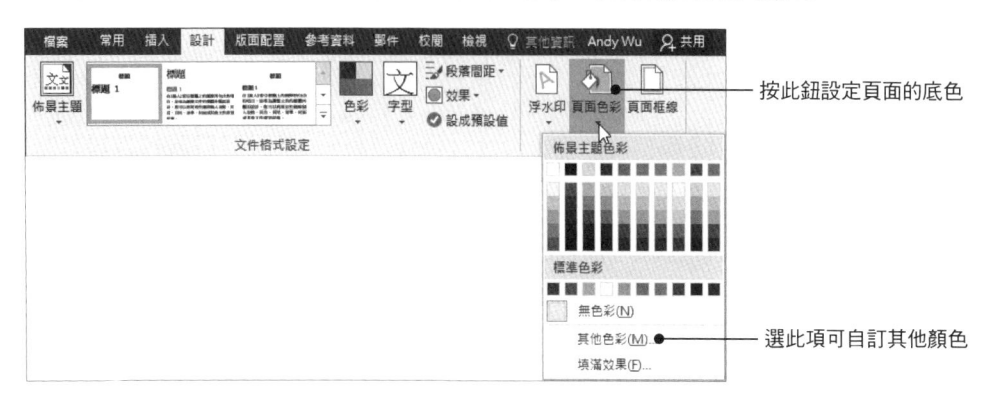

按此鈕設定頁面的底色

選此項可自訂其他顏色

如果下拉選擇「填滿效果」指令，將會進入如下視窗，可將頁面色彩設定為漸層、材質、圖樣、圖片。

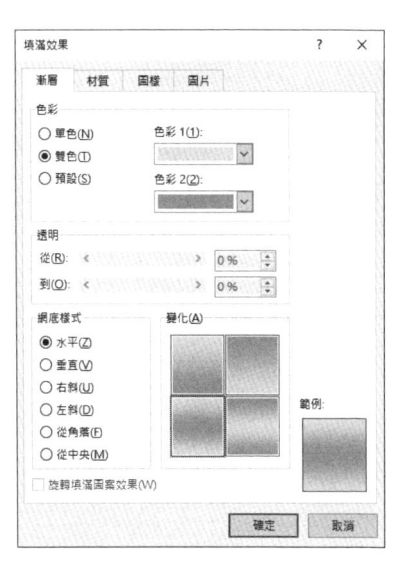

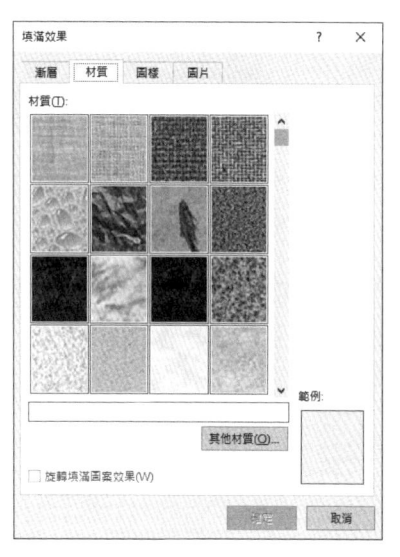

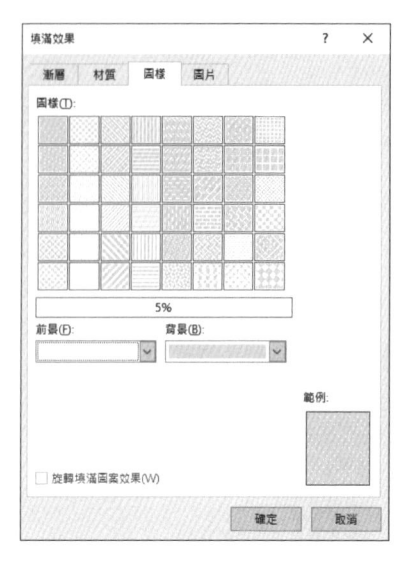

2.3.8 添加浮水印效果

為了區分文件的性質，有時候會在文件裡加入浮水印的文字，像是「草稿」、「樣本」、「機密」、「急件」…等標記字樣，作用在於提醒瀏覽者文件的用途。浮水印功能會將文字淡化處理，同時置於圖文之下，因此不會干擾到文件的閱讀。

要加入浮水印效果，可由「設計」標籤按下「浮水印」鈕，再直接選擇範本樣式即可。

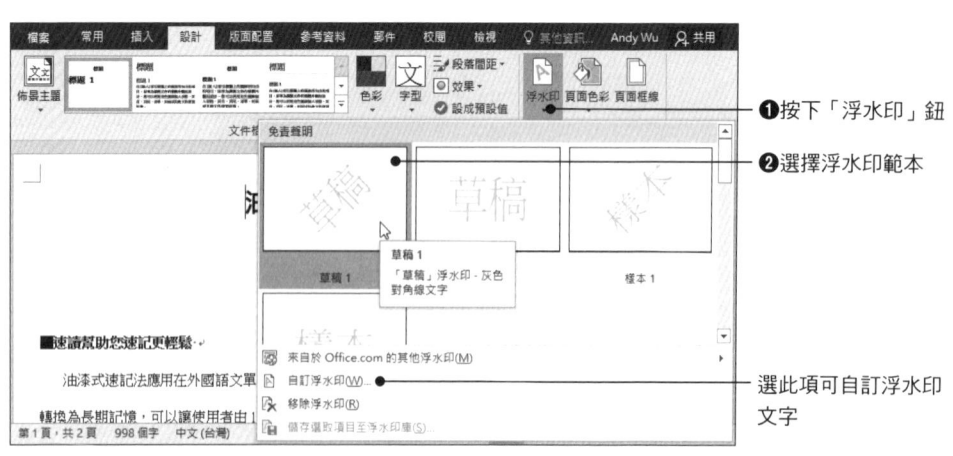

❶按下「浮水印」鈕

❷選擇浮水印範本

選此項可自訂浮水印文字

範例檔：浮水印.docx

顯示草稿的浮水印字樣

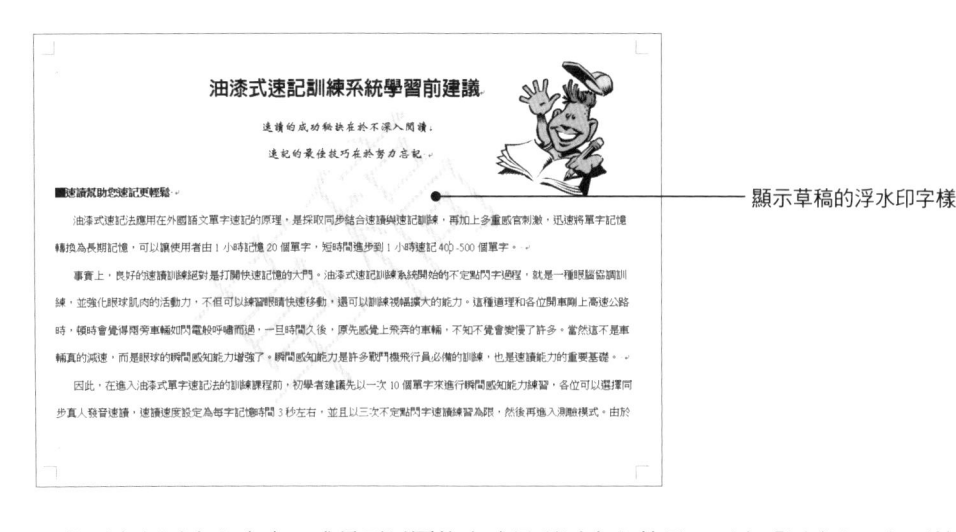

若要自訂浮水印文字，或是要以圖片方式呈現浮水印效果，可由「浮水印」鈕下拉選擇「自訂浮水印」指令，就可以在如下視窗中輸入文字或選取圖片。

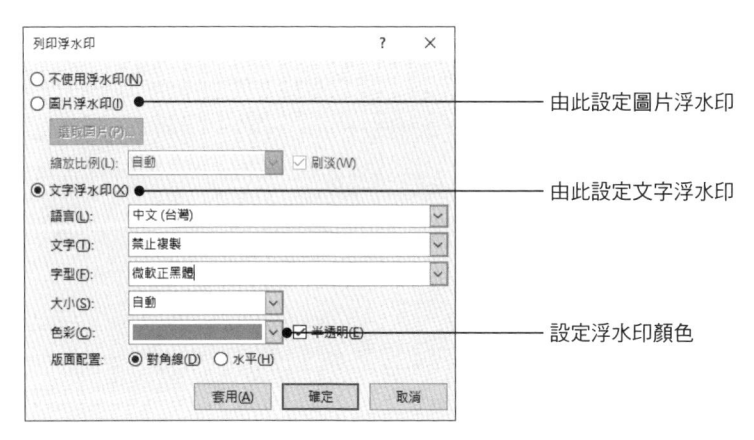

由此設定圖片浮水印

由此設定文字浮水印

設定浮水印顏色

2.3.9 分欄設定

在雜誌的編排中，各位經常會看到以 2 欄或 3 欄的方式呈現，這樣的編排效果比較活潑，圖文的變化性也比較高。Word 程式中若要設定分欄效果，可由「版面配置」標籤按下「欄」鈕，再下拉選擇預設的格式。若是下拉選擇「其他欄」，將近「欄」視窗，可自行設定欄數、欄寬、間距，或加入分隔線。

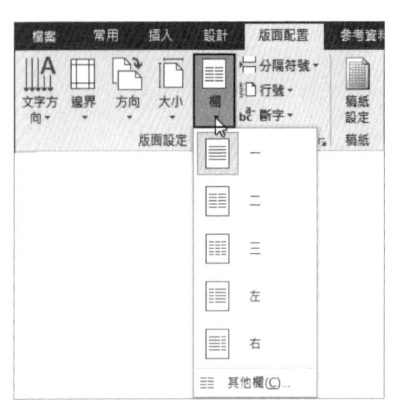

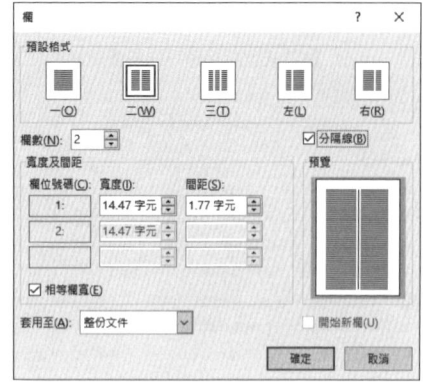

2.4 實作－書冊版面設定

要做書冊的排版，首先就是先確定版面。這裡將以《油漆式速記法 -24 小時改變你的記憶速度》一書為例，相關的設定條件說明如下：

❏ **書名**：油漆式速記法 -24 小時改變你的記憶速度。

❏ **第一章章名**：多層次迴轉記憶。

❏ **書冊大小**：寬 17 公分，高 23 公分。

❏ **邊界**：上 2.5 公分，下 2 公分，左 2 公分，右 2 公分。

❏ **文字方向**：水平。

❏ **頁首頁尾**：偶數頁頁首放置書名與偶數頁碼，奇數頁頁首放置章名與奇數頁碼。

❏ **第一頁為章名頁**，放置章名與小節標題。

2.4.1 新增與儲存文件

1. **新增文件**：開啟 Word 程式後，點選「檔案」標籤，按下「新增」，再由右側按下「空白文件」。

CHAPTER 02 頁面佈局的排版技巧

2. **儲存文件**：點選「檔案」標籤，按下「儲存檔案」或「另存新檔」，再點選「瀏覽」鈕選擇文件要放置的位置。找到文件放置的位置後，輸入檔案名稱，按下「儲存」鈕儲存檔案。

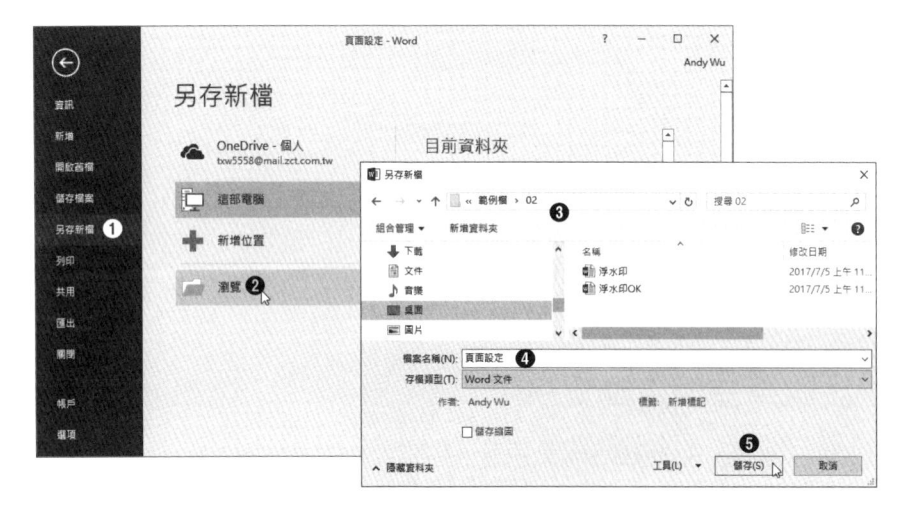

2.4.2 版面基本佈局

1. **設定頁面大小**：在「版面配置」標籤的「版面設定」群組中按下 鈕，使開啟「版面設定」視窗。由「紙張」標籤中將寬度設為 17 公分，高度設為 23 公分。

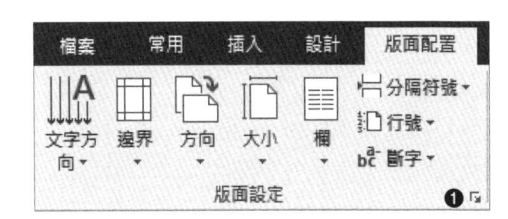

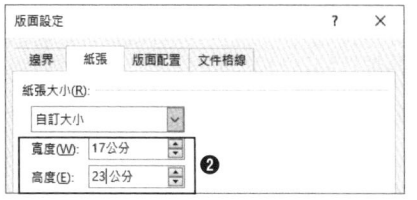

039

2. **設定邊界與頁面方向**：切換到「邊界」標籤，在上、下、左、右的欄位中輸入如圖的數值，方向則點選「直向」的按鈕。

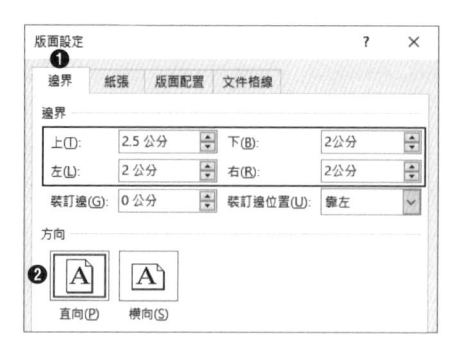

3. **設定頁首/頁尾編排方式**：切換到「版面配置」標籤，勾選「奇偶頁不同」的選項，讓奇數頁和偶數頁擁有不同的頁首和頁尾內容，使完成版面的基本佈局。

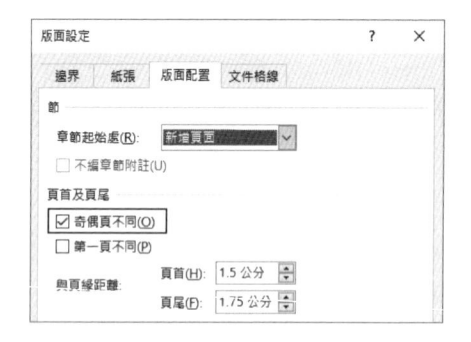

2.4.3 設定頁首與頁碼資訊

在書籍的編排上，西式編排通常是採用左手翻的方式，中式編排採用右翻方式。西式編排的奇數頁是在右側，雙數頁則在左側，一般習慣將書名放置在左上方，右上方則為各章的章名。

此處頁首資訊的設定將以西式編排為基準，直接在左右兩側的頁首處加入相關資訊與頁碼編號。

設定奇數頁頁首

1. **套用奇數頁頁首樣式**：在文件的頁首處按滑鼠兩下，使顯現「奇數頁頁首」的編輯狀態。接著由「設計」標籤按下「頁首」鈕，下拉選擇「移動（奇數頁）」的樣式。

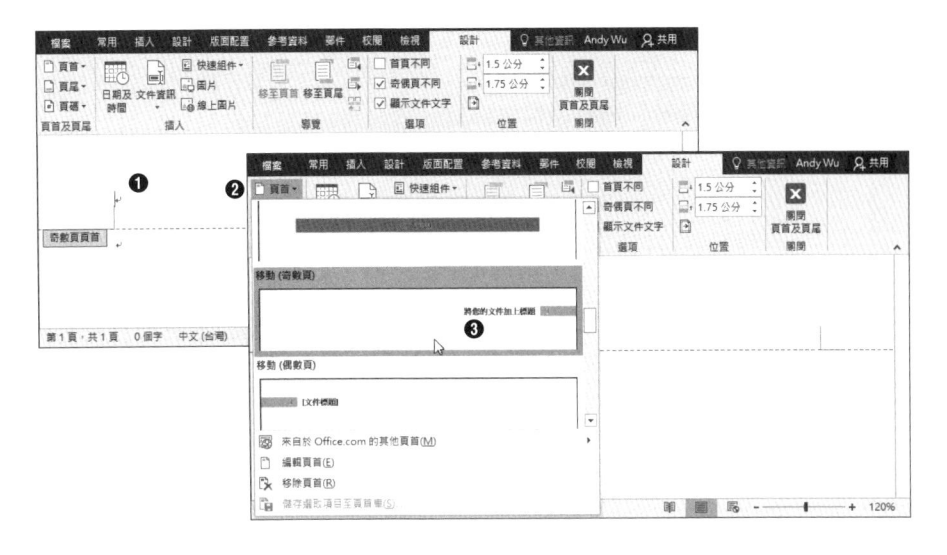

2. **變更標題名稱**：點選並反白前方的文字方塊，將其變更為章節的名稱。

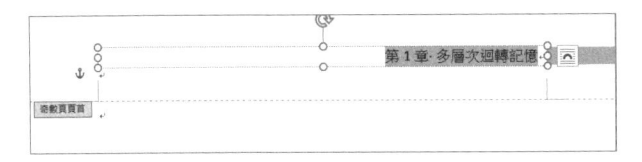

3. **變更頁碼形式**：如果想要包含章節編號，在點選後方的文字方塊後，將輸入點放置在數字「1」之前，先輸入章的編號使顯現「1-1」的頁碼，再由「常用」標籤的「字型色彩」鈕變更成相同的文字顏色。

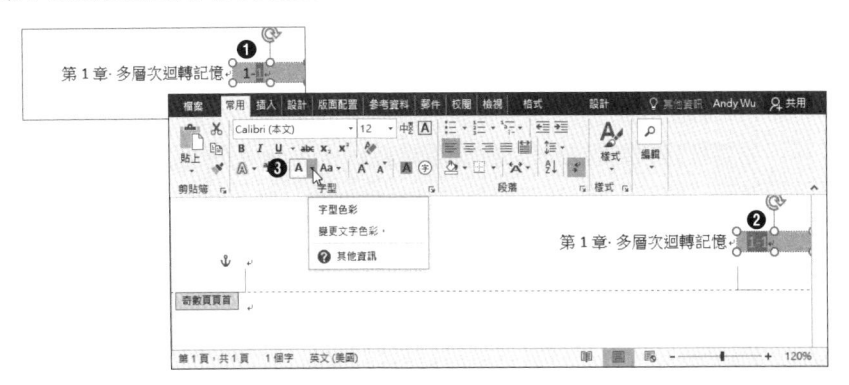

4. **設定頁碼編排格式與方式**：由「設計」標籤按下「頁碼」鈕，再下拉選取「頁碼格式」指令使顯現如下視窗，請將「頁碼編排方式」設定為「起始頁碼」，並輸入數值「1」，如此一來，當多個文件合併時，每一章就會從數字1開始編頁。

041

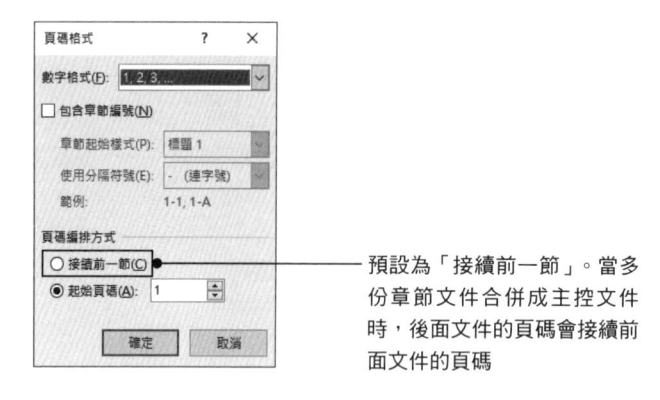

[頁碼格式對話框圖示]

預設為「接續前一節」。當多份章節文件合併成主控文件時，後面文件的頁碼會接續前面文件的頁碼

完成奇數頁頁首的設定後，接著要準備設定偶數頁的頁首資訊。由於目前還未有第二頁，所以先由「插入」標籤插入一空白頁。

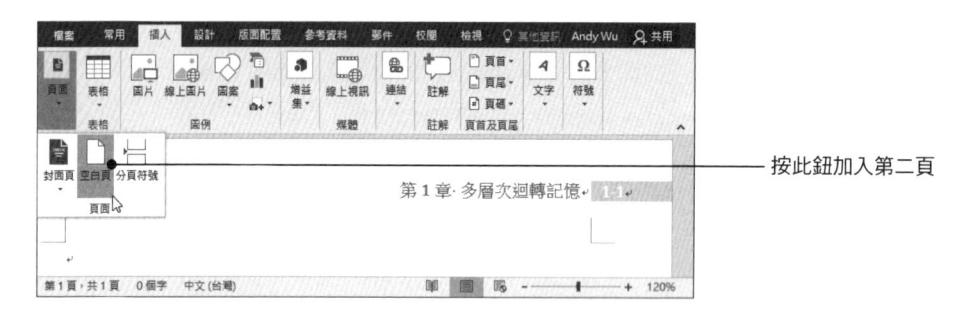

按此鈕加入第二頁

設定偶數頁頁首

1. **套用偶數頁頁首樣式**：在第二頁的頁首處按滑鼠兩下，使進入「偶數頁頁首」的編輯狀態。由「設計」標籤按下「頁首」鈕，下拉選擇「移動（偶數頁）」的樣式，使其套用該樣式如下圖所示。

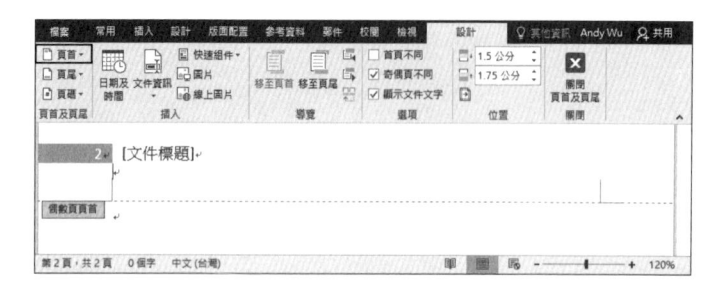

2. **變更偶數頁資訊**：同上方式輸入書籍名稱及變更頁碼形式。

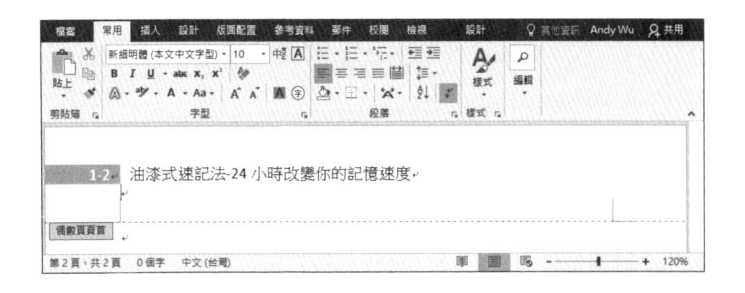

設定完成後,第一、二頁的畫面將顯示如下的效果。

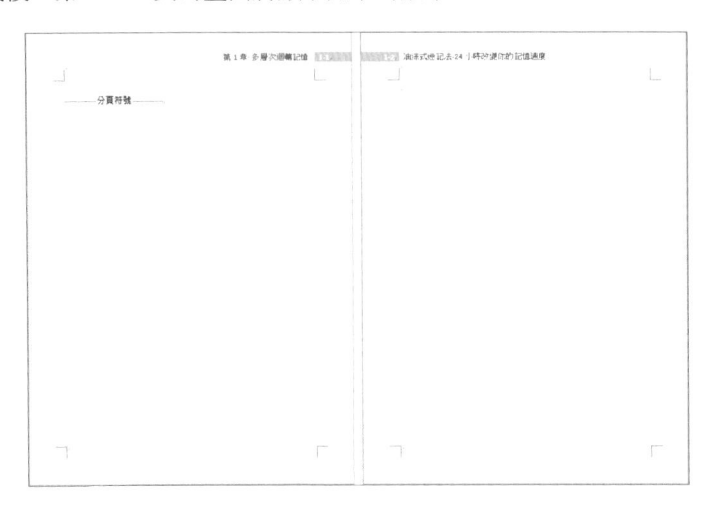

2.4.4 設定首頁與其他頁不同

確認奇偶頁的頁首及頁碼設定沒問題後,最後是讓文件的第一頁不同於其他頁。請按滑鼠兩下進入頁首頁尾編輯狀態,在「設計」標籤中勾選「首頁不同」的選項就可搞定。

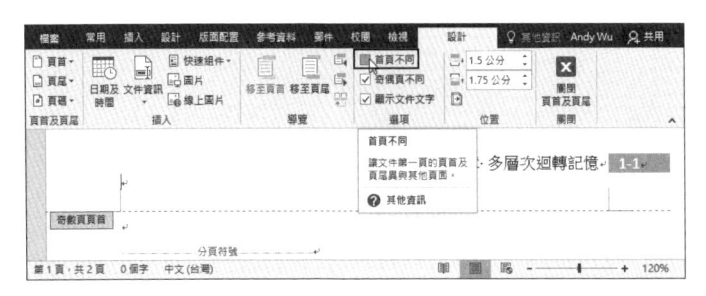

設定完成後,即可看到第一頁沒有頁首頁尾資訊,第二頁開始顯現頁碼的設定。從第二頁開始便是我們要編輯章節內容的地方。

CHAPTER

03

文字建構的排版技巧

- 3.1 文字排版要點
- 3.2 文字與符號輸入
- 3.3 建構其他文字物件
- 3.4 實作－建構文字

文字是建構文件的第一步，因為文字是表述作者思想感情的語言，有了文字才會有文件的產生，文字內容的建構除了基本文字的輸入外，也包含各種符號、數字、特殊文字的加入，Word 也提供多種的文字建構方式，這一章我們將一一跟各位做探討。

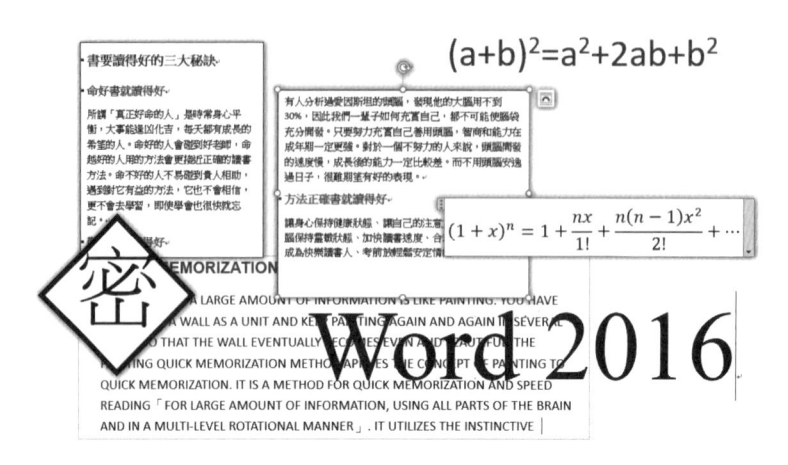

3.1 文字排版要點

　　文字是語言的形式，文字編排的目的就是以視覺方式清晰傳達文字內容，並以較優的閱讀方式，讓讀者可以吸收和理解文字訊息。這裡提出幾項文字排版需要注意的事項供各位參考。

3.1.1 中文標點符號應使用全形

　　要理解文件內容，標點符號具有舉足輕重的地位。由於中文字一般會佔據 2 個字元，所以中文的標點符號，不管是逗號、句號或其他符號，原則上都使用全形標點。在 Word 中有提供標點符號的插入，但是你也可以使用快速鍵的方式來插入，如下所示：

❏ 逗號：Ctrl 鍵＋ , （注音ㄝ）。
❏ 句號：Ctrl 鍵＋ . （注音ㄡ）。
❏ 頓號：Ctrl 鍵＋ ' 。
❏ 分號：Ctrl 鍵＋ ; （注音ㄤ）。
❏ 冒號：Ctrl 鍵＋ Shift 鍵＋ ; （注音ㄤ）。

❏ **問號**：Ctrl 鍵＋Shift 鍵＋ ? （注音ㄥ）。
❏ **驚嘆號**：Ctrl 鍵＋Shift 鍵＋驚嘆號（數字 1）。

至於其他的標點符號，可按 Ctrl 鍵＋ Alt 鍵＋ . ，使開啟如下的輸入法整合器來進行點選即可。

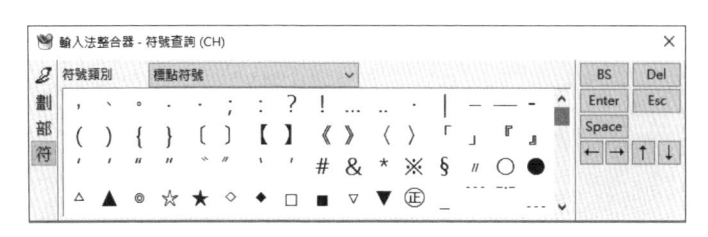

3.1.2 英文標點符號一律用半形符號

英文字只佔一個字元，所以在打英文時標點符號都要使用半形符號。至於使用的技巧簡要說明如下：

❏ **空格的使用**：通常標點符號與之前的英文字之間不用加入空格，但是標點符號之後的英文字之間則要空格。
❏ **句號**：用於結束一段句子或用於縮寫時。
❏ **逗號**：用來分隔句子中的不同內容，或連接兩個子句。
❏ **分號**：用來連接兩個獨立且意義又緊密的句字。
❏ **驚嘆號**：用於感嘆句或驚訝與句之後。

3.1.3 注意文字斷句

在文字排版中，文字斷句會影響到讀者對於文章內容的理解，所以不要為了讓版面漂亮而隨意對內容進行截斷，必須考慮到文章的完整性及節奏等問題，也不要因為換行的位置處理不當，而造成文字意思的不清楚。

3.1.4 可將文字視為物件處理

在版面的編排上，文字也可以視為一個「物件」，也就是透過文字方塊的方式來編排文字，將文字段落放在文字方塊中，文字會沿著方塊的內邊界自動整齊排列。Word 的線上範本中，很多都是透過文字方塊來建立文字區塊，這種處理方式除了可以讓版面整齊外，編排的靈活度也較高，如下圖所示：

047

在編輯 Word 文件時，可以隨時透過「插入」標籤的「文字方塊」功能，快速套用各種內建的文字方塊形式。

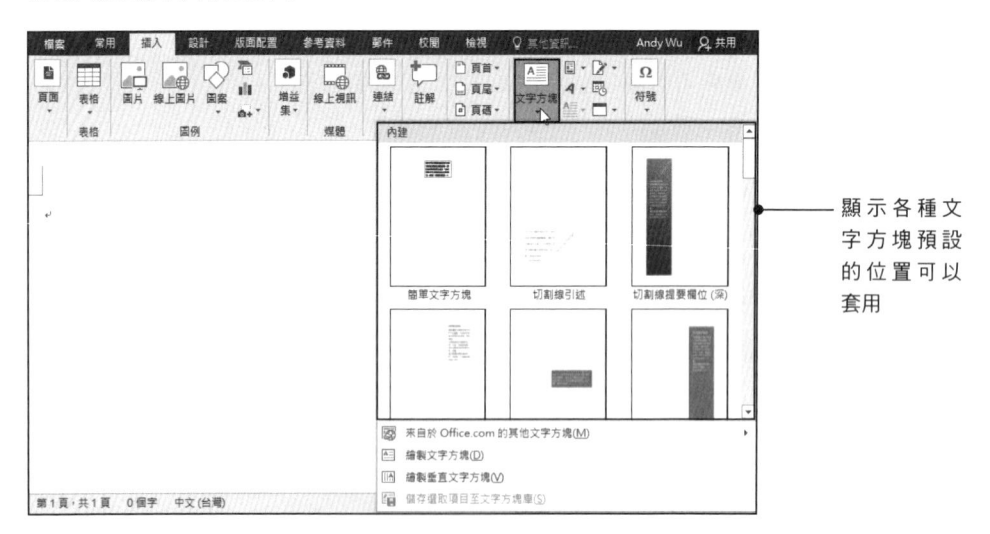

顯示各種文字方塊預設的位置可以套用

3.2 文字與符號輸入

在 Word 程式中輸入文字的方法很簡單，只要看到一個不停閃爍的游標「|」，就可以順著文字輸入點輸入文字，需要換段落時按下 Enter 鍵，這樣就可以編輯文件。除了一般

文字與標點符號的的輸入外，特殊字元與符號、大寫中文數字、上下標文字、數學方程式、或是想直接從其他檔案插入文字，這小節都將為各位做說明。

3.2.1 中英文輸入

在文件中輸入中文字或英文字，通常都是透過螢幕右下角的工作列來切換輸入法。

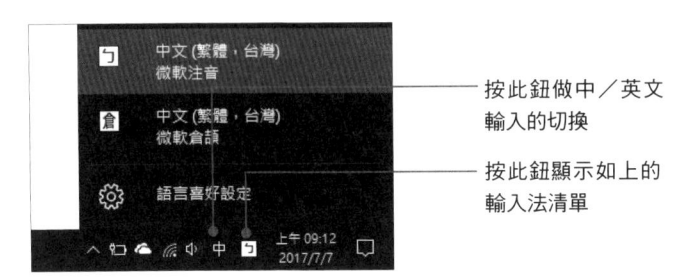

按此鈕做中／英文輸入的切換

按此鈕顯示如上的輸入法清單

如圖所示，按下 中 字可輸入英文字母、數字和符號，預設會顯示小寫的英文字，若要輸入大寫字母可加按 Shift 鍵，而輸入文字皆為大寫英文字則可先按下 Caps Lock 鍵來鎖定大寫狀態。

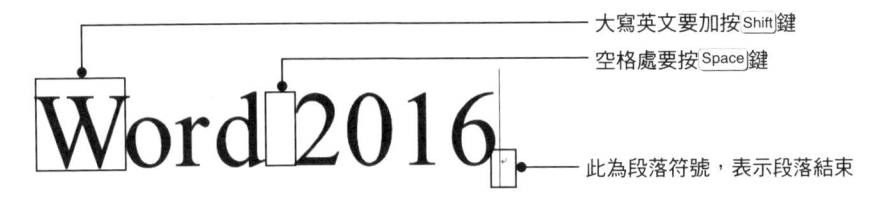

大寫英文要加按 Shift 鍵
空格處要按 Space 鍵

Word 2016

此為段落符號，表示段落結束

中文字的輸入可依個人習慣選擇微軟注音、倉頡輸入或其他輸入法，文字輸入點後會看到 ↵ 符號，表示段落的結束，按下 Enter 鍵會切換到下一個新段落。

> **說明** 啟用即點即書功能
>
> 對於空行較多的文件，很多人習慣多按幾個 Enter 鍵。事實上 Word 提供有「即點即書」的功能，只要在文件任何角落按滑鼠兩下，便可在該處開始輸入文字。利用此功能輸入文字後，它會在尺規上留下記號，透過這些記號可再次調整文字的位置。

3.2.2 輸入標點符號 / 特殊字元 / 符號

標點符號有中文和英文兩種，中文標點符號有逗號、句號、驚嘆號、問號、冒號、雙引號、分號…等，最好使用全形的標點符號。在 Word 程式中可由「插入」標籤的「符號」鈕下拉選用常用的標點符號。

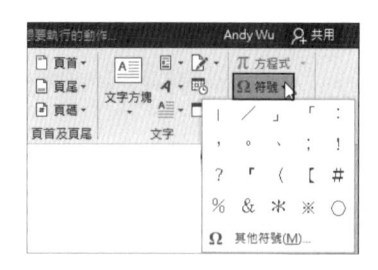

如果要插入一些鍵盤上所沒有的特殊符號，像是著作權符號、商標符號、長破折號等，可在「符號」鈕下拉執行「其他符號」指令，在「特殊字元」標籤中直接點選特殊字元，按下「插入」鈕後關閉視窗就可完成。

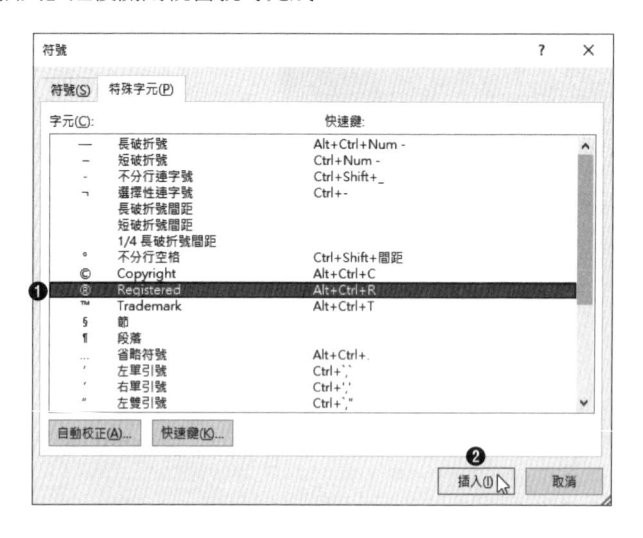

另外，在「符號」標籤中也提供各種特殊符號，像是 Wingdings、Wingdings2 等字型中有很多漂亮的符號，各位不妨試試看。

對於經常使用的標點符號或特殊字元，可以透過「快速鍵」功能來自行指定

3.2.3 輸入數字類型編號

在「插入」標籤中有一個「數字」鈕，此功能可以插入各種類型的數字編號，像是甲乙丙、壹貳參、子丑寅..等。只要在「數字」欄位輸入阿拉伯數值，選擇要呈現的數字類型，按下「確定」鈕就在文件中看到結果。

3.2.4 插入日期及時間

文件若需要插入日期與時間，最快的方式就是在「插入」標籤按下「日期及時間」鈕，就能將指定的月曆類型與目前的日期時間插入到文件中。

語言共有「中文（台灣）」與「英文（美國）」兩種，選用「中文（台灣）」還可以選擇「西曆」或「中華民國曆」的月曆類型。只要在可用格式中點選想要使用的日期格式，按下「確定」鈕就完成設定。

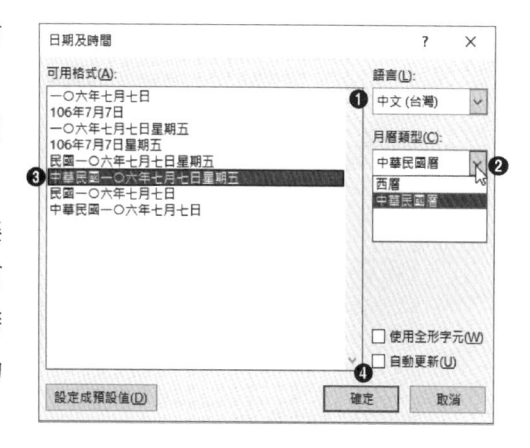

3.2.5 上標文字與下標文字

「上標文字」是指在文字基線上方輸入小型字母，「下標文字」是在文字基線下方輸入小型字母，這種文字通常出現在科技類文件中或是教科書當中，數學公式或化學程式中經常會碰到。此類問題只要在「常用」標籤按下「上標」鈕或「下標」鈕就可搞定。

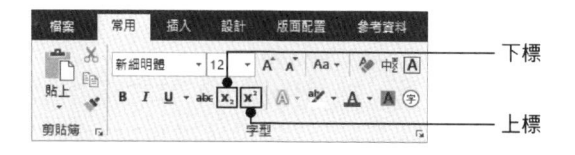

如左下圖所示，選取要做標記的文字，再由「常用」標籤按下「上標」鈕或「下標」鈕即可完成。

(a+b)2=a2+2ab+b2 ←── 原文字輸入
H2O

$(a+b)^2=a^2+2ab+b^2$ ←── 加入上標與下標的設定
H_2O

3.2.6 變更英文字大小寫

編輯英文文件時，遇到需要變更字母的大小寫，如果不懂得技巧，那麼就得耗費較多的時間做修改。Word 有提供一個切換英文大小寫的功能，可以根據不同的需要來做切換。

選取文字範圍後，由「常用」標籤按下「大小寫轉換」 Aa▼鈕，即可變更為大寫、小寫、半形、全形、每個單字大寫…等各種常見的書寫方式。

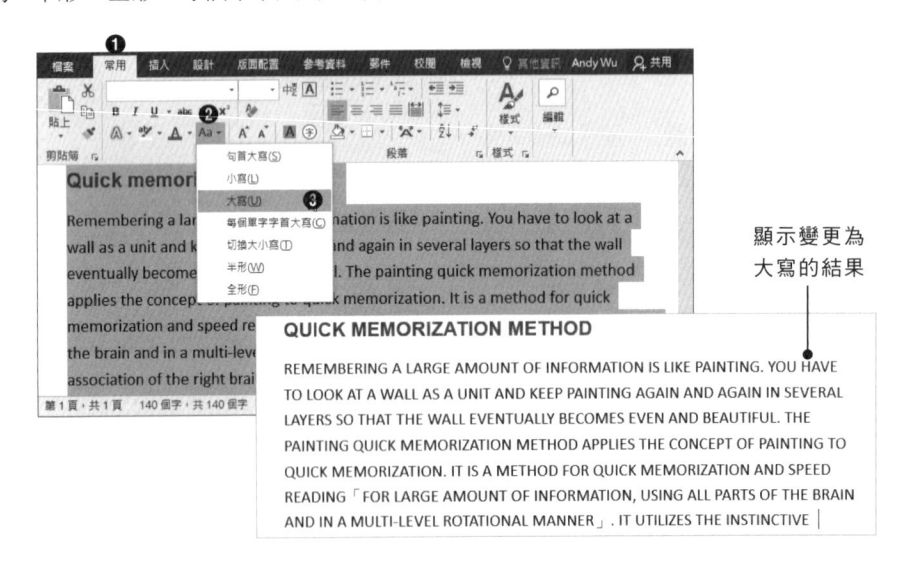

顯示變更為大寫的結果

3.2.7 輸入圍繞字元

希望在文件中出現像註、正、密、印、特、禁…等特別的標記符號，這時不需輸入任何的文字內容，只要在文字輸入點處按下「常用」標籤中的「圍繞字元」鈕，即可以圓圈、方塊框、三角形、菱形框來將指定的字元強調出來。

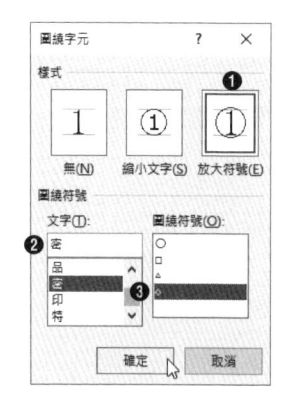

3.2.8 從檔案插入文字

要在文件中加入其他文件中的內容，通常各位的習慣是使用「複製」與「貼上」指令直接將選取物貼入。事實上 Word 也有提供插入文字檔的功能，無管是純文字檔或、RTF 格式、Word 文件、網頁檔等，都可以插入至目前的文件中。

請由「插入」標籤按下「物件」鈕，下拉選擇「文字檔」指令後，再由開啟的視窗選擇檔案即可插入。

對於書籍的排版，通常建議使用純文字檔的方式插入至出版物中，這樣方便套用新設定的文字樣式。另外，你也可以利用此功能將文字檔插入至文字方塊中，只要先選取要插入的文字方塊就可辦到。

> 說明
> 「插入」標籤「物件」鈕中的「物件」指令，可插入內嵌的物件，像是 Word 文件或 Excel 圖表等。

3.3 建構其他文字物件

對於文字內容的建構,除了上一小節所提及的方式,Word 還可以把文字以物件的方式呈現,像是數學方程式、文字方塊、文字物件、文字藝術師等皆屬之,此小節就來看看如何使用這些技巧。

3.3.1 輸入數學方程式

在數學方面,不管是分數、上下標、根號、運算子、函數⋯等方程式,在 Word 文件中也可以輕鬆編輯。由「插入」標籤按下「方程式」π 鈕,就能在文件中看到如下圖所示的方程式編輯器。上方標籤也會顯示與方程式有關的工具鈕。

- 方程式相關工具
- 方程式編輯器

在「工具」群組按下「方程式」鈕,或在「結構」群組中選取要編輯的方程式類型,於開啟的清單中選取樣式後,該方程式就會出現在編輯器當中。

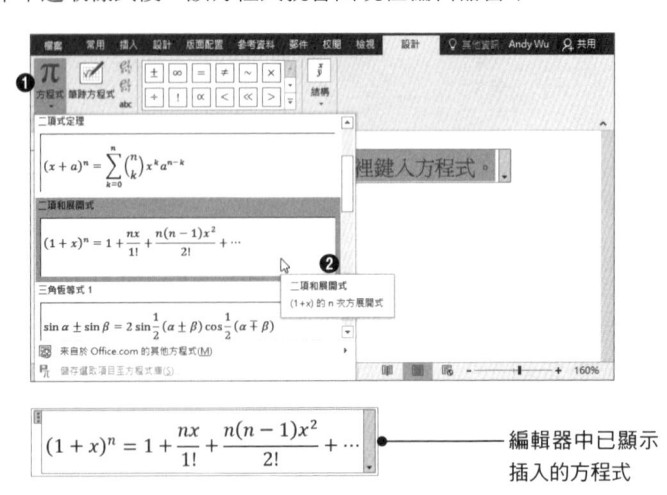

- 編輯器中已顯示插入的方程式

3.3.2 插入水平 / 垂直文字方塊

　　文字方塊有「水平文字方塊」與「垂直文字方塊」兩種，一個是插入橫向的文字，一個則是直向的文字。由「插入」標籤的「文字方塊」鈕下拉，即可選擇「繪製文字方塊」或「繪製垂直文字方塊」的指令，接著再到文件上拖曳出所需要的文字區塊範圍，即可在裡面輸入文字內容。

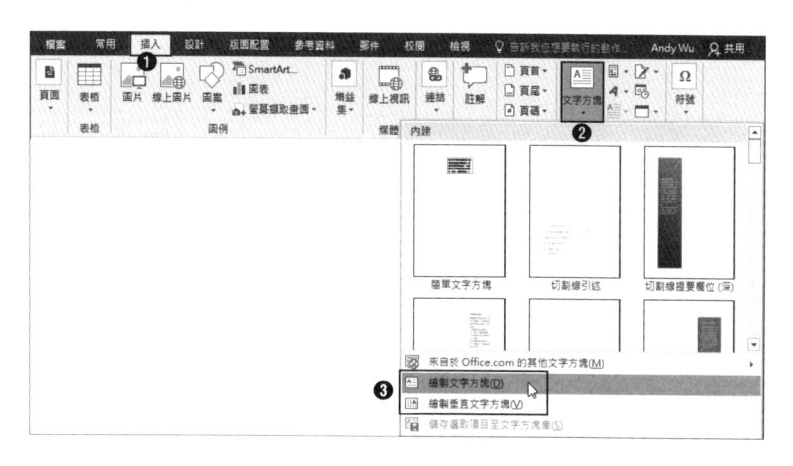

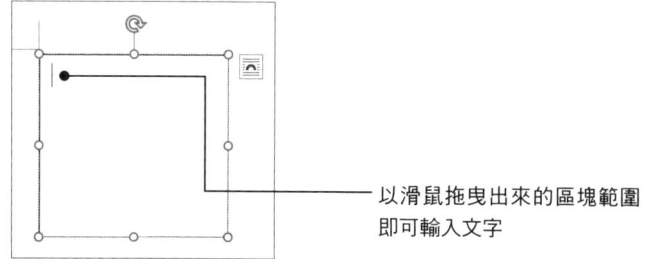

以滑鼠拖曳出來的區塊範圍即可輸入文字

3.3.3 文字方塊間的鏈結

　　在文字方塊中插入的文字內容後，若因版面安排的需求而無法擺完所有的文字內容，這時可以利用文字鏈結的方式，另外新增文字方塊來擺放剩餘的文字，也就是說，讓方塊中的文字繼續接續到其他的文字方塊中。

　　使用方法很簡單，利用「格式」標籤的「建立連結」鈕就可辦到。如下圖所示，現在要讓左側文字方塊中文字，繼續銜接到右側的空白方塊中。

❷ 由「格式」標籤按下「建立連結」鈕

❶ 點選左側的文字方塊

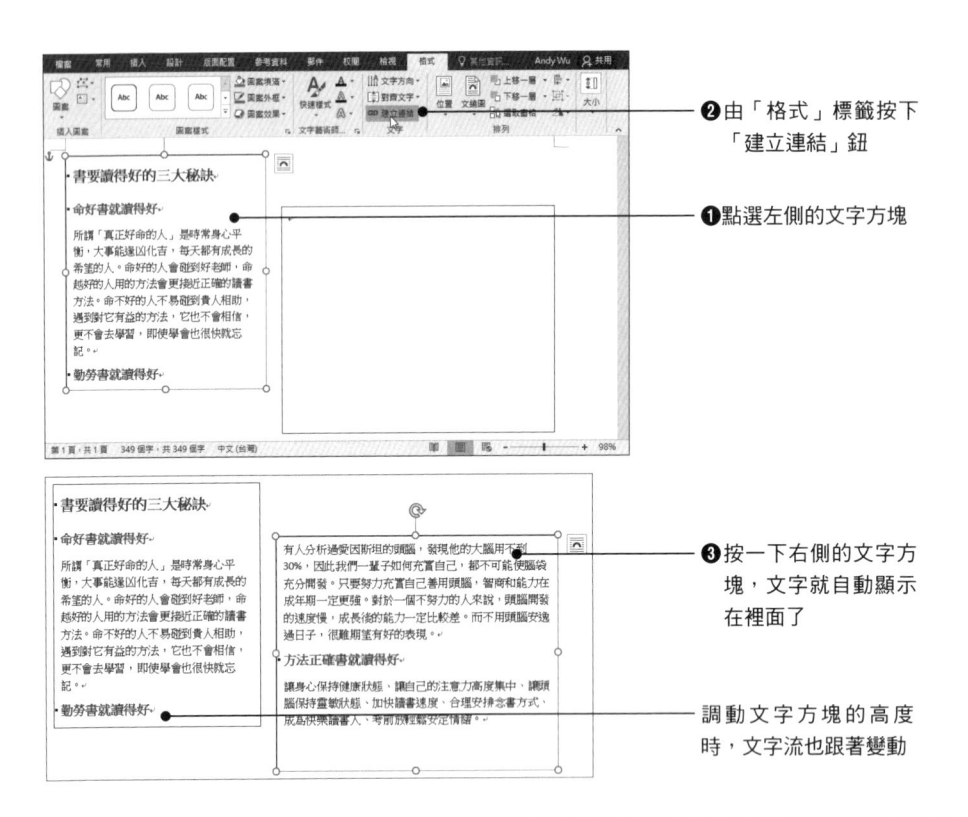

❸ 按一下右側的文字方塊,文字就自動顯示在裡面了

調動文字方塊的高度時,文字流也跟著變動

> **說明**
> Word 的文字方塊有提供鏈結的功能,但是沒有「溢排」符號,所以使用文字方塊編排較長的段落時,要小心文字是否都顯示完全。

3.3.4 插入與套用文字藝術師

「文字藝術師」是 Word 文字功能之一,可以讓使用者快速利用特效來凸顯文字,為文件增添一些美術效果。由「插入」標籤按下 文字藝術師▼ 鈕,可下拉先選擇文字藝術師的樣式,接著文件上會自動顯示一個文字方塊,使用者可直接在預留的文字位置中輸入文字內容。

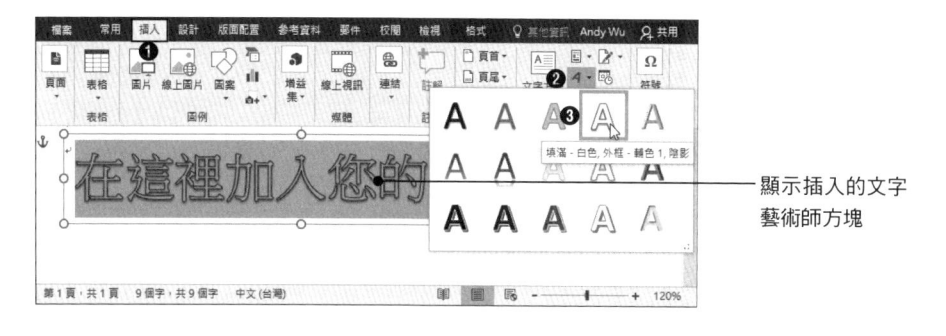

變更預留區塊的文字內容後，如果不滿意該文字樣式，隨時都可由「格式」標籤的「快速樣式」再進行樣式的變更。

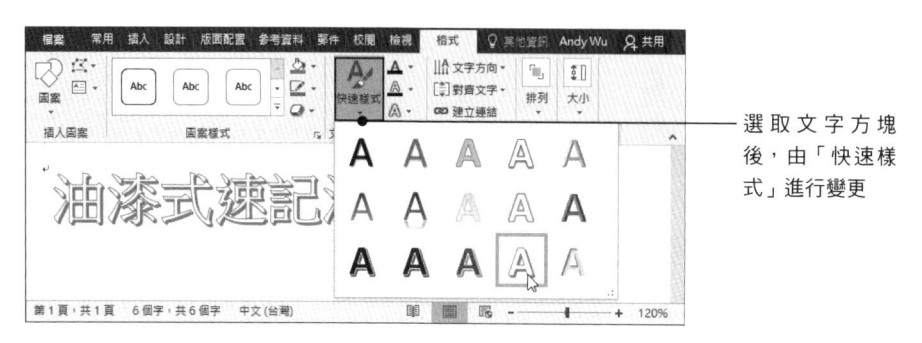

> **說明** 自訂文字藝術師樣式
> 如果不滿意預設的文字藝術師樣式，在「格式」標籤的「文字藝術師樣式」群組裡，還有提供「文字填滿」、「文字外框」、「文字效果」等功能鈕，可自行作變更。另外，「圖案樣式」群組中的「圖案填滿」、「圖案外框」、「圖案樣式」可針對文字框進行變更。

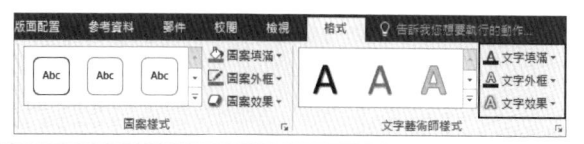

3.3.5 建置與插入快速組件

由於 Word 經常被應用在各種報告、長篇文件、報紙稿…等製作上，各位可以將常用的文字方塊組合或特定的文件摘要資訊，利用「快速組件」功能來儲存成組件，這樣下次就可以利用「插入」標籤的 快速組件 鈕來快速插入。

儲存選取項目至快速組件

這裡以如圖的「補充說明」組件作說明，示範如何儲存常用的組合物件。

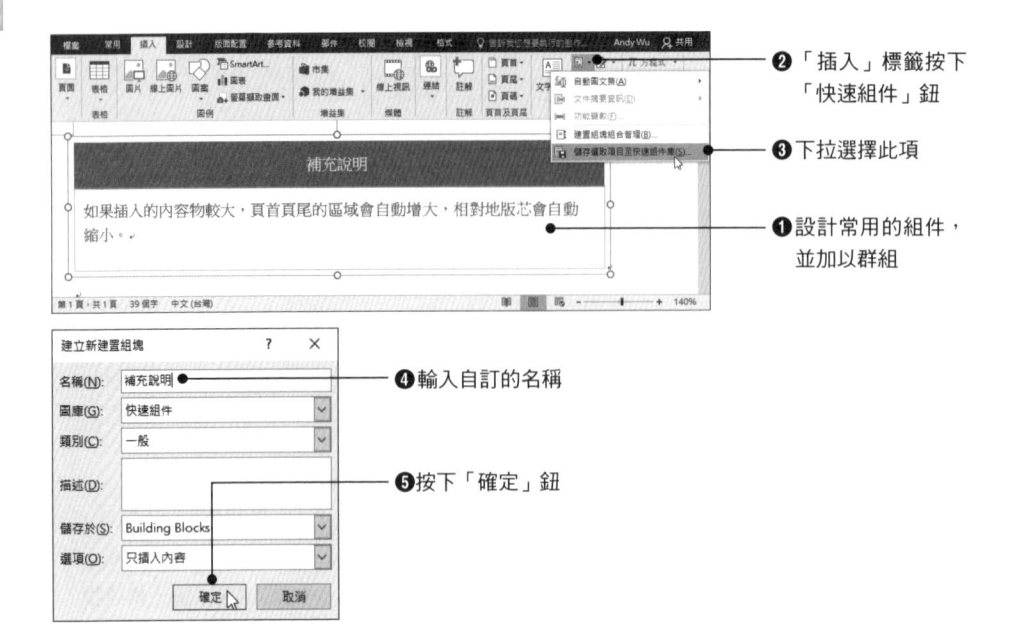

[畫面說明]
❷「插入」標籤按下「快速組件」鈕
❸ 下拉選擇此項
❶ 設計常用的組件，並加以群組
❹ 輸入自訂的名稱
❺ 按下「確定」鈕

插入快速組件至指定位置

完成剛剛的組件儲存後，下回按下 快速組件 ▾ 鈕並點選該組件，就可以加入至文件中。如要指定插入的位置，可按右鍵做選擇，如下圖所示：

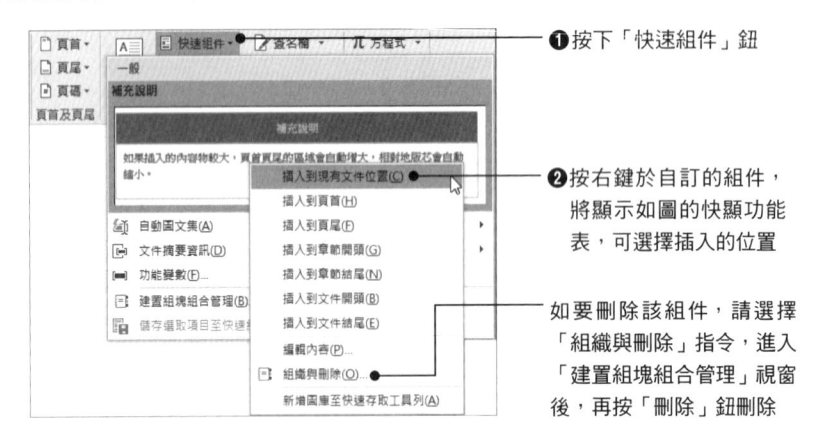

❶ 按下「快速組件」鈕
❷ 按右鍵於自訂的組件，將顯示如圖的快顯功能表，可選擇插入的位置

如要刪除該組件，請選擇「組織與刪除」指令，進入「建置組塊組合管理」視窗後，再按「刪除」鈕刪除

3.4 實作－建構文字

對於書籍的排版，通常作者都會提供文字檔與插圖，所以排版人員並不需要繕打文字，只要根據出版社規劃的圖書尺寸來進行版面設定，接著將文字檔匯入到排版文件中，再依照原作者的想法把圖片插入至文件中。

雖然文字不需要重新繕打，但是文字檔內容大多需要調整，像是原先作者所設定的樣式必須清除，或是段落前多餘的空白、文字與文字間多餘的空格，最好先都去除掉，以利新樣式的套用。

這裡以「01_多層次迴轉記憶.doc」做示範，告訴各位如何將原文件轉存成 TXT 文字檔，以便去除原文件中所設定的格式，再匯入 Word 排版文件中，同時透過「取代」功能，將文件中多餘的空白、空格刪除。

3.4.1 將原文件轉存成 TXT 純文字檔

1. **開啟舊有文件**：在原文件「01_多層次迴轉記憶.doc」的圖示上按滑鼠兩下，使開啟該文件於 Word 程式中。

2. **轉存為純文字檔**：點選「檔案」標籤，按下「另存新檔」指令並瀏覽文字檔放置的位置，將「存檔類型」的格式設為「純文字」，選用「Windows」文字編碼方式完成儲存動作。

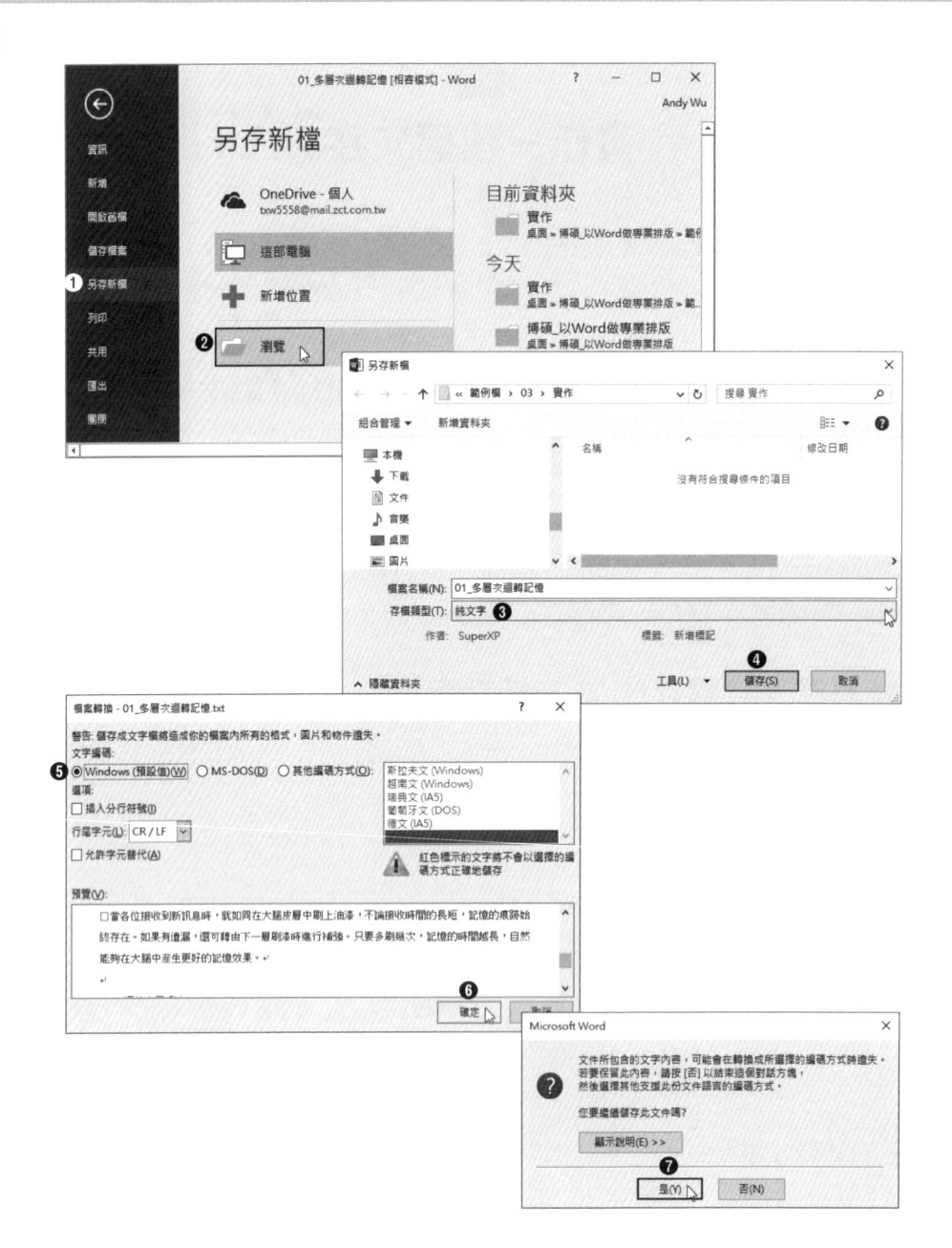

3.4.2 純文字檔匯入排版文件

1. **文字檔匯入排版文件**：開啟原先已設定好的版面「頁面設計.docx」文件檔,輸入點放在第二頁開始處,由「插入」標籤按下「物件」鈕,並下拉選取「文字檔」指令,將剛剛儲存的純文字檔插入至文件中。

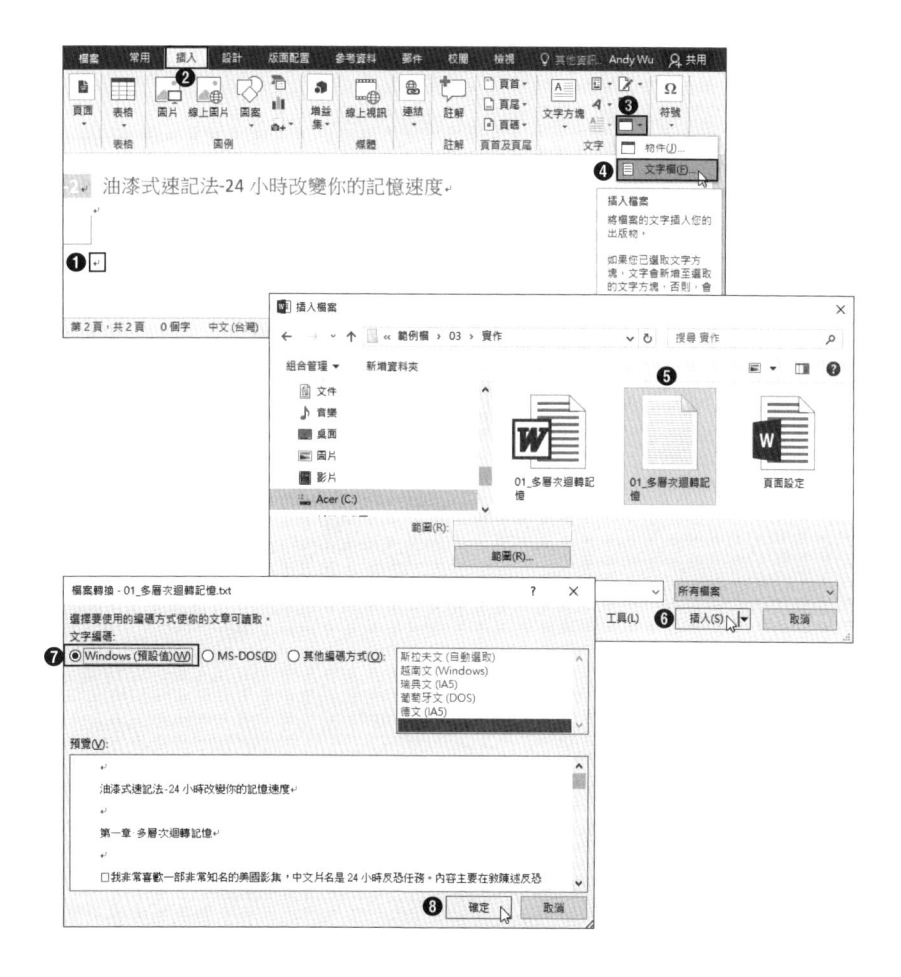

3.4.3 以「取代」功能刪除多餘的空白與空格

1. **以「取代」功能刪除段落前的空白**：原作者經常在段落之前加入空格，這裡要把空格刪除，以利將來樣式的設定與套用。請先選取並「複製」段落前的空白，接著由「常用」標籤按下「取代」鈕，便進入「尋找及取代」視窗，將剛剛的空白「貼入」尋找目標的欄位中，「取代為」的欄位則不更動，按下「全部取代」鈕，就可將380個空白全部刪除掉。

2. **以「取代」功能刪除文字間的空格**：先選取並「複製」文字與文字間的空格，在「尋找及取代」視窗中，將剛剛的空格「貼入」尋找目標的欄位中，「取代為」的欄位則不更動，按下「全部取代」鈕，就可將 268 個空格刪除。

3.4.4 以「取代」功能統一標點符號（）

1. **以「取代」功能統一標點符號（）**：文件中的括號（）有全形也有半形，這裡一併使用「取代」功能，將半形的括號取代為全形，完成標點符號的統一。

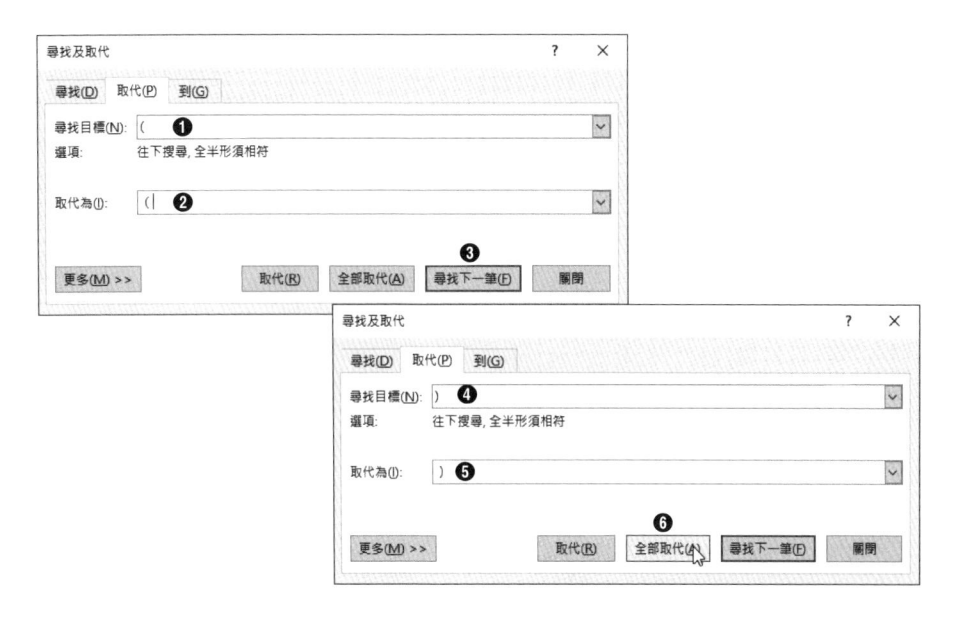

透過這樣的方式，文字內容就能快速整理完成，屆時在排版時，就不用再耗費時間去刪除那些多餘的空白與空格，標點符號也都統一為全型符號。

Word全方位排版實務：紙本書與電子書製作一次搞定

CHAPTER 04

文件格式化的排版技巧

- ✓ 4.1 格式化設定要領
- ✓ 4.2 強化文件佈局的整齊清晰
- ✓ 4.3 字元與段落格式設定
- ✓ 4.4 項目符號與編號
- ✓ 4.5 實作－文字與段落格式設定

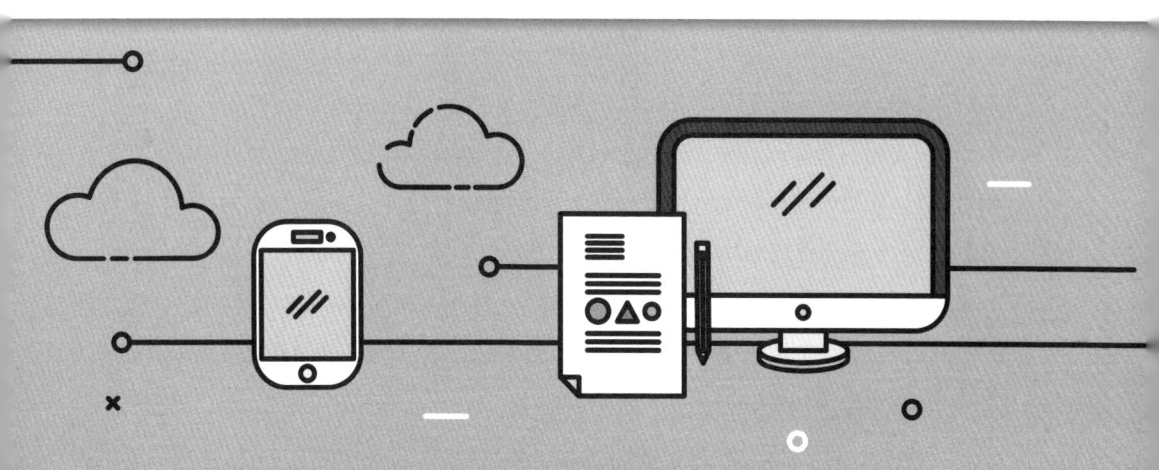

要讓文件看起來清楚易懂，整齊劃一，文件格式的設定就顯得相當重要，除了字元格式、段落格式的設定可以吸引讀者的目光外，多層次的項目清單與編號也能讓重點的層次顯示出來。

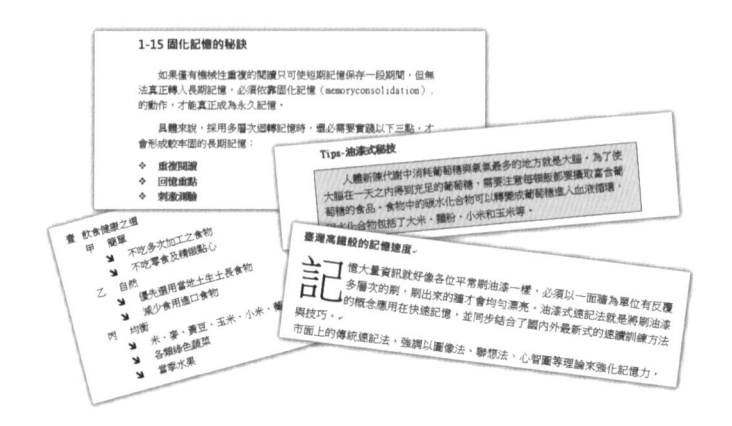

本章將著重這些內容作說明，掌握住文字排版的訣竅與秘技，就能讓排版出來的版面清楚傳達訊息，同時顯現美好的視覺感受。

4.1 格式化設定要領

對於格式的設定，通常包含了字型、字距、行距、色彩等設定，這小節列出幾項排版要領供各位參考，讓文字的搭配吸睛亮眼。

4.1.1 字型和字型大小選擇

不管是中文字、英文字、阿拉伯數字，字體也跟人一樣有著不同的個性與風貌，有的粗、有的細、有的胖、有的瘦、有正方、有清秀、有豪邁…等，所以字體的選擇應該依據閱讀者的心理或文件的特點來選用適合的字體，並非依照個人喜好來選擇。

字型是否適合放在此版面或設計當中，最佳的判斷標準就是先確定設計的版面要呈現哪種特質，像是表現傳統的特質可以選用較復古風的字型，表現現代感可以選用較簡約易讀的字型。如果能先確定，才能讓挑選的字型配合文件的內容。

一般電腦都有預設一些中英文字體可以選用，使用者也可以購買特殊的字型光碟來安裝，安裝後的字型會在 Word「常用」標籤的「字型」處顯現，使用者直接下拉做挑選即

可。通常會將粗體字放在書刊標題或廣告標語上，細體字適合長篇內文的使用。但是字型的選用不可過多，過多會顯得雜亂而不專業。

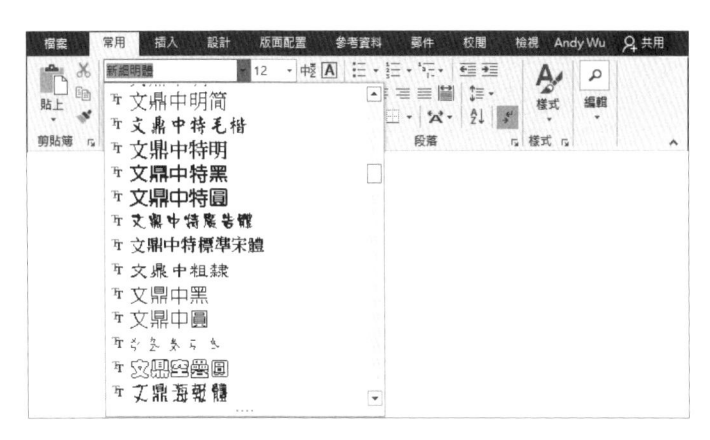

希望文字編排能有效地傳送訊息，在設計時也要考量讀者的需求，像是閱讀者的年齡、閱讀習慣…等。例如給兒童閱讀的字體要大且要清楚、內文字體的選用要盡量避免太多的裝飾樣式、明智的選用清晰字體，讓讀者可以在愉悅的心情下長時間閱讀文字。

選擇字型後，字型尺寸也是影響閱讀難易度的關鍵之一，因為字體太小難以閱讀，通常印刷用的段落文字會設在 10～12 點（pt）之間。

4.1.2 字距 / 行距的協調與設定

要讓內文字讀起來順暢，字距與行距也是關鍵要素。所謂的「字距」指的是文字與文字之間的距離，太過擁擠的字距讀起來傷眼力，太過鬆散的字距讀起來也不會順暢，而文字間距的調整就是讓每個字之間的距離能夠符合空間美學。

「行距」則是前一行文字與後一行文字的垂直距離，一般行距要比字距來的大，否則讀者會搞不清楚該從哪個開始閱讀。

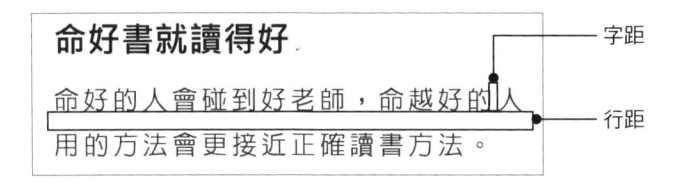

想要調整字與字之間的距離，由「常用」標籤的「字型」群組按下 鈕，在「進階」標籤的「間距」處就可以將字元間距做加寬或緊縮的設定，也可以在其後方自訂點數。

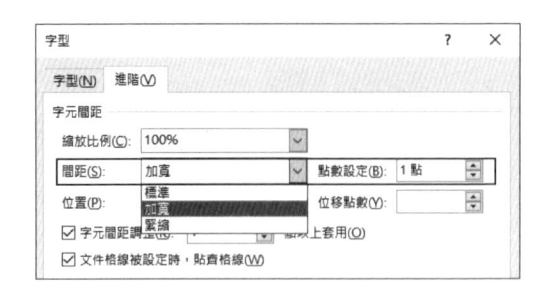

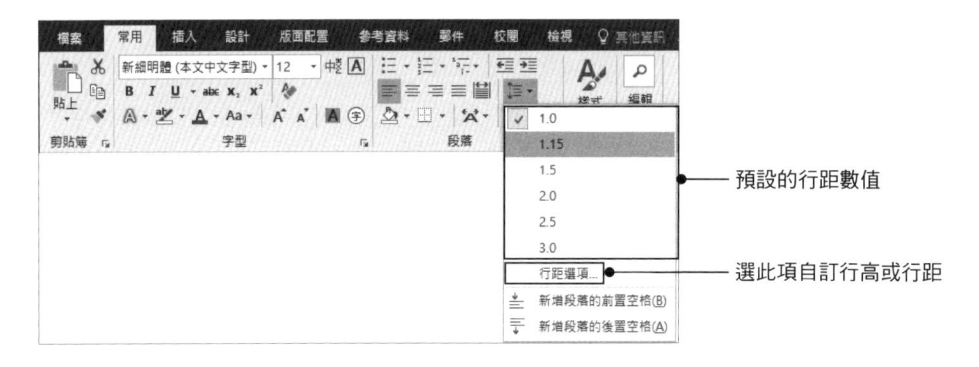

若要調整行與行的垂直距離，最簡單就是從「常用」標籤的「行距與段落間距」鈕下拉進行選擇。

若下拉執行「行距選項」指令，將進入「段落」視窗，由「縮排與行距」的標籤中可設定行距或行高。

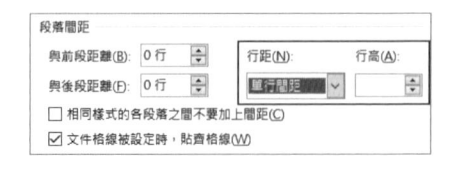

4.1.3 字體色彩的選擇

文字排版重在文字的易讀性，所以特別要注意文字與背景的對比性。文字與背景的反差如果不夠強烈，像是淺色字搭配淺色背景，或是深色字放在較暗的圖案背景上，對眼睛的負擔就很大，視覺效果也不好。

常見的文件大都由白紙黑字所構成，對於重要的標題選用適當的色彩，能讓表達的內容更精彩，更有魅力，像是暖色系給人溫暖和諧的感覺，冷色系則有寧靜清涼的感受，但仍須與文件主題與版面風格互相搭配才行。

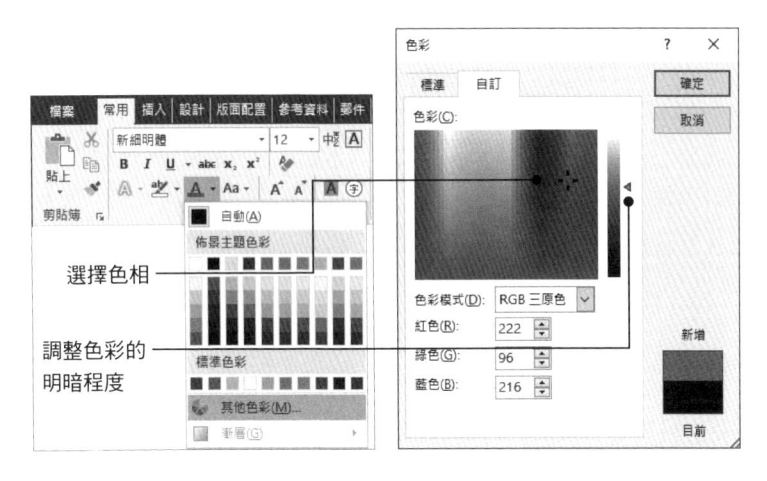

在「常用」標籤的「字型色彩」▲▼鈕可快速變更文字顏色，如果沒有滿意的顏色，下拉選擇「其他色彩」指令，即可從「自訂」標籤的色盤進行選色。

4.1.4 中英文字型的協調與設定

文件中經常會出現中文與英文混合編排的情況，二者是否搭配得宜是見仁見智的問題。在選用字體時，盡可能依據中文字型的特徵來選用適合的英文字型，使二種字形粗細、寬高能夠在視覺上看起來協調一致。

速讀的成功秘訣在於不深入閱讀 The secret to successful speed reading is not to read thoroughly. ── 中英文字搭配協調

速讀的成功秘訣在於不深入閱讀 The secret to successful speed reading is not to read thoroughly. ── 中文字較細，英文字較粗，較不協調

文件中若同時有中英文，使用者也可以分別指定文件的中／英文字型。請在「字型」群組中按下▫鈕，在「字型」標籤中分別設定「中文字型」與「字型」，由預覽處可看到中英文字搭配的效果，若是按下「設定成預設值」鈕，那麼新增的文件就會使用自訂的字型格式。

4.1.5 段落統一分明

在排版要訣中，最重要也是最基礎的要求就是該對齊的部分就必須對齊，不管是圖片或文字的處理，只要對整齊，同時保持一致，就能讓畫面統一分明。

要讓段落看起來舒服流暢，段落的對齊方向是第一考量。「常用」標籤的「段落」群組提供「靠左為齊」、「置中」、「靠右對齊」、「左右對齊」、「分散對齊」四種。在段落方面通常是選擇靠左對齊方式，盡量少用「分散對齊」，因為它會產生一堆不規則的空間和隨機分布的大量空白，讓畫面看起來較雜亂。若是中英文並存的段落，可使用「左右對齊」的方式，讓文件邊緣保持勻稱而俐落，不會出現參差不齊的情形。

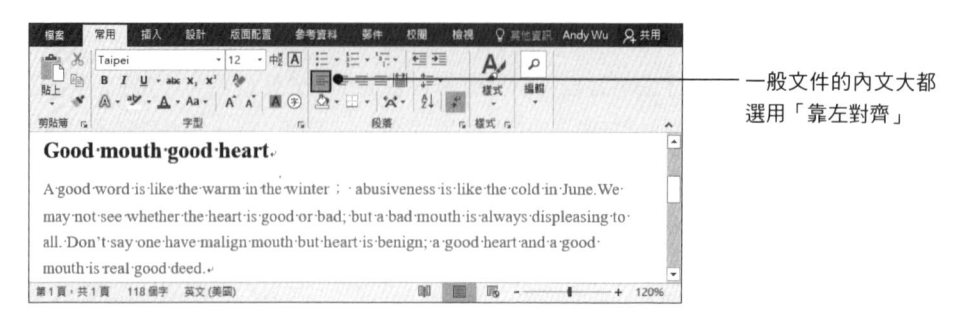

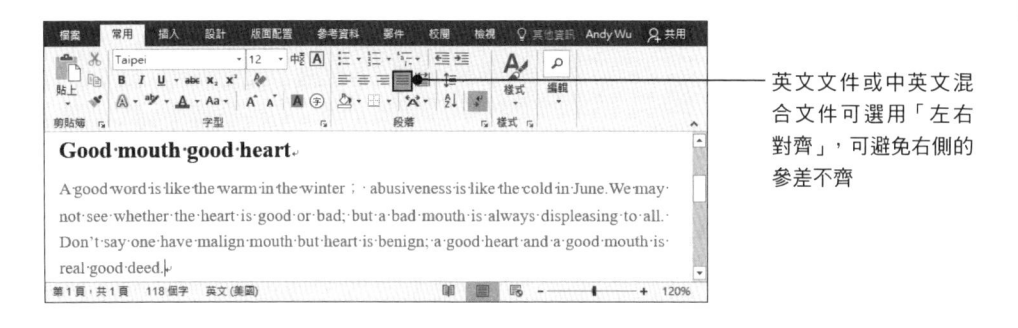

英文文件或中英文混合文件可選用「左右對齊」，可避免右側的參差不齊

段落要分明，首字放大或是首行縮排設定，都有讓段落清晰鮮明的效果。另外也可以適時地讓段落間的距離加大些，如下圖所示。

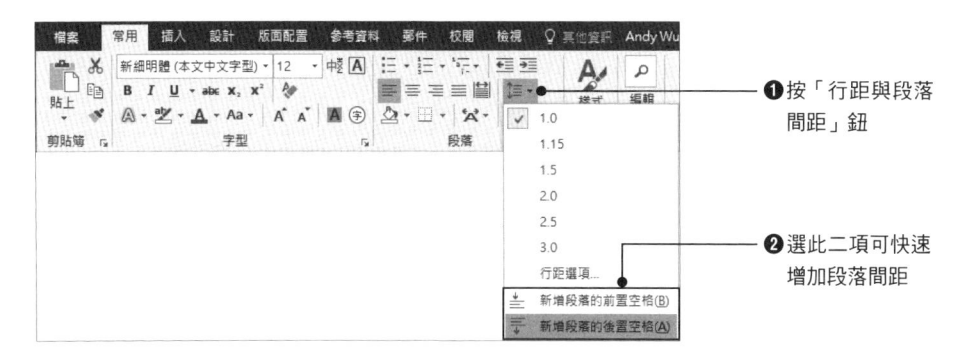

❶ 按「行距與段落間距」鈕

❷ 選此二項可快速增加段落間距

4.1.6 大小標題清楚易辨

在排版設計中，文件的結構與層次是設定大小標題的主要依據，通常是依文件的結構將文字做大小、顏色、字體的區分，而且主標題因為是闡述主題核心，所以尺寸最大，字體最粗，顏色最強眼。其次是副標題、小標、內文…等依次做變化，這樣文件的易讀性就增高，在視覺層次的變化也很鮮明。

4.1.7 善用項目符號提綱挈領

對於條列式的清單，為了讓文件看起來更條理分明，都會使用項目符號或編號來處理。項目符號會將條列的內容並列，而編號則可以顯示先後順序的關係。二者都能讓文件的結構更清晰，更具可讀性。

4.1.8 行長與分段設定

一行文字的長度決定讀者在閱讀時，由行末文字跳轉視線至下一行的時間，當行長較大時跳轉的時間較長，行短則所需時間較短，因此一行文字的長度會影響閱讀的節奏。

通常一行文字以 45 字元～ 75 字元是比較恰當的，段落的寬度太寬太窄都會造成閱讀上的困難。另外，行的長度越長，閱讀者會感覺行距變小，所以當行長較長時，排版時就需要將行距適當增大，以便讀者閱讀。

以 Word 進行排版前，各位也可以預先指定每行的字數，每頁的行數。請在「版面配置」標籤的「版面設定」群組按下 鈕，即可在「文件格線」的標籤中進行設定。

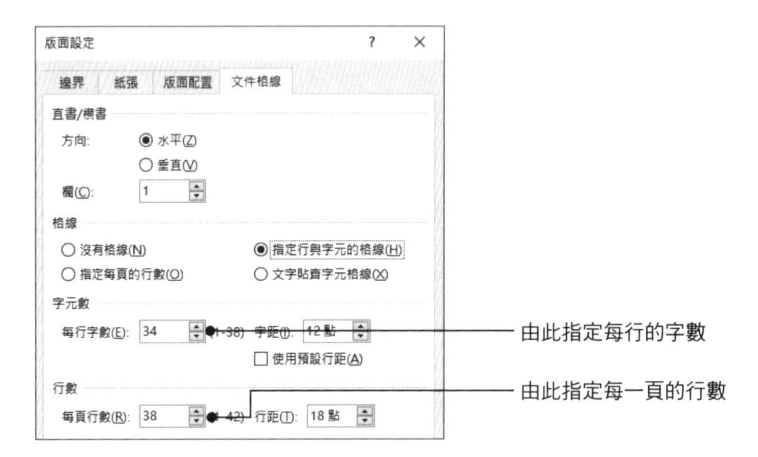

由此指定每行的字數
由此指定每一頁的行數

除了行長會影響到閱讀的節奏外，段落的劃分也是因素之一。因為段落設的過短會造成視覺流程的中斷，使版面看起來較凌亂，而且不適當的分段也會影響到讀者對文章的理解程度。

4.2 強化文件佈局的整齊清晰

一篇結構清晰的文件，佈局是非常重要的，如果佈局整齊清晰，閱讀這就能輕鬆自如的閱讀，享受閱讀的喜悅，反之則會影響到繼續閱讀的心情。

4.2.1 首行縮排

首行縮排的設定是排版中經常使用的一種手法，它可以讓讀者清楚辨識每個段落的開始處，而且能讓文件看起來更整齊美觀。

要進行首行縮排的設定，最簡單的方式就是直接在尺規上調整。由「檢視」標籤勾選「尺規」選項使顯示水平尺規。將滑鼠移到尺規上，往右拖曳左上方的「首行縮排」▽鈕就可搞定。一般縮排是設為 2 個字元，這樣看起來會很清晰明瞭。

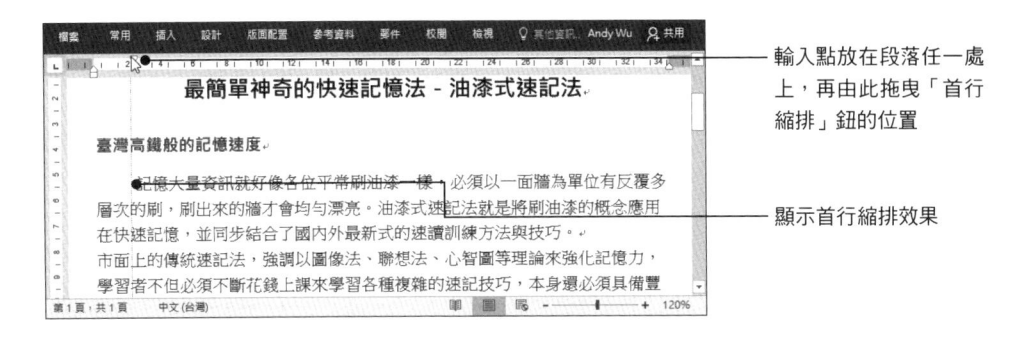

（螢幕截圖說明）

- 輸入點放在段落任一處上，再由此拖曳「首行縮排」鈕的位置
- 顯示首行縮排效果

> **說明**　段落的縮排除了剛剛介紹的「首行縮排」外，還有「首行凸排」。「首行縮排」是段落的第一行文字向頁面右側偏移，而「首行凸排」則是除了第一行文字外，其他行文字會向頁面的右側偏移。

你也可以在「常用」標籤的「段落」群組按下 鈕，在「縮排與行距」標籤中將指定方式設為「第一行」，並由後方設定位移的點數，也能完成首行縮排的設定。

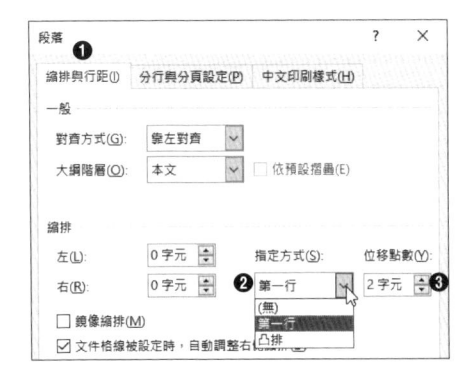

4.2.2　首字放大與首字靠邊

「首字放大」是將段落的第一個文字做放大處理，使佔據 2 到 3 行的高度，讓文件開頭文字變得很醒目，這種作法經常在報章雜誌的排版中看到。

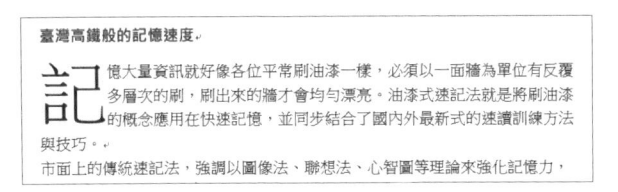

「首字靠邊」則是將段落的第一個字明確放在段落左側。這兩種方式都是由「插入」標籤中按下「首字放大」鈕，再下拉選擇「繞邊」或「靠邊」的選項即可。

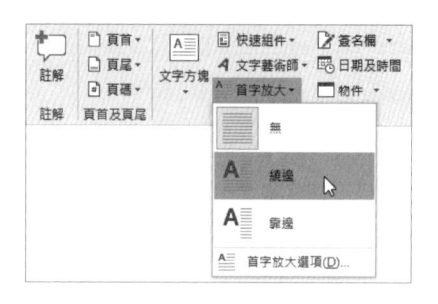

若下拉執行「首字放大選項」指令，將可自訂首字的位置、文字放大的高度、字形、與文字的距離。

4.2.3 調整適當的段落間距

段落間距是指段落與段落之間的距離，在 Word 程式中還區分為「段落前間距」與「段落後間距」兩種，利用段落間距可讓文件中的各段落變得更清晰整齊。

要設定段落間距，請在「常用」標籤的「段落」群組按下 鈕，由「段落」視窗切換到「縮排與行距」的標籤，即可設定與前段或後段間的距離。

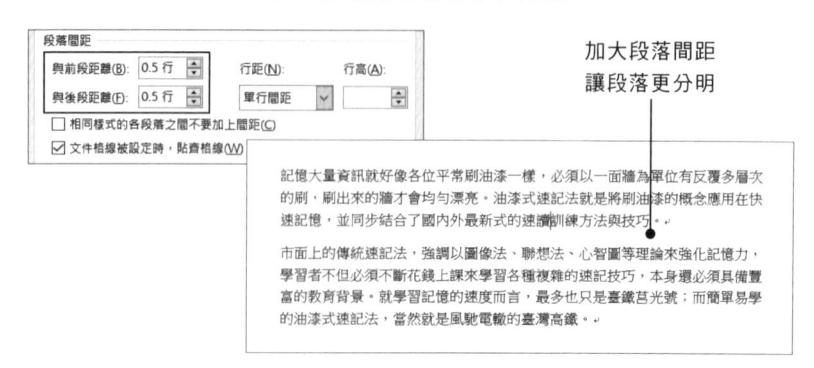

加大段落間距讓段落更分明

說明 / 段落中不分頁

在排版過程中經常會遇到同一個段落分處在目前頁面的底端與下一頁面的頂端。如果希望同一段落能顯現在同一頁面上,可在「段落」視窗,「分行與分頁設定」標籤中勾選「段落中不分頁」的選項。

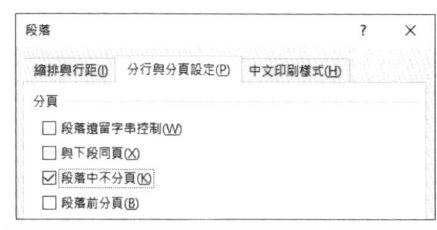

4.3 字元與段落格式設定

在這一小節中,我們將進行字元格式與段落格式的設定。在字元部分,只要以滑鼠選取要做格式設定的文字範圍,即可進行設定。至於段落格式時,只要文字輸入點移到該段落上任一處,就可以設定段落格式,並不需要將整個段落選取起來。而透過↵符號,我們可以清楚知道每個段落的位置,只要段落設定得宜,文件看起來就會很舒服很整齊。

4.3.1 以「常用」標籤設定字型格式

在「常用」標籤的「字型」群組中提供各種格式設定的按鈕,包括字型、大小、放大／縮小字型、粗體、斜體、底線、刪除線、上標、下標…等,只要滑鼠移到按鈕上,就會出現白色標籤讓使用者知道該按鈕所代表的作用,功能鈕旁邊若有下拉鈕,可直接下拉做選擇,而按下「清除所有格式設定」鈕,則可移除選取範圍的所有格式設定。

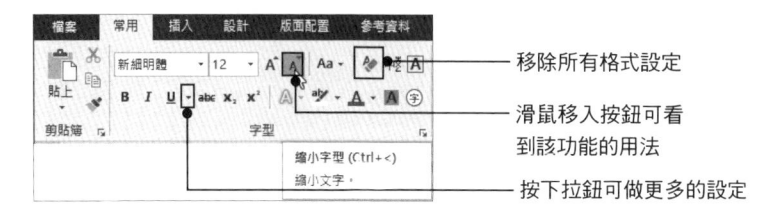

> **說明　文字醒目提示色彩**
>
> 「字型」群組中的「文字醒目提示色彩」鈕是使用鮮亮的色彩醒目提示文字,讓文字更亮眼。在排版過程中,對於有問題或暫時先保留的地方可以用此功能來處理,以便提醒自己注意。若要刪除提示的色彩,可下拉選擇「無色彩」。

4.3.2 文字加入底線

「底線」是指在文字下方加上一條橫線,讓線的長度與文字同長度。選取文字後,由「常用」標籤按下「底線」鈕,除了選擇不同的底線樣式外,也可以設定底線的顏色。若要選用更多的底線樣式,請下拉執行「其他底線」指令。

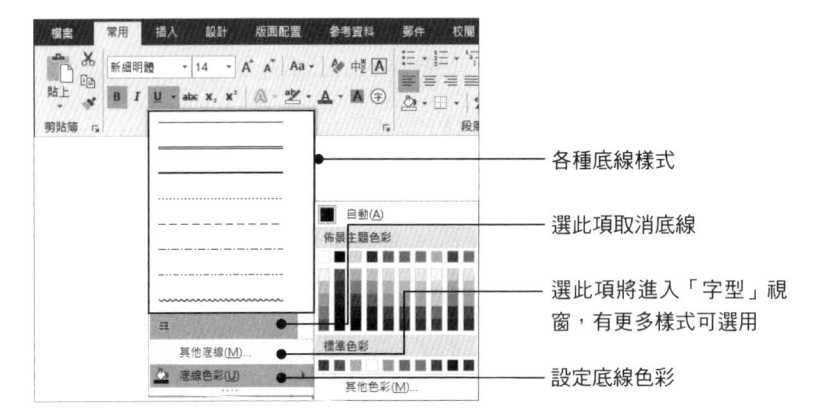

- 各種底線樣式
- 選此項取消底線
- 選此項將進入「字型」視窗,有更多樣式可選用
- 設定底線色彩

4.3.3 文字／段落加入框線與網底

「框線」是在文字四周圍加入線條,「網底」則是在文字以下加入背景顏色。這兩項效果利用「字元框線」和「字元網底」兩個功能鈕就可以加入黑線與灰色網底。

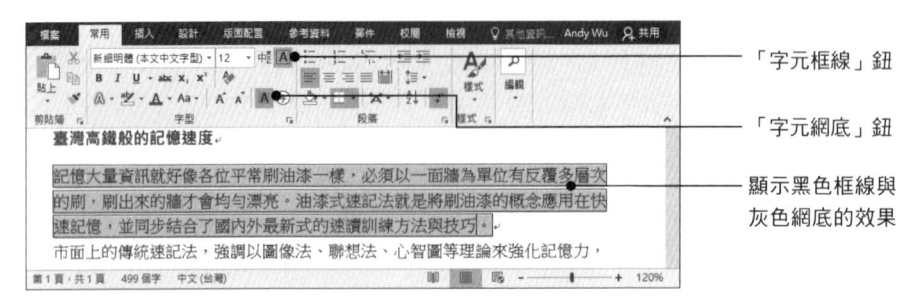

- 「字元框線」鈕
- 「字元網底」鈕
- 顯示黑色框線與灰色網底的效果

如果想要設定有色彩效果的框線或網底,或是針對整個段落加入框線與網底,則必須由「插入」標籤的「框線」鈕進行設定。請由「框線」鈕下拉選擇「框線及網底」指令,使進入「框線及網底」視窗。

❷按下「框線」鈕

❶先選取文字範圍或段落範圍

❸選擇「框線及網底」指令

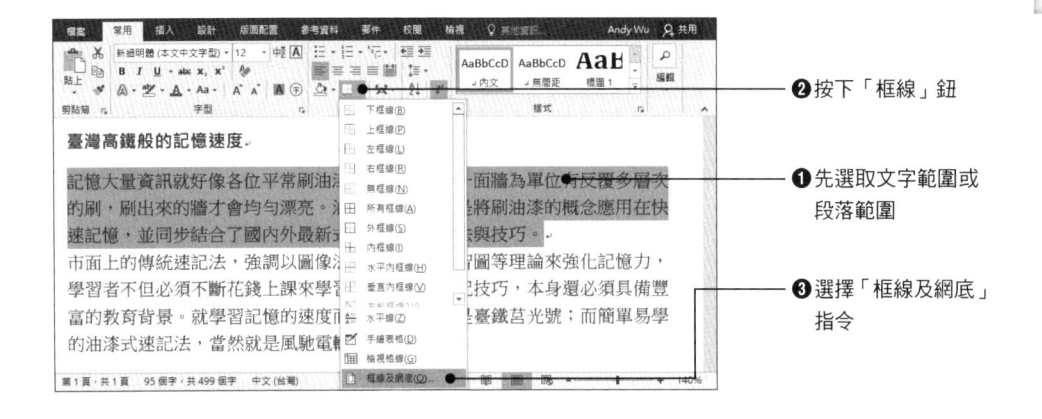

設定框線

由「框線」標籤選擇框線樣式、色彩、與寬度，預設值是套用至「文字」，若要套用到「段落」，請下拉做切換。另外，選擇套用至段落時，若想控制框線與段落文字間的距離，可按下「選項」鈕，進入選項視窗做上／下／左／右的調整。

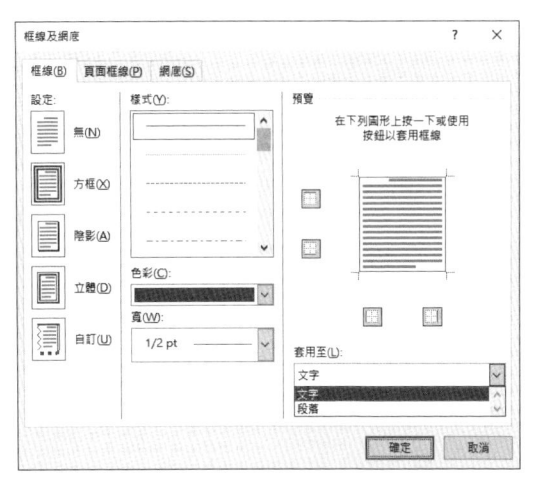

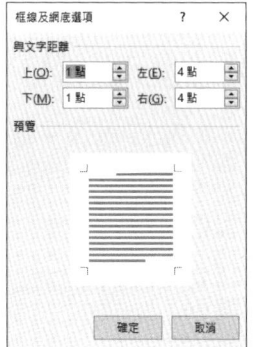

設定網底

由「網底」標籤可設定填滿的顏色與網底樣是。要套用到段落，請由「套用至」做切換。

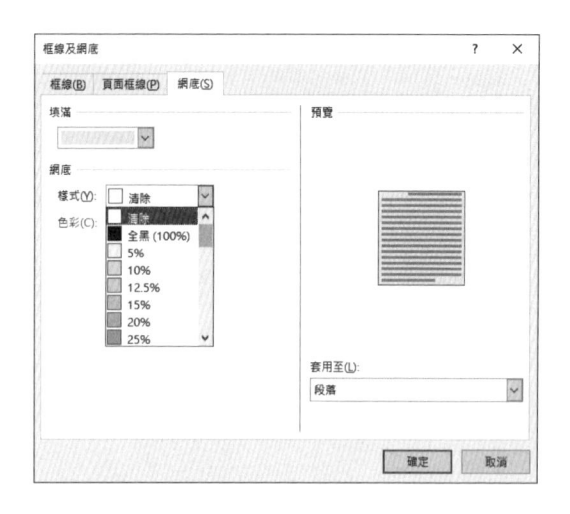

顯示套用至段落的框線與網底效果

> 臺灣高鐵般的記憶速度。
>
> 記憶大量資訊就好像各位平常刷油漆一樣，必須以一面牆為單位有反覆多層次的刷，刷出來的牆會均勻漂亮。油漆式速記法就是將刷油漆的概念應用在快速記憶，並同步結合了國內外最新式的速讀訓練方法與技巧。

4.3.4 以「字元比例」變形文字

在預設的狀況下，中文字體都是顯示方正的效果，但是利用「字元比例」的功能可以讓中文字拉長或壓扁。由「常用」標籤的「亞洲配置」鈕下拉選擇「字元比例」，就能將文字做橫向的縮放調整，使文字變胖或變瘦。

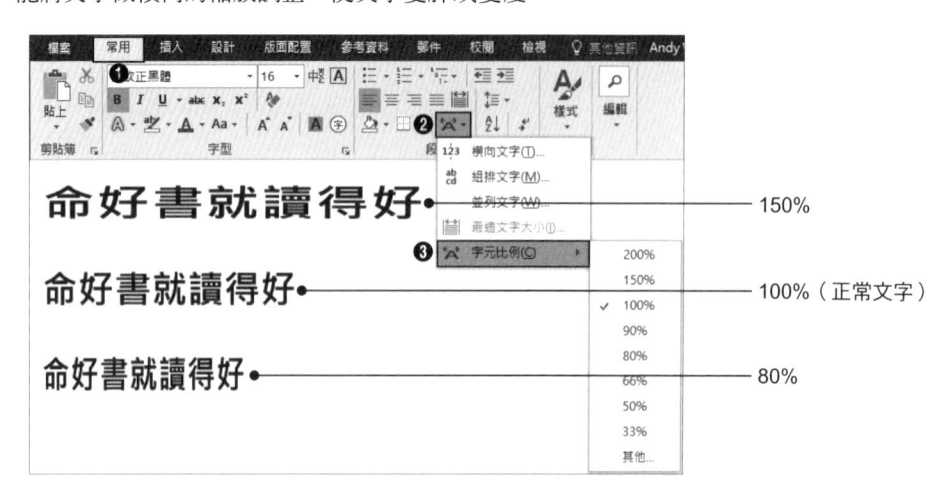

命好書就讀得好 —— 150%

命好書就讀得好 —— 100%（正常文字）

命好書就讀得好 —— 80%

4.3.7 變更文字方向為直書 / 橫書

在 Word 程式中，文字輸入是採用西式的編排，所以文字是由左排列到右，但一般公文或合約書，通常是採用直式排列，所以想要變更文字的方向，可以透過「版面配置」標籤的「文字方向」鈕來變更直書或橫書方式。下面以「考卷.docx」做說明。

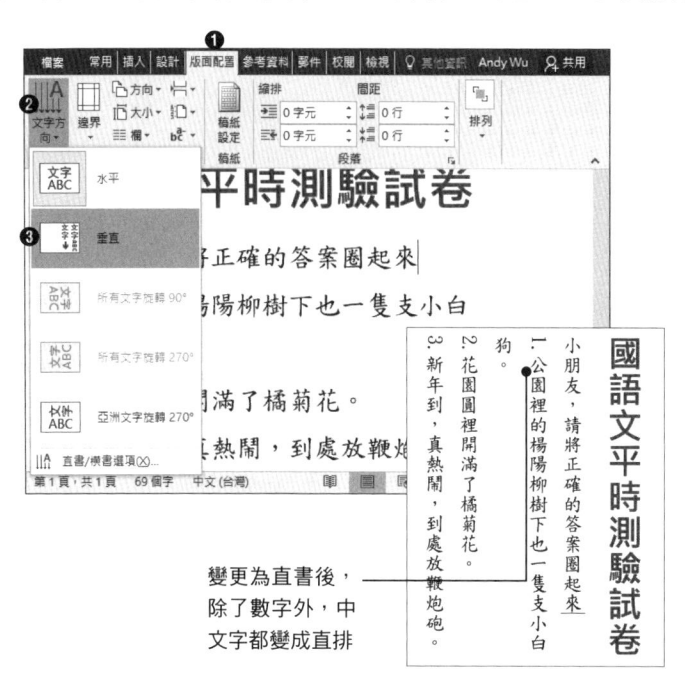

變更為直書後，除了數字外，中文字都變成直排

如果下拉執行「直書 / 橫書選項」將會進入下圖視窗，可設定將變更的內容套用到整份文件或是插入點之後。

4.3.6 橫向文字與並列文字

中文採用直書後，如果文件中有數字出現，就會顯示如上圖所示的狀況－數字被旋轉90度。這種狀況可以利用「橫向文字」的功能將它轉回正確的角度。

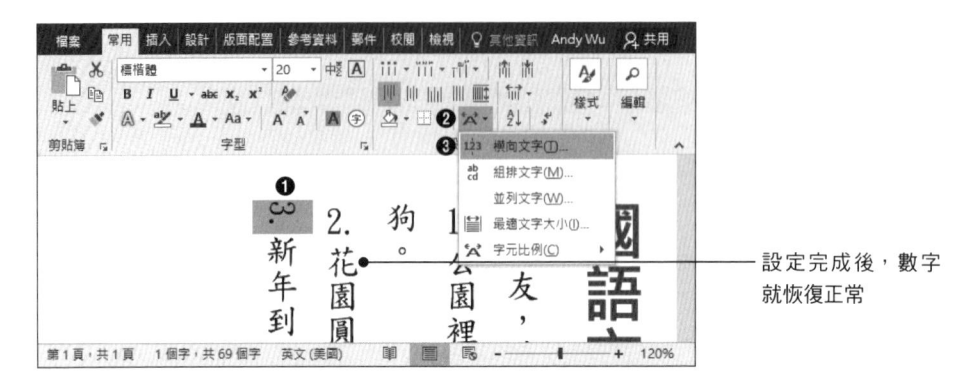

設定完成後，數字就恢復正常

公文或契約書中，經常會看到兩行文字並列在一起，以便把立約人同時顯現在一行當中。Word 的「並列文字」功能，除了方便將文字並列在一起外，也可以設定以括號的方式括住兩列文字。這裡以考卷作為示範，讓學生可以在兩個字中選取正確的文字。

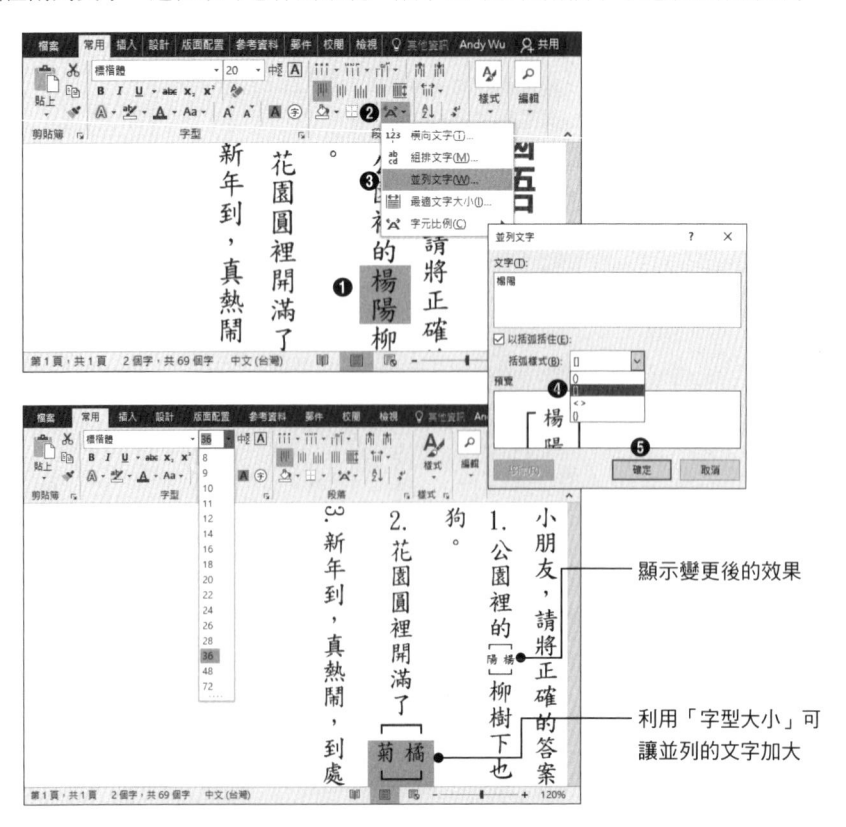

顯示變更後的效果

利用「字型大小」可讓並列的文字加大

4.3.7 加入文字效果與印刷樣式

「常用」標籤的「文字效果與印刷樣式」 A 的功能和「文字藝術師」的功能相似,都可以套用反射、陰影、光暈等效果,讓文字加入動人的外觀。所不同的是,文字藝術師是以「物件」方式插入至文件中,而 A 鈕可直接針對內文字或標題進行設定。

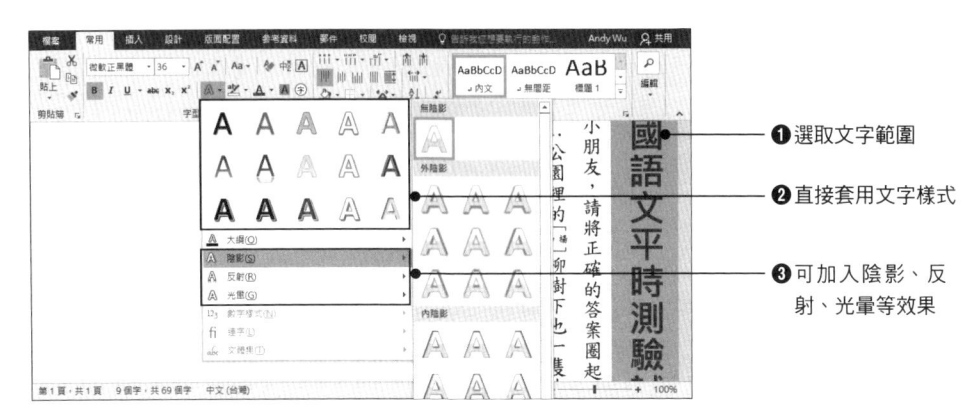

❶ 選取文字範圍
❷ 直接套用文字樣式
❸ 可加入陰影、反射、光暈等效果

4.3.8 顯示／隱藏格式化標記符號

在編輯文件時,經常會看到的一些格式標記符號,這些標記符號能方便使用者進行版面配置或段落編輯的工作,所以各標記符號所代表的圖示與意義必須要知道。而想要顯示／隱藏這些符號,可按下「常用」標籤的「顯示／隱藏編輯標記」鈕進行切換。

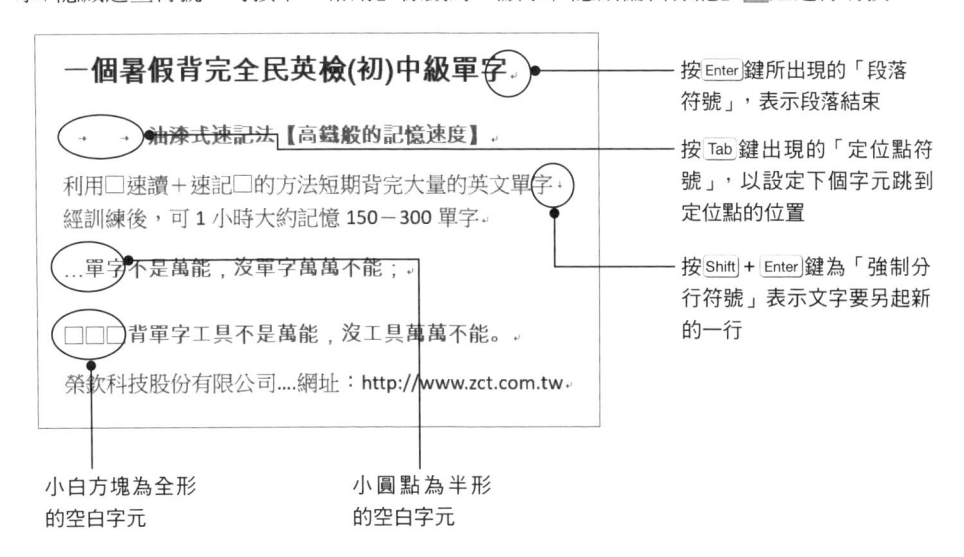

按 Enter 鍵所出現的「段落符號」,表示段落結束

按 Tab 鍵出現的「定位點符號」,以設定下個字元跳到定位點的位置

按 Shift + Enter 鍵為「強制分行符號」表示文字要另起新的一行

小白方塊為全形的空白字元

小圓點為半形的空白字元

特別要注意的是「↵」和「↓」兩種標記,乍看是兩個段落,但事實上的結構是不相同。以 Shift + Enter 鍵分出的兩個部分仍然是屬於同一個段落,它將會共用相同的段落格式。

4.3.9 段落縮排

段落縮排用來增加和減少段落的縮排層級,讓段落的效果更分明。在「插入」標籤按下「增加縮排」鈕會將段落向右移離邊界,按下「減少縮排」則會將段落移近左側的邊界。

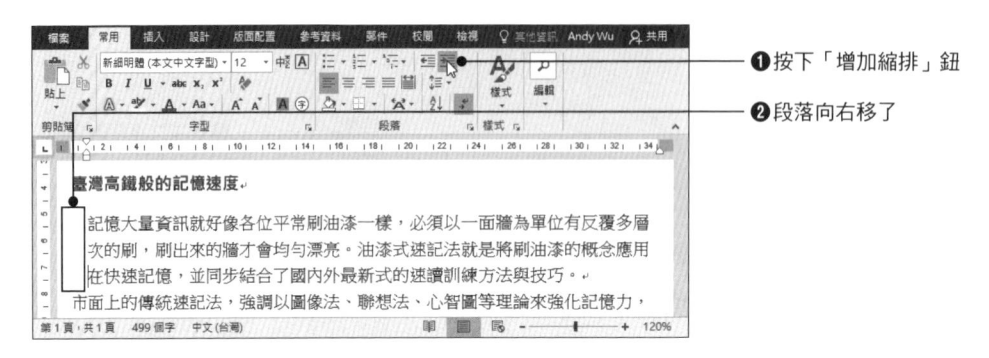

❶ 按下「增加縮排」鈕
❷ 段落向右移了

4.3.10 快速複製字元或段落格式

當各位設定好字元或一個段落的格式後,如果想要在文件的其他處也設定相同的格式,那麼可以使用「常用」標籤的 複製格式 鈕來複製。請先選取已設定好格式的字元或段落,按下「複製格式」鈕後,以滑鼠拖曳選取要複製的區域範圍,即可完成格式的複製。

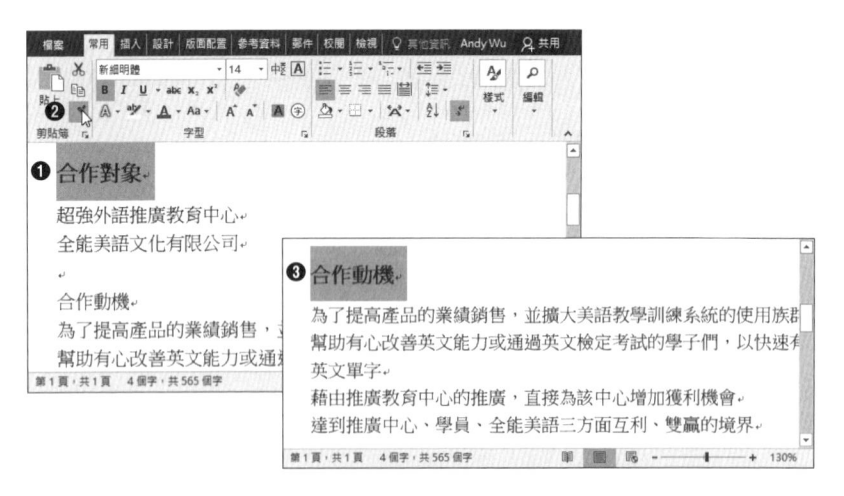

如果要進行多處的格式複製,請選取複製的文字或段落後,雙按「複製格式」鈕,再依序點選要複製的地方,結束時再按一下「複製格式」鈕表示結束。

4.3.11 尺規與定位點設置

對於段落的設定，尺規和定位點是相當好用的工具，除了前面介紹過的首行縮排的設定外，段落縮排、定位點的設置等，都會利用到尺規。

段落縮排

以滑鼠拖曳縮排鈕，即可控制整個段落的內縮。

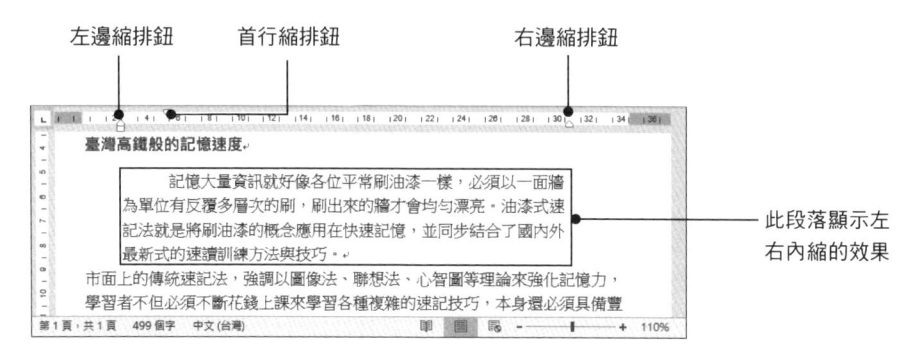

左邊縮排鈕　首行縮排鈕　右邊縮排鈕

此段落顯示左右內縮的效果

定位點標記

在輸入內容時按下 Tab 鍵，通常滑鼠指標會跳到某個特定的位置，這是因為「定位點」的關係。利用定位點可以進行文字內容的對齊，或做縮凸排的控制。

要使用定位點功能，首先是切換定位點的種類，請在尺規的最左側進行切換。而較常使用的定位點標記符號有如下幾種：

- ∟ ：靠左定位點，輸入的文字會靠左對齊。
- ⊥ ：置中對齊，輸入的文字會置中對齊。
- ⌐ ：靠右定位點，輸入的文字會靠右對齊。
- ⊥ ：對齊小數點之定位點，輸入的文字若有小數點，它會以小數點做對齊。

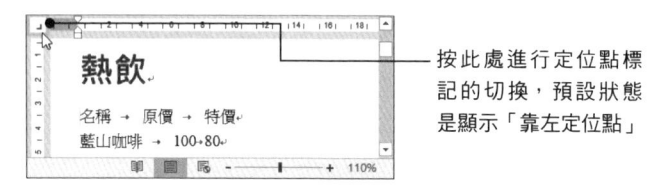

按此處進行定位點標記的切換，預設狀態是顯示「靠左定位點」

要使用定位點功能，首先切換到定位點的種類，然後在尺規上按一下，依序加入標記符號即可，拖曳標記則可微調標記的位置，若要刪除加入的標記，只要將標記由尺規上往下拖曳即可。

❶ 按此處，先切換到「靠右定位點」

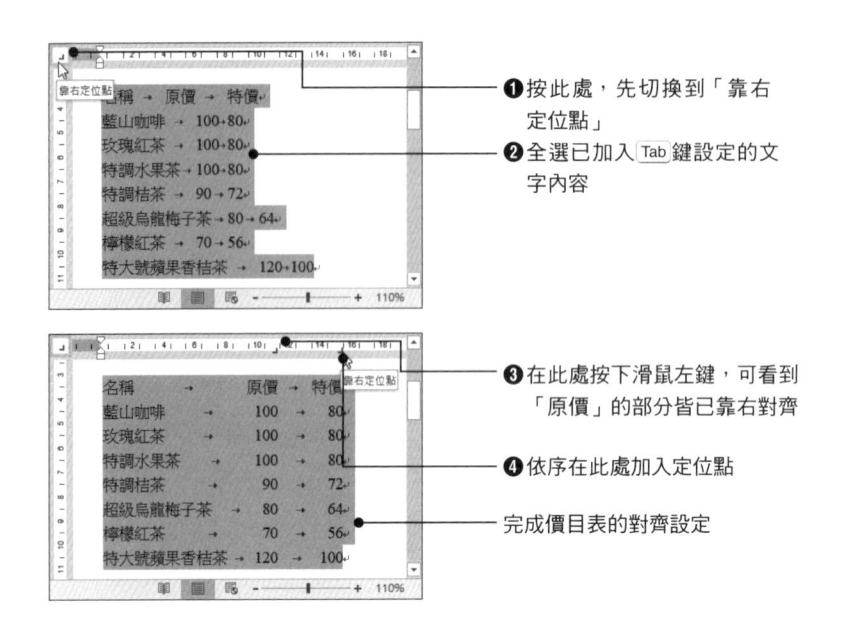

❷ 全選已加入 Tab 鍵設定的文字內容

❸ 在此處按下滑鼠左鍵，可看到「原價」的部分皆已靠右對齊

❹ 依序在此處加入定位點

完成價目表的對齊設定

如果希望精確地設定定位點的位置，請在「常用」標籤，「段落」群組按下 鈕，於開啟的「段落」視窗中按下「定位點」鈕，即可在視窗中自訂定位點。

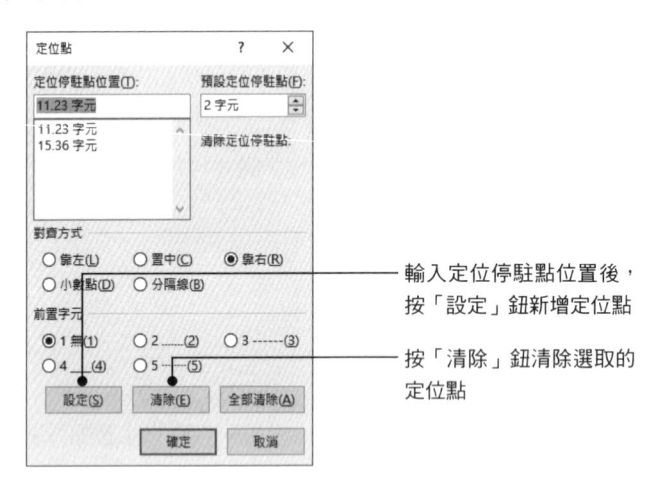

輸入定位停駐點位置後，按「設定」鈕新增定位點

按「清除」鈕清除選取的定位點

4.4 項目符號與編號

對於條列的清單，Word 提供「項目符號」、「編號」、「多層次清單」三種類別，可讓文件看起來條理分明，這小節將針對這幾項清單類別作介紹。

4.4.1 套用與自訂項目符號

想要套用現有的項目符號,請由「常用」標籤按下「項目符號」 鈕,即可下拉選擇套用的樣式。若是下拉選擇「定義新的項目符號」指令後,將可透過「符號」鈕來自訂項目符號的字元。

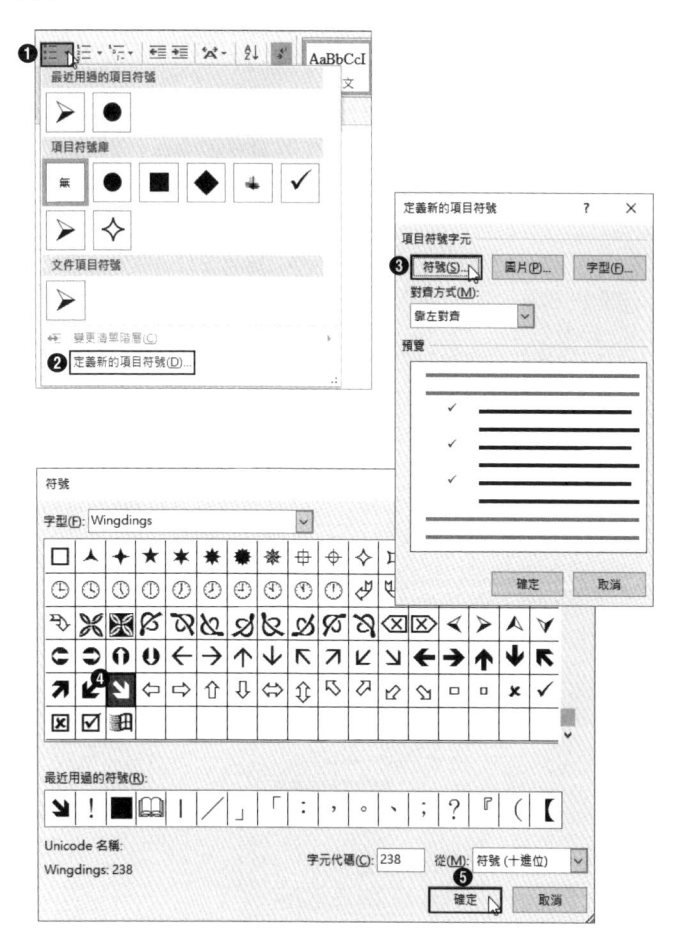

4.4.2 套用與自訂編號清單

要套用現有的編號,請由「常用」標籤按下「編號」 鈕,即可下拉選擇編號樣式。若是下拉執行「定義新的編號格式」指令,擇友更多的編號樣式可以選擇。

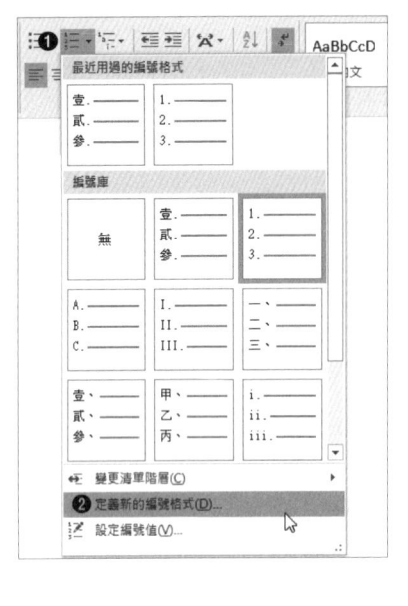

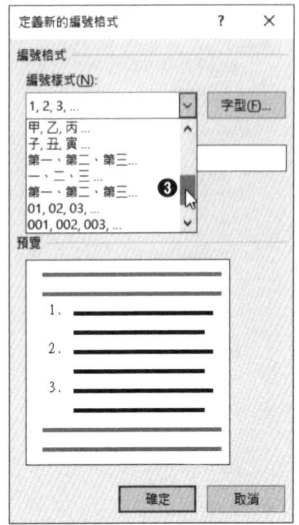

加入編號後，如果要指定編號的起始數值，可下拉選擇「設定編號值」的指令，進入下圖視窗即可指定數值。

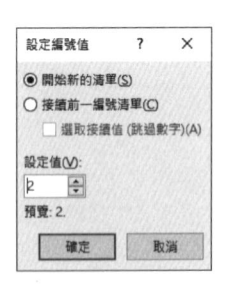

4.4.3 套用與定義多層次編號清單

「多層次清單」經常應用在長篇文件的編輯中，用以組織項目或建立大綱。在設定多層次清單前，可以先利用 Tab 鍵或「增加縮排」鈕來控制段落的層級，選取要設定清單的區域範圍後，由「多層次清單」鈕下拉選擇「定義新的多層次清單」指令，再依照階層順序進行樣式的設定。

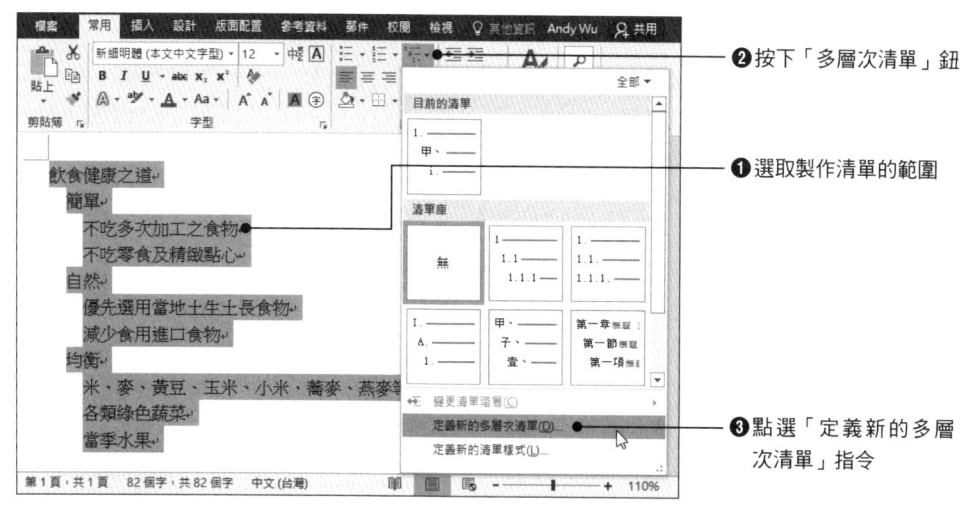

CHAPTER 04 文件格式化的排版技巧

❶ 選取製作清單的範圍

❷ 按下「多層次清單」鈕

❸ 點選「定義新的多層次清單」指令

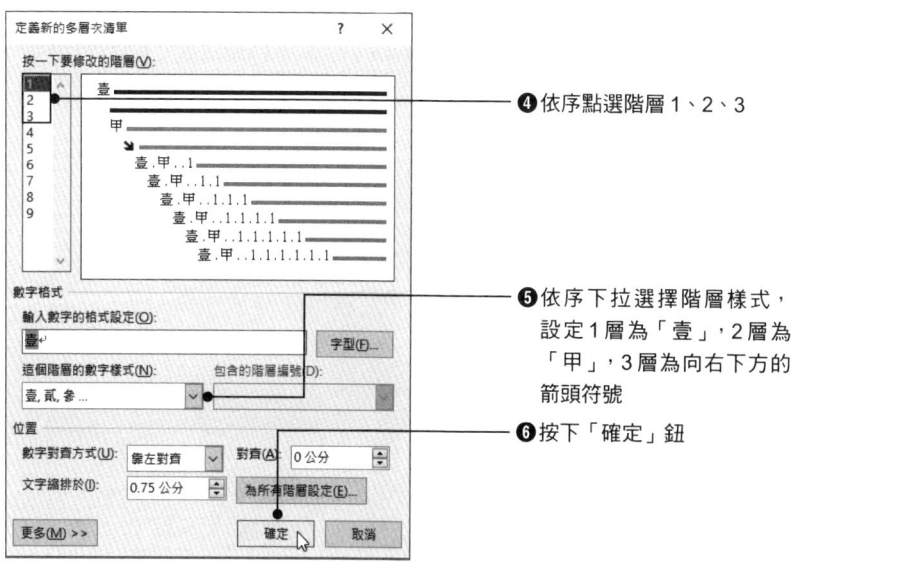

❹ 依序點選階層 1、2、3

❺ 依序下拉選擇階層樣式，設定 1 層為「壹」，2 層為「甲」，3 層為向右下方的箭頭符號

❻ 按下「確定」鈕

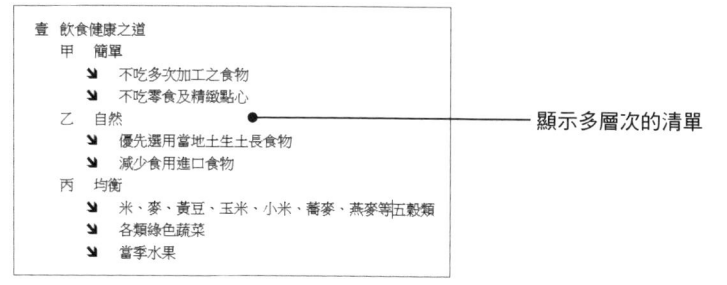

顯示多層次的清單

087

> **說明** 調整編號與文字之間的距離
>
> 加入項目符號或編號後,如果想要調整文字與編號的距離,可開啟尺規功能,再利用滑鼠調整縮排鈕的位置。

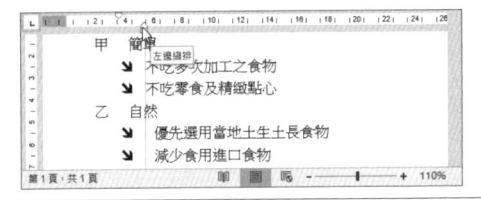

4.4.4 檔案中內嵌字型

在排版文件時,為了讓文字效果更豐富,通常都會安裝各種的字體。為了避免印刷廠沒有文件中所設定的字型,可以考慮在檔案中內嵌字型。請由「檔案」標籤中點選「選項」指令,進入如下視窗後,在「儲存」的類別中勾選「在檔案內嵌字型」的選項即可。而勾選「只嵌入文件中使用的字元」可壓縮檔案量。

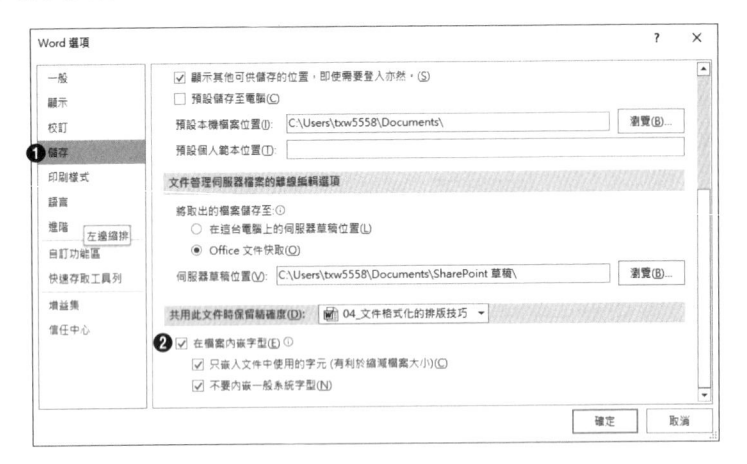

4.5 實作－文字與段落格式設定

在前面的章節中,我們已經將文字檔整理過並插入排版文件中,接下來就要進行文字段落的設定。此處先針對內文字體、大/小標題、強調文字…等幾個重要格式進行設定,試排幾頁的內容後,若確定版面效果不錯就可以了。這裡不需要將整個文件內容編

排完成，因為下一章還會介紹樣式的使用，透過樣式設定才能讓版面整齊又有效率。請自行開啟「01_多層次迴轉記憶_文字段落.docx」文件檔來練習。

4.5.1 設定段落的首行縮排 / 行距與段落間距

1. 刪除空白段落：首先將 1-1 小節之前的空白段落加以刪除，同時刪除第一行的書名。

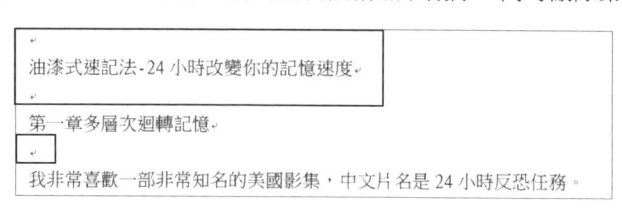

> 油漆式速記法-24 小時改變你的記憶速度
>
> 第一章多層次迴轉記憶
>
> 我非常喜歡一部非常知名的美國影集，中文片名是 24 小時反恐任務。

2. 設定段落縮排 / 行距 / 段落間距：選取 1-1 小節以前的段落文字，由「常用」標籤的「段落」群組按下 ⌐ 鈕，在「縮排與行距」標籤中將縮排指定方式設為「第一行」，與段落前 / 後的距離設為「0.5 行」，行距為「單行間距」。

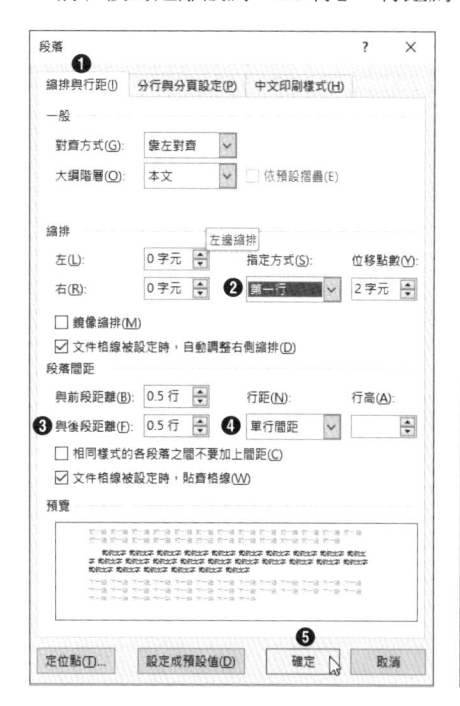

顯示段落設定結果—段落前空 1 個字元，段落與段落間距也加大

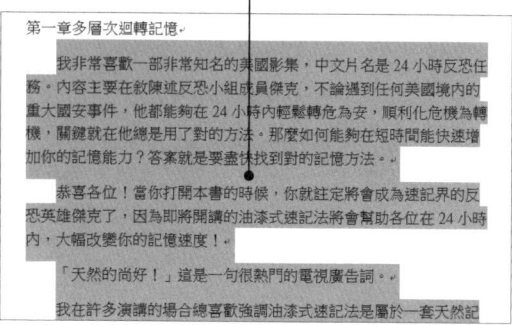

4.5.2 設定大小標題格式

1. 設定大標字體：選取第一章的標題文字，由「常用」標籤的「字型」下拉選擇「微軟正黑體」，「字型大小」設為「16」級、「粗體」，並由「字型色彩」下拉設定為紫色。

089

（顯示大標的格式）

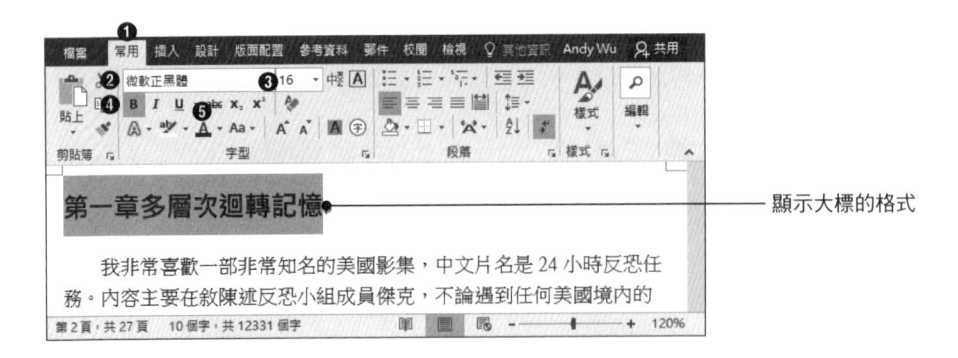

2. **設定小標字體**：選取 1-1 小節的標題，同上方式設定深藍色，14 級的微軟正黑體。

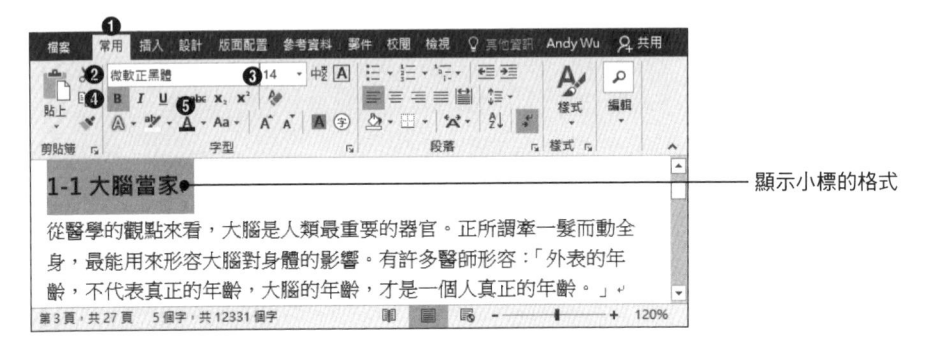

（顯示小標的格式）

4.5.3 強調文字加粗

1. **內文強調文字加粗**：選取內文中要做強調的文字，由「常用」標籤按下「粗體」鈕，使字體加粗。

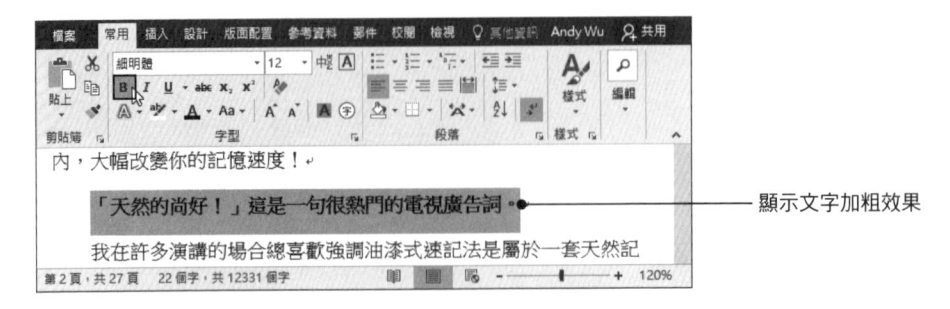

（顯示文字加粗效果）

4.5.4 以「複製格式」鈕複製段落格式

1. **複製段落格式**：選取 1 和 2 段的文字，按下「常用」標籤的「複製格式」鈕，使複製格式。接著將滑鼠移到 1-1，拖曳該小節的段落文字，即可複製段落格式。

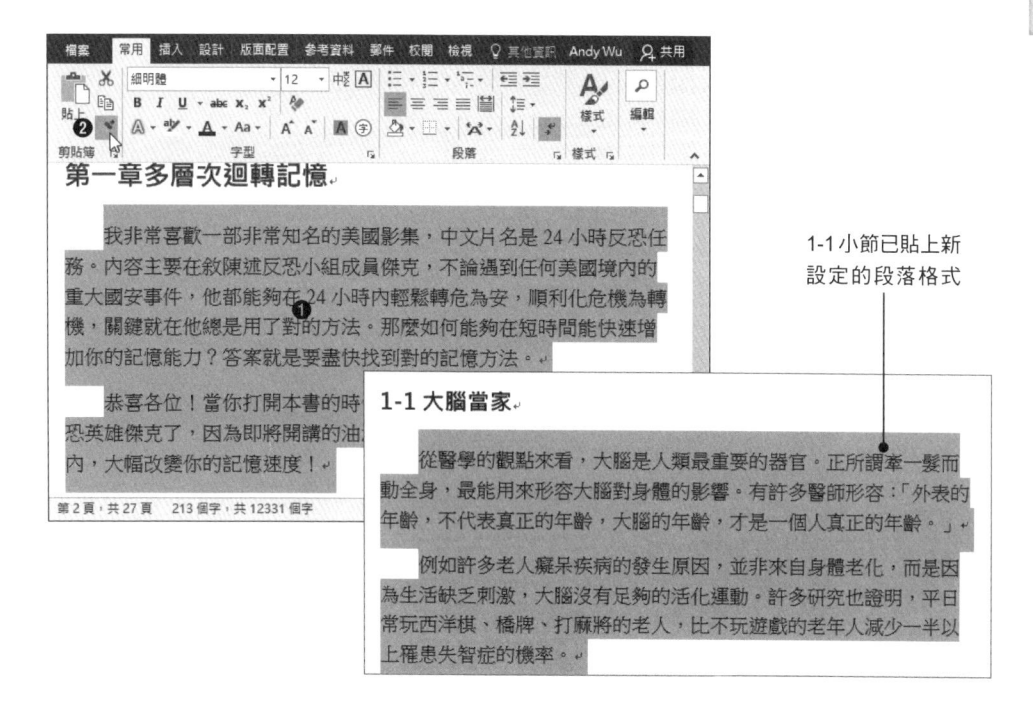

1-1 小節已貼上新設定的段落格式

4.5.5 為區塊加入網底與框線

1. **設定框線效果**：選取 Tip 區域的段落文字，由「常用」標籤的「框線」鈕，下拉選擇「框線及網底」指令，切換到「框線」標籤，選用「方框」、直線樣式，色彩為深藍色，套用到「段落」，並按下「選項」鈕，調整框線與文字的距離。

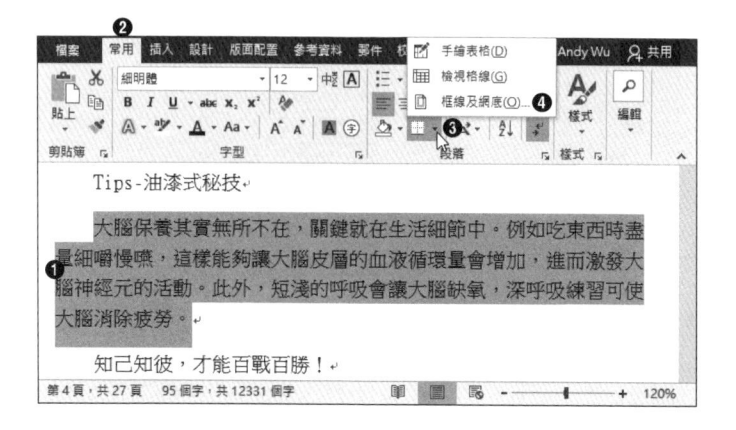

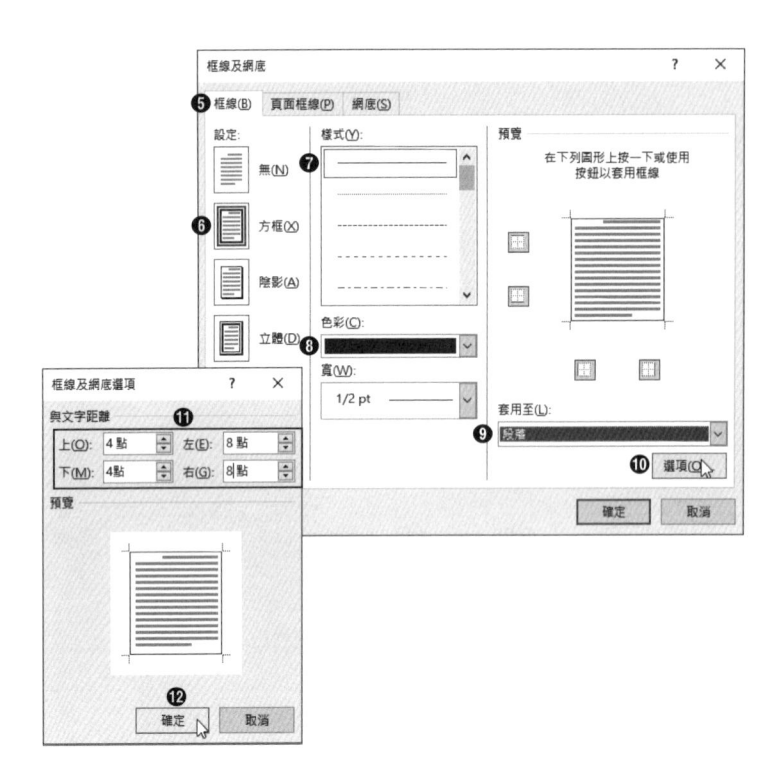

2. **設定網底效果**：切換到「網底」標籤，下拉選擇淺藍的填滿效果，套用至「段落」，按下「確定」鈕離開，完成 Tip 的網底與框線設定。

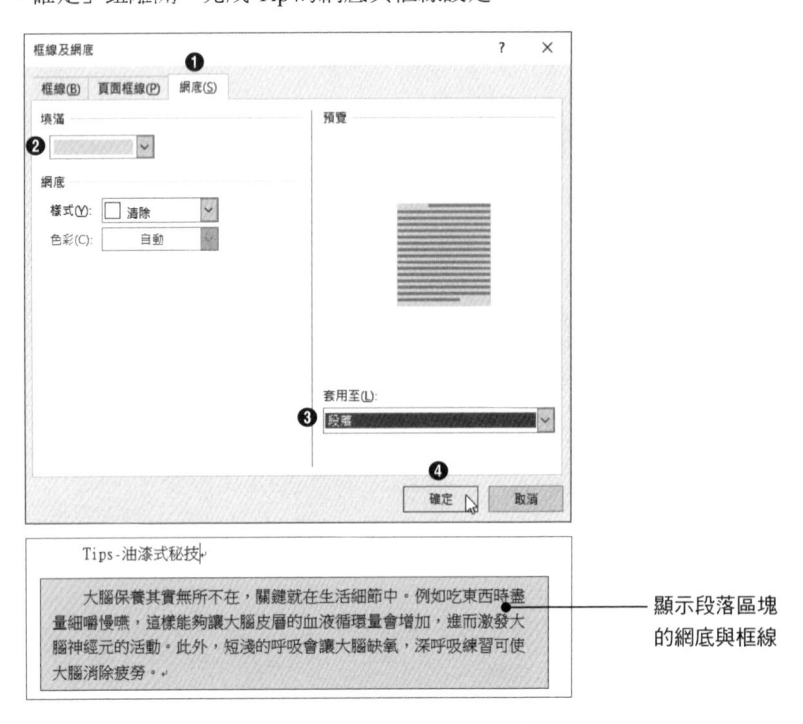

顯示段落區塊的網底與框線

4.5.6 設定 TIP 文字效果

1. **套用文字效果與印刷樣式**：先按 Back space 鍵刪除「Tip」前面的空白字元，選取文字後，由「常用」標籤按下「文字效果與印刷樣式」鈕，使套用如圖的黑色文字。

2. **變更文字格式與色彩**：套用文字格式後，按下「常用」標籤的「粗體」鈕使文字變粗，並將文字顏色變更為紅棕色，完成文字的設定。

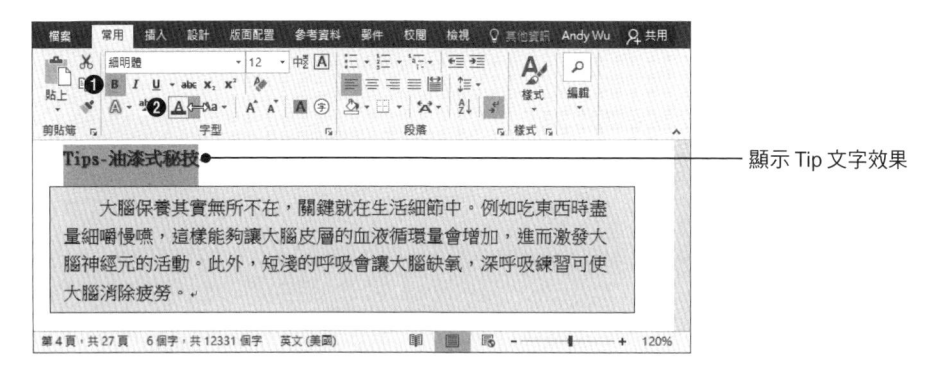

顯示 Tip 文字效果

透過如上的文字與段落格式設定，這樣就能先由版面上看出頁面編排效果。如果覺得滿意，屆時就可以將設定的格式轉換成樣式，方便套用到其他的文字之上。關於樣式的設定，我們將在下一章繼續為各位做說明。

CHAPTER

05

樣式編修的排版技巧

- ✔ 5.1 為何要使用樣式
- ✔ 5.2 樣式的套用/修改與建立
- ✔ 5.3 以樣式集與佈景主題改變文件格式
- ✔ 5.4 樣式的管理與檢查
- ✔ 5.5 實作－樣式的設定

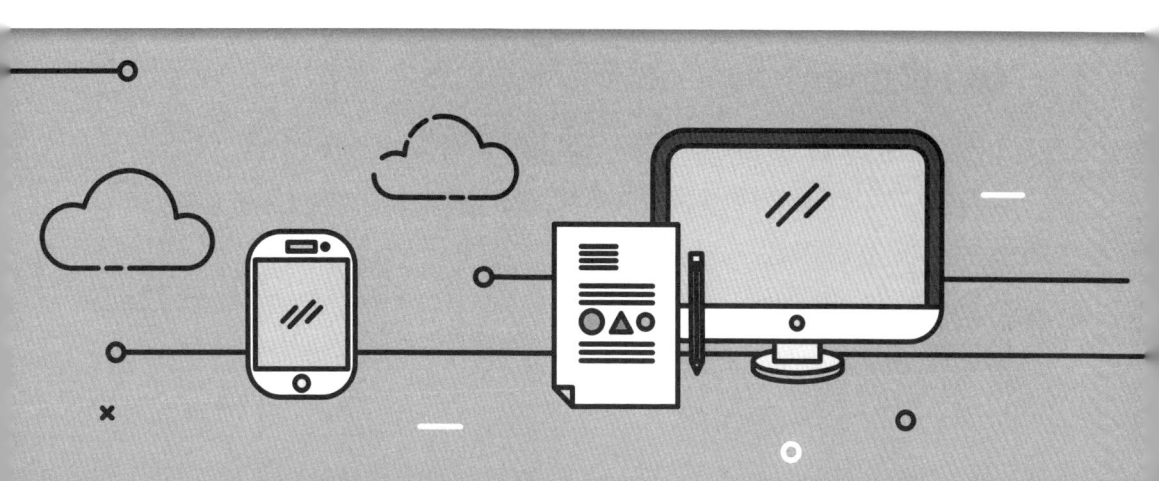

對於文字與段落格式的設定都熟悉後，接下來要看的是樣式的設定。這一章節要讓各位了解樣式的類型、建立、編修、管理與使用技巧，讓各位靈活將樣式應用在排版之中，創造高效率的排版效能。

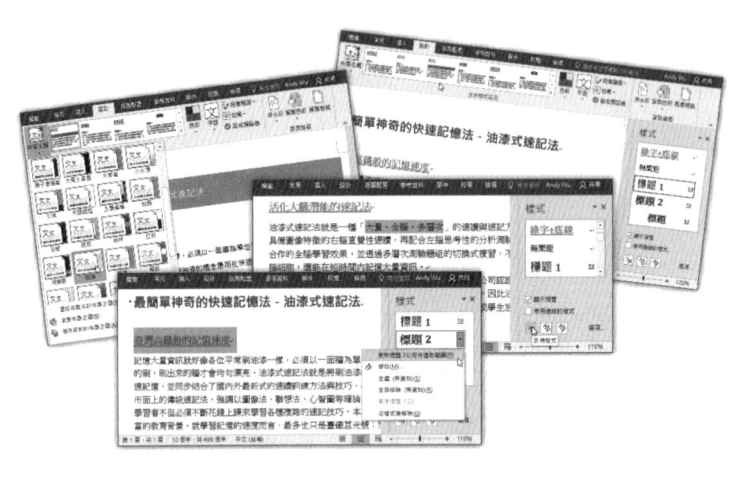

新增樣式、更新樣式、套用樣式集或佈景主題⋯等，都可在此章學會

5.1 為何要使用樣式

編排 Word 文件的過程中，大部分時間都在設定文字格式，這些格式設定包括字形格式、段落格式、清單、網底、表格⋯等。以標題為例，各層級的標題出現的比例相當高，在設定時就要多次重複相同的指令，偶爾有所閃失，同一層級的設定可能略有差異，尤其是設定較複雜的效果，不僅操作步驟繁瑣費時，出錯率也相對增加。而使用樣式不僅能簡化格式設定的步驟，而且修改或刪除某一樣式，其他相同設定的範圍也能一併修正。

5.1.1 樣式類型

Word 根據樣式功能與應用的不同，大致上可分成如下幾種類型：

❏ **段落**：設定段落的格式，包含字型格式、段落格式、編號格式、框線、網底等變化。

❏ **字元**：設定字型格式。

❏ **連結的（段落與字元）**：與段落樣式相同。同時具有字元樣式與段落樣式功能，既可以對選取的文字設定字型格式，也可以對段落進行段落格式的設定。

- **表格**：設定表格的框線、網底、字型格式和段落格式。
- **清單**：設定字型格式和編號，可為不同的標題設定編號格式。

在建立新樣式時，各位可以依照需求，由視窗中選擇適合的樣式類型，如下圖所示：

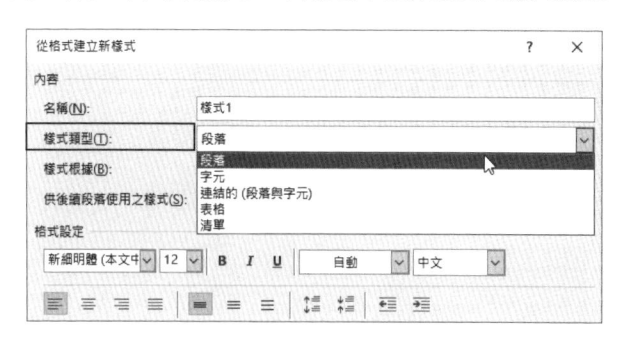

5.1.2 樣式應用範圍

「樣式」是多種基本格式的集合，把所要的格式設定都加到樣式庫中，以後只要點選樣式名稱就可以套用，這樣可以避免每次都要重複設定每一種的格式，加快編輯的速度，而且不易排錯格式，頁面就能夠整齊劃一又清晰。微軟所提供的樣式庫可用來格式化文件的標題、段落、引述文字、強調文字、清單段落或內文。

5.2 樣式的套用／修改與建立

首先介紹樣式的套用與修改，同時學會如何將已設定好的格式建立成新樣式，或是從無到有建立新樣式。

5.2.1 套用預設樣式

要快速套用樣式，可從「插入」標籤的樣式群組進行挑選，或是按下「樣式」群組旁的 鈕，即可在視窗右側開啟「樣式」窗格。而大部分的樣式操作都可透過「樣式」窗格來進行。

[樣式群組]

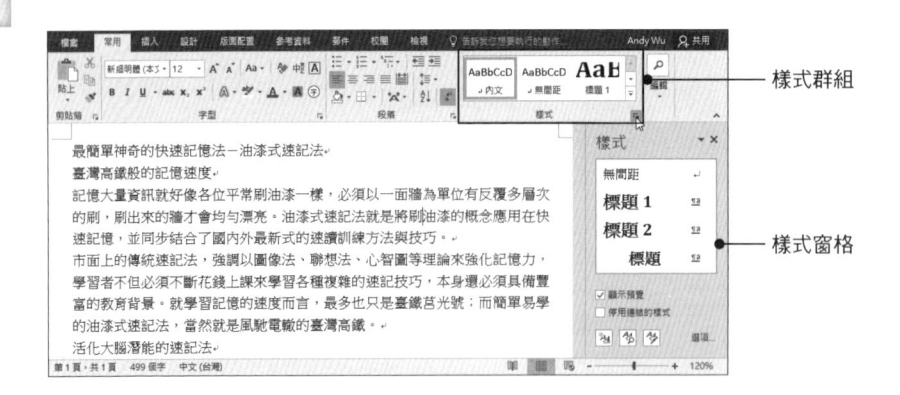

[樣式窗格]

在套用樣式時,與段落有關的樣式設定,諸如:內文、標題、副標題、引文、清單、段落等,只要輸入點在段落上的任何一個位置上,就可以馬上套用樣式。其餘和文字格式有關的快速樣式,諸如:斜體、粗體、強調、書名、參考等,則必須在文字被選取的狀態下,才可套用快速樣式。

請將文字輸入點放在第一行文字上,按下「樣式」窗格中的「標題1」,即可完成樣式的套用。

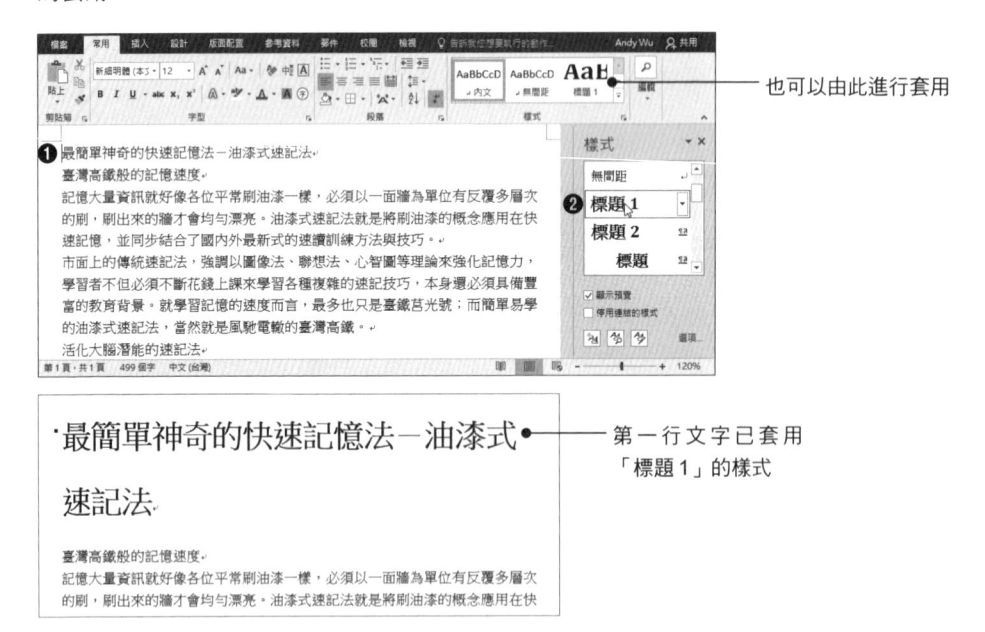

❶
❷ [也可以由此進行套用]

[第一行文字已套用「標題1」的樣式]

7.2.2 修改預設樣式

套用 Word 預設的樣式後,如果不滿意它原先的樣式設定也可以加已修改,使符合自己的需要。由剛剛的「標題1」按下右鍵執行「修改」指令,進入「修改樣式」視窗後,

即可設定字型、大小、顏色…等基本格式。若是按下「格式」鈕，則可做更進一步的設定。

按下「格式」鈕可針對字型、段落、定位、框線…等進階格式做設定

顯示「標題 1」樣式修改的結果

5.2.3 將選定的格式建立成新樣式

除了修改預設的樣式外，也可以將自己已設定好的文字格式建立成新的樣式。請選取自行設定的文字，由「樣式」窗格下方按下「新增樣式」鈕，輸入新的樣式名稱，再選擇樣式類型就可搞定。

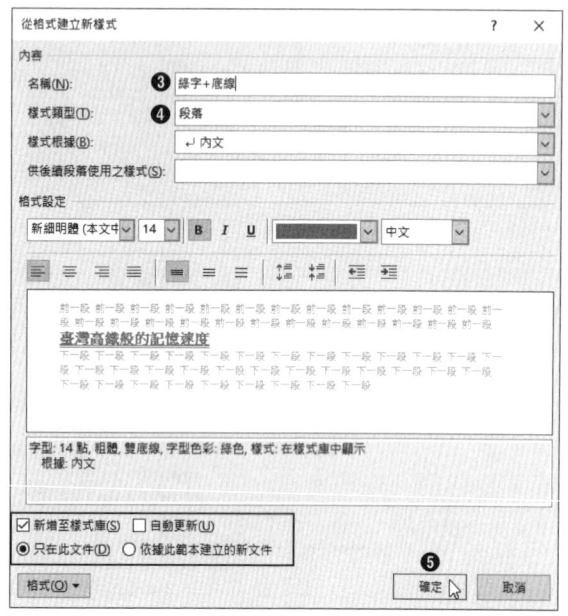

> **說明　儲存與更新選項**
>
> 視窗下方提供如下四個選項：
> - 新增至樣式庫：會將新建立的樣式新增到功能區中的樣式庫。
> - 自動更新：手動修改樣式的格式後，樣式庫顯示的樣式會自動更新。
> - 只在此文件：選擇該項後，樣式的建立與修改僅在目前的文件內有效。
> - 依據此範本建立的新文件：會將文件中樣式修改的結果自動儲存到範本中，讓該範本建立成新文件時，自動包含新的樣式。

在設定視窗中，由於樣式類型選擇「段落」，那麼只要滑鼠在該段落的任一處，即可套用該樣式。

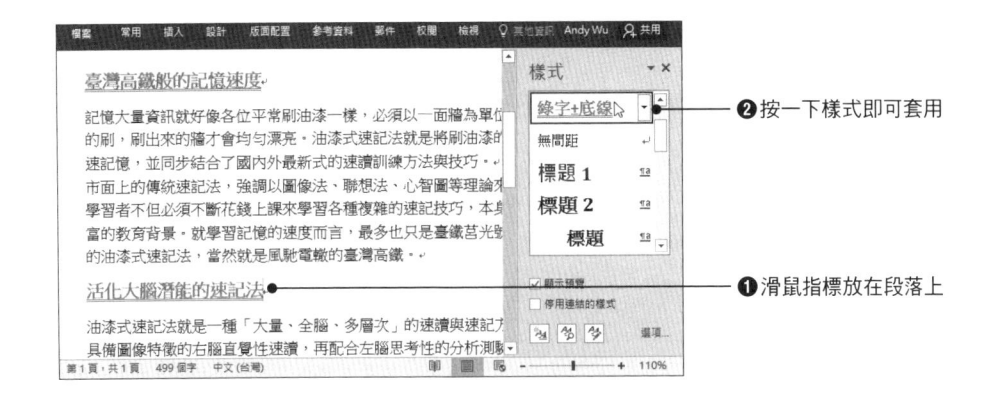

5.2.4 更新樣式以符合選取範圍

對於已設定好的段落格式或字元格式，也可以在選取後，將它套用到預設的樣式名稱上，讓樣式能符合所選定的文字範圍。

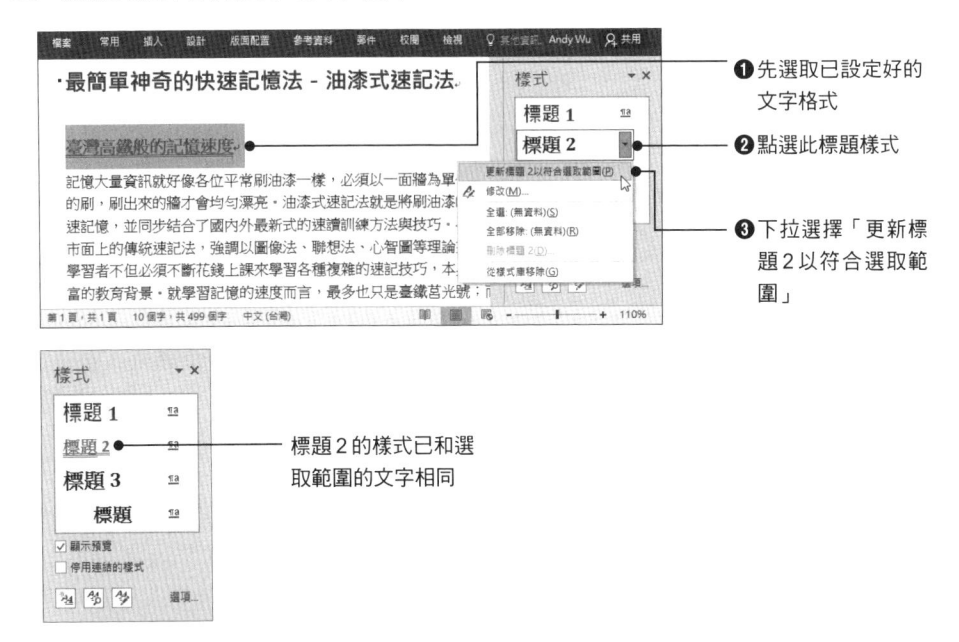

❶ 先選取已設定好的文字格式

❷ 點選此標題樣式

❸ 下拉選擇「更新標題2以符合選取範圍」

標題2的樣式已和選取範圍的文字相同

5.2.5 從無到有建立字元樣式

前面已經對「段落」類型的樣式有所了解，接著介紹的是從無到有建立「字元」類型的樣式。以下以黑字陰影的字元做示範。

❶ 選取要設定的字元

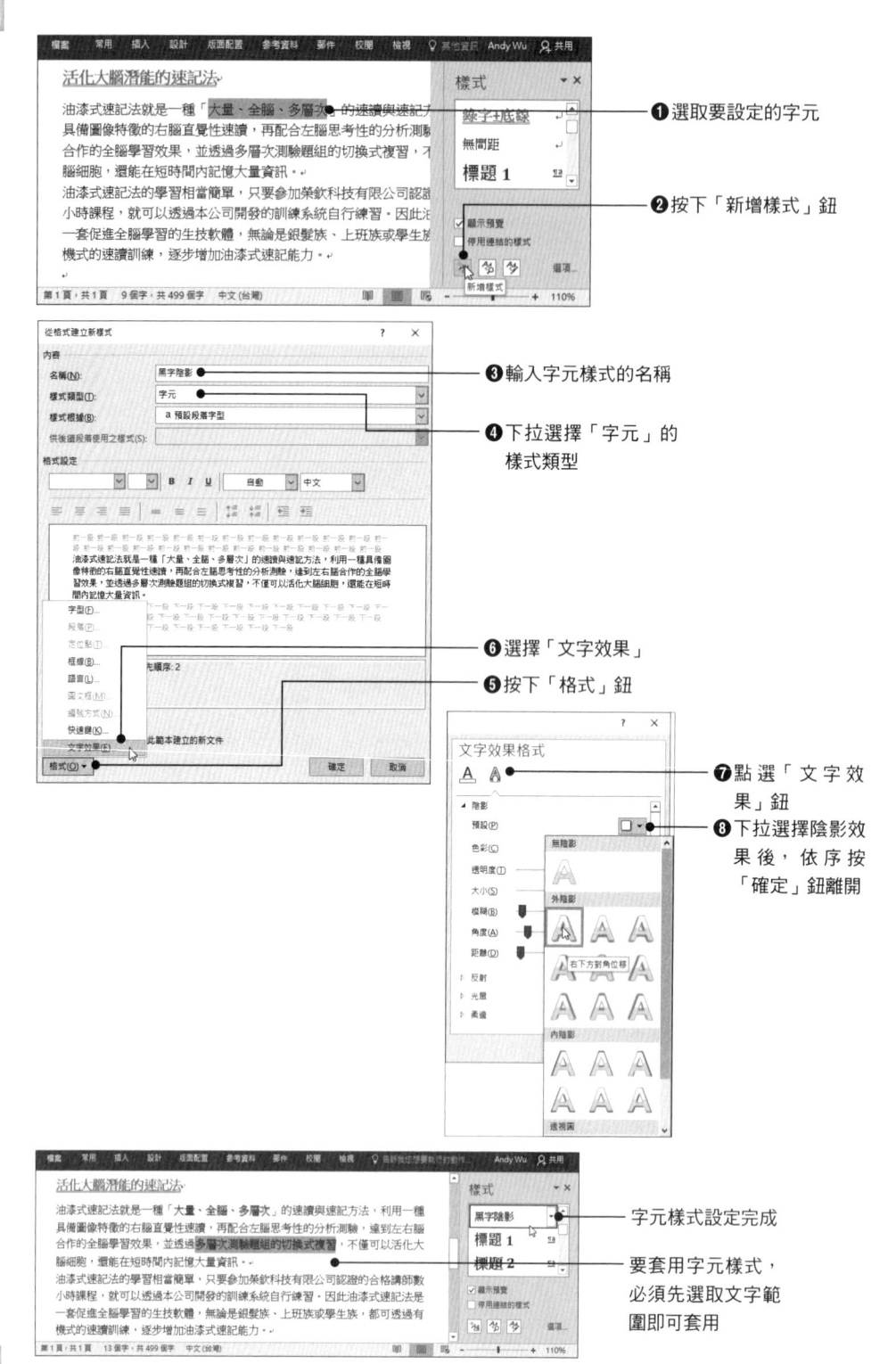

❷ 按下「新增樣式」鈕

❸ 輸入字元樣式的名稱

❹ 下拉選擇「字元」的樣式類型

❺ 按下「格式」鈕

❻ 選擇「文字效果」

❼ 點選「文字效果」鈕

❽ 下拉選擇陰影效果後，依序按「確定」鈕離開

字元樣式設定完成

要套用字元樣式，必須先選取文字範圍即可套用

5.3 以樣式集與佈景主題改變文件格式

樣式集和佈景主題都是統一改變文件格式的工具，樣式集用來改變文件內所有的字型格式與段落格式，而佈景主題則還會包含圖形物件的效果。

5.3.1 以樣式集快速變更文件外觀

在「設計」標籤的「文字格式設定」群組有提供各種的樣式集，能讓使用者快速變更整份文件的字型和段落屬性。而變更後的樣式集，可從「樣式」窗格中看到完整的設定效果。

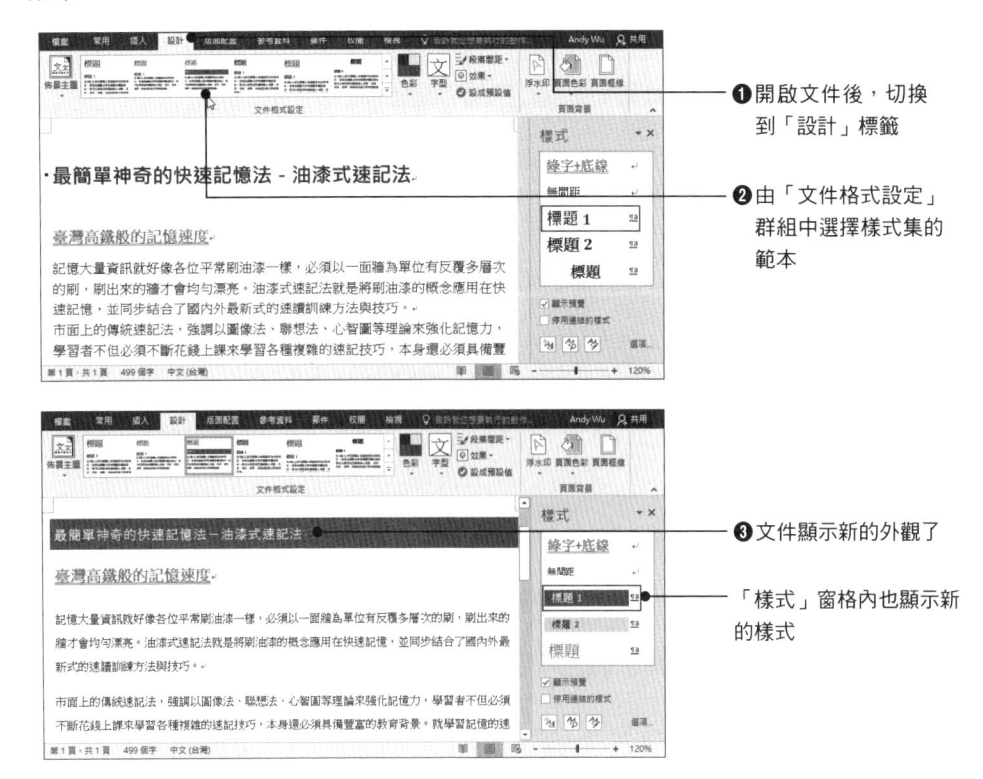

❶ 開啟文件後，切換到「設計」標籤

❷ 由「文件格式設定」群組中選擇樣式集的範本

❸ 文件顯示新的外觀了

「樣式」窗格內也顯示新的樣式

5.3.2 套用與修改 Office 佈景主題

「設計」標籤的佈景主題能讓文件立即具備樣式與合適的個人風格，因為每個佈景主題都有獨特的色彩、字型和效果，可快速建立一致的外觀與風格。而套用後仍可個別針

103

對「色彩」、「字型」、「段落間距」和「效果」進行修改，讓佈景主題符合個人要求的配色方案、字型或效果。

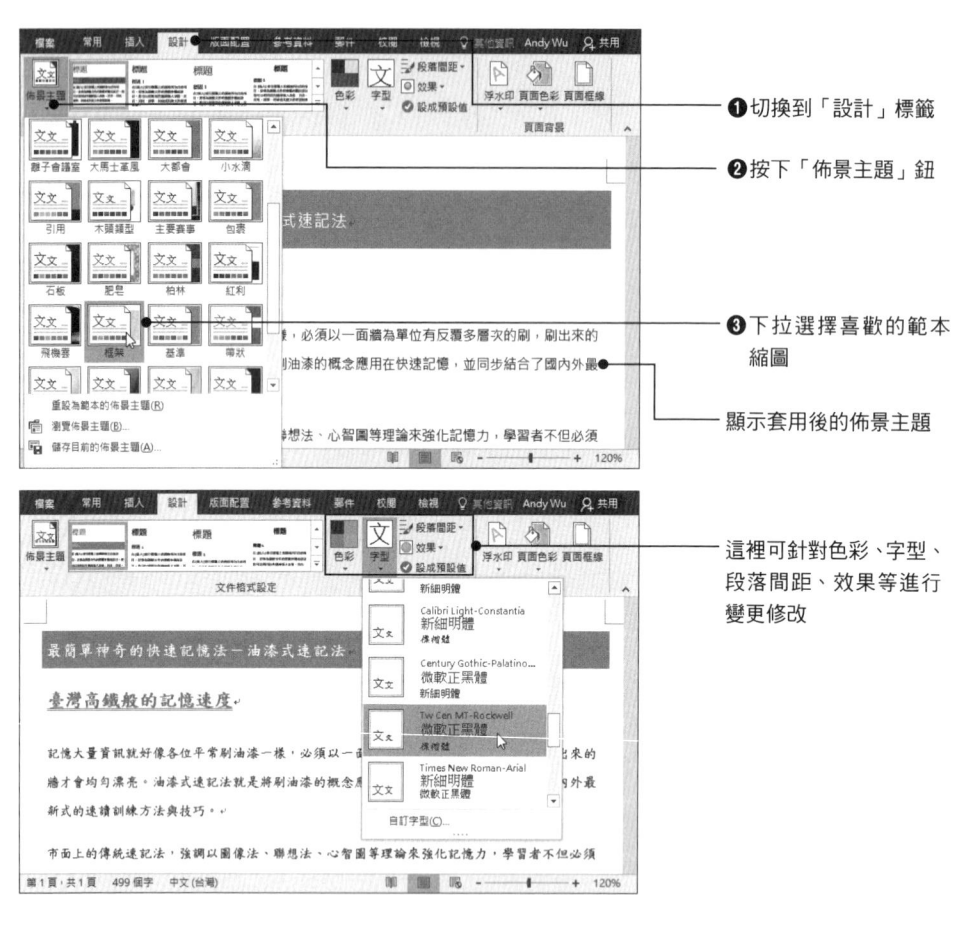

❶ 切換到「設計」標籤

❷ 按下「佈景主題」鈕

❸ 下拉選擇喜歡的範本縮圖

顯示套用後的佈景主題

這裡可針對色彩、字型、段落間距、效果等進行變更修改

5.4 樣式的管理與檢查

　　學會樣式的建立方式後，當然要知道如何管理樣式與檢查樣式，學會樣式的管理會讓樣式的使用更便利。

5.4.1 樣式檢查

「樣式檢查」的主要功能是在查看文件中所設定的樣式和格式是否正確。檢查方式很簡單，開啓文件後由「樣式」窗格按下「樣式檢查」鈕，就會開啓「樣式檢查」窗格，滑鼠指標所在位置的樣式，就會自動顯示在「樣式檢查」窗格中。

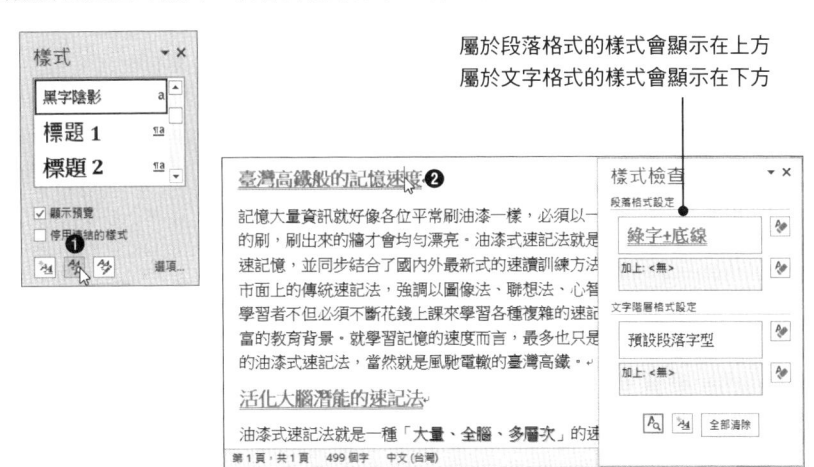

屬於段落格式的樣式會顯示在上方
屬於文字格式的樣式會顯示在下方

在正常的樣式設定下，段落格式設定或文字階層格式設定的「加上」欄位是不會有格式顯示，如果在某處內容設定了樣式後，又對內容手動設定了字型格式或段落格式，那麼「加上」的欄位就會顯示出來。如下圖所示：

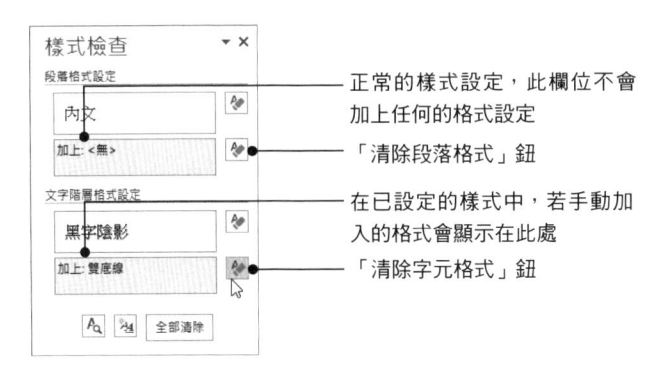

正常的樣式設定，此欄位不會加上任何的格式設定

「清除段落格式」鈕

在已設定的樣式中，若手動加入的格式會顯示在此處

「清除字元格式」鈕

如果在樣式檢查時，發現「加上」之後有其他的格式設定，可按下「清除段落格式」鈕或「清除字元格式」鈕來清除。

105

5.4.2 「樣式」窗格只顯示使用中的樣式

在「樣式」窗格中，各位會看到裡面顯示的樣式相當多，所以有時候在找尋自訂的樣式時，總是要找了半天。如果希望「樣式」窗格中只顯示使用中的樣式，可以透過「選項」鈕來處理。

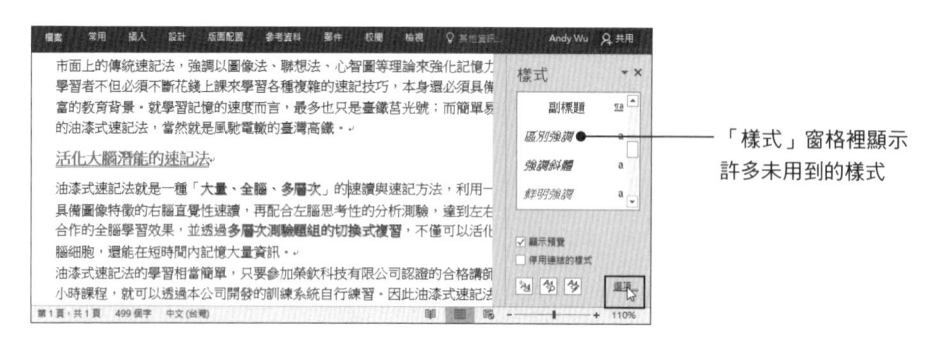

請按下「選項」鈕後，在「選取要顯示的樣式」中選擇「使用中」的選項，就可搞定。

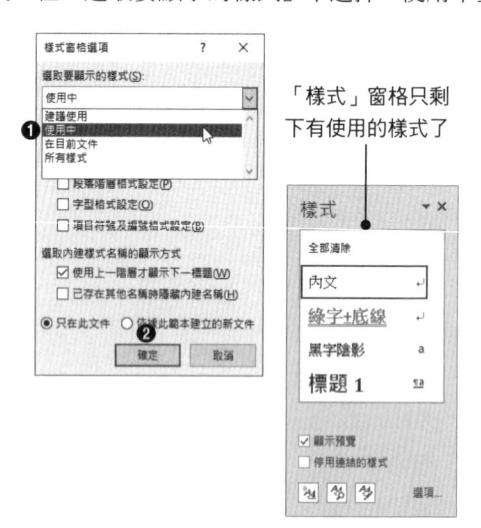

5.4.3 以樣式快速選取多處相同樣式的文字

當文件中有多處地方設定了相同的樣式，透過「樣式」窗格可以快速將這些擁有相同樣式的文字選取起來。

5.4.4 刪除多餘樣式

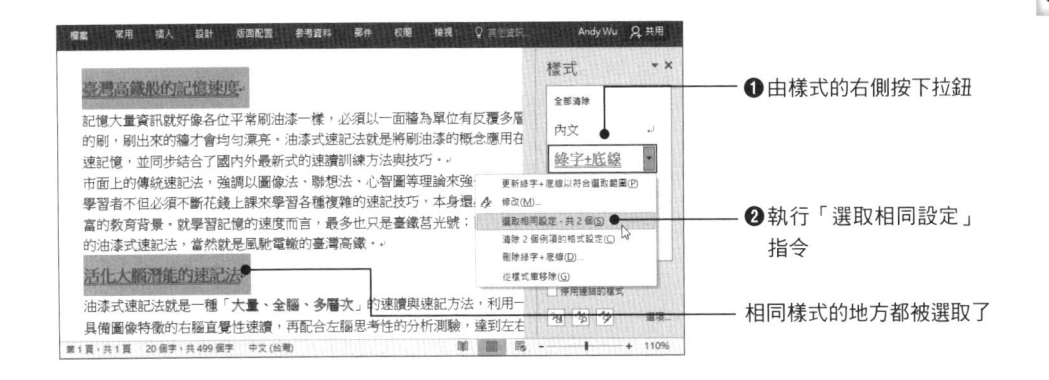

對於不再使用的樣式，為了避免混淆，最好將多餘的樣式刪除。請由樣式右側按下拉鈕，再選擇「刪除」指令即可。

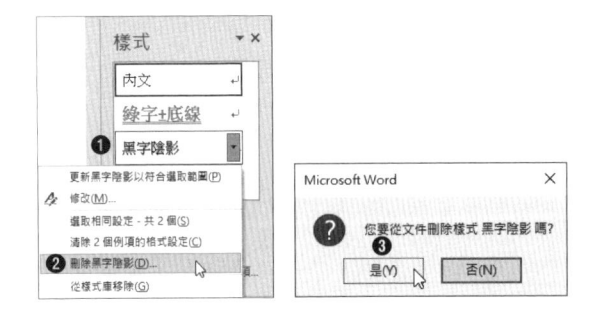

5.5
實作－樣式的設定

在上一章中，我們已經設定了大標、小標、內文…等格式，現在要將這些已設定好的格式轉換成「樣式」，方便日後可以套用。請開啟實作範例檔「01_多層次迴轉記憶_樣式設定.docx」。

5.5.1 將選定的格式建立成樣式

1. **新增「內文第一行縮排」樣式**：選取已設定好的第一個段落，按下「新增樣式」鈕，將樣式名稱設為「內文第一行縮排」，樣式根據則設為「無樣式」，按下「確定」鈕完成該樣式設定。

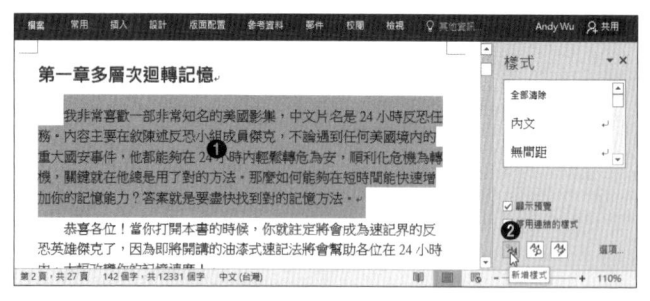

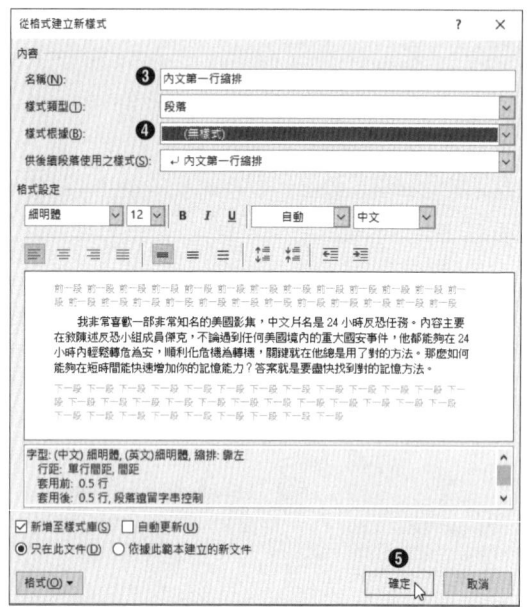

文件中 1-2 以前的段落文字，雖然看起來第一行有做縮排，但事實上還未套用剛剛所設定好的樣式，所以待會要記得一一的將這些段落套用「內文第一行縮排」。

2. **新增「網底加框」樣式**：同上方式，選取已設定好的淺藍色網底的段落，按下「新增樣式」鈕，將樣式名稱設為「網底加框」，樣式類型為「段落」，樣式根據設為「內文」。

3. **新增「Tips密技」樣式**：同上方式，選取已設定好的「Tips」標題，以「新增樣式」的方式完成樣式設定。

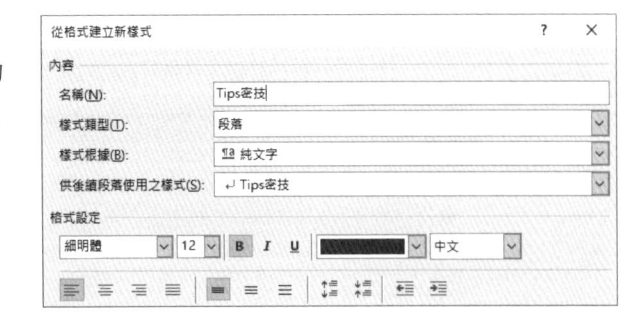

5.5.2 更新以符合選取範圍

1. **更新「標題1」樣式**：選取先前已設定好的章名，由「標題1」樣式下拉選擇「更新標題1以符合選取範圍」指令，完成標題1的更新。

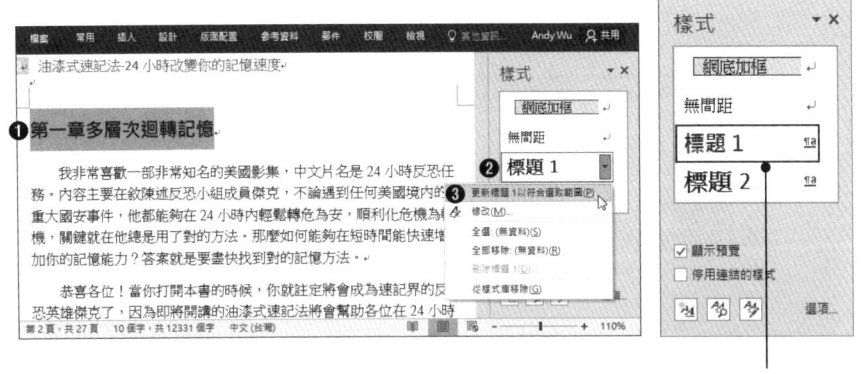

標題1樣式更新完成

2. **更新「標題2」樣式**：選取先前已設定好的1-1標題，由「標題2」樣式下拉選擇「更新標題2以符合選取範圍」指令，完成標題2的更新。

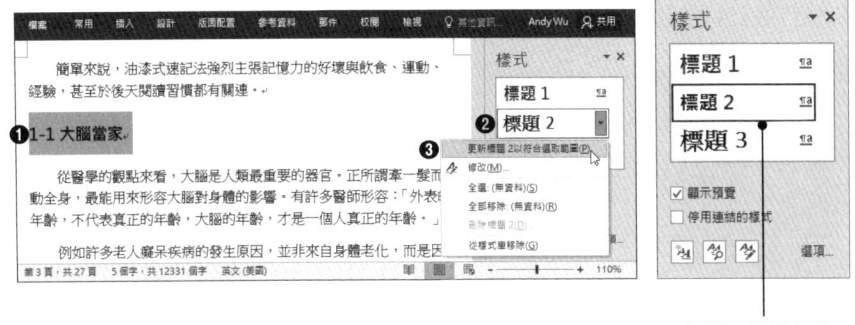

標題2更新完成

3. 更新「強調粗體」樣式：同上方式選取粗體字範圍，由「強調粗體」樣式下拉選擇「更新強調粗體以符合選取範圍」指令，完成樣式的更新。

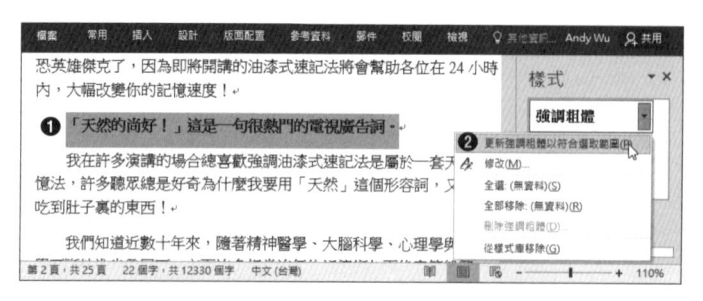

這裡特別提醒各位注意，樣式庫中的「標題1」、「標題2」…等樣式，是與文件的大綱階層相一致的，這跟主控文件組合多個文件有相當大的關聯，所以在此我們將章名設定為「標題1」，意味章名為「階層1」，而1-1標題設定為「標題2」，其顯示的階層為「階層2」。

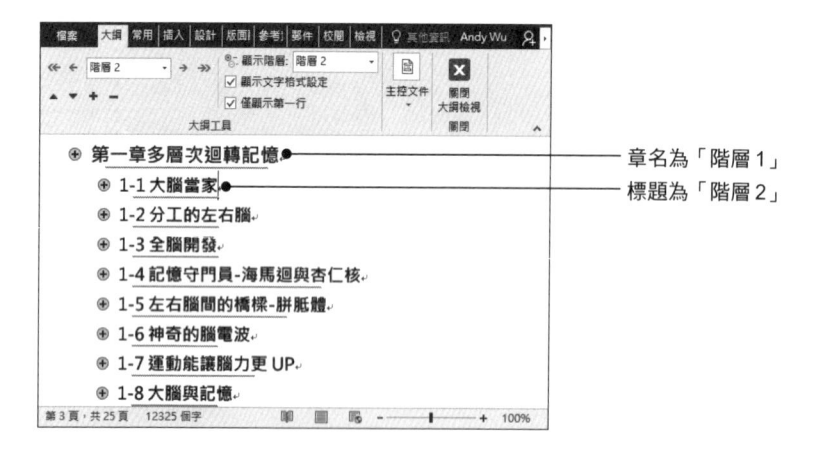

5.5.3 從無到有建立清單樣式

1. 新增「項目清單」樣式：輸入點放在清單位置上，直接在「樣式」窗格按下「新增樣式」鈕，輸入樣式名稱，樣式根據設為「無樣式」，粗體、褐色字，按下「格式」鈕並點選「編號方式」。接著切換到「項目符號」標籤，選取喜歡的符號後，依序按「確定」鈕離開。

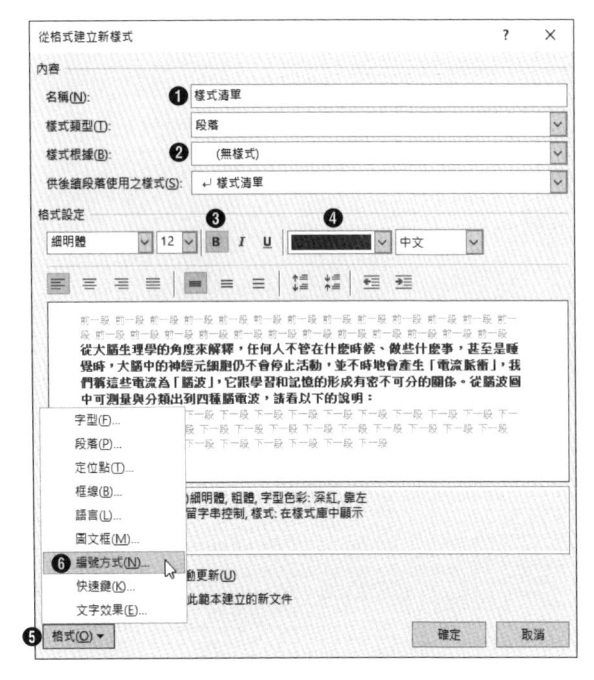

透過以上的樣式建立，除了圖片的加入外，第一章的文字內容就可以編排完成。請自行練習將第一章文字編排完成，完成檔可參閱「01_多層次迴轉記憶_樣式設定 OK.docx」。

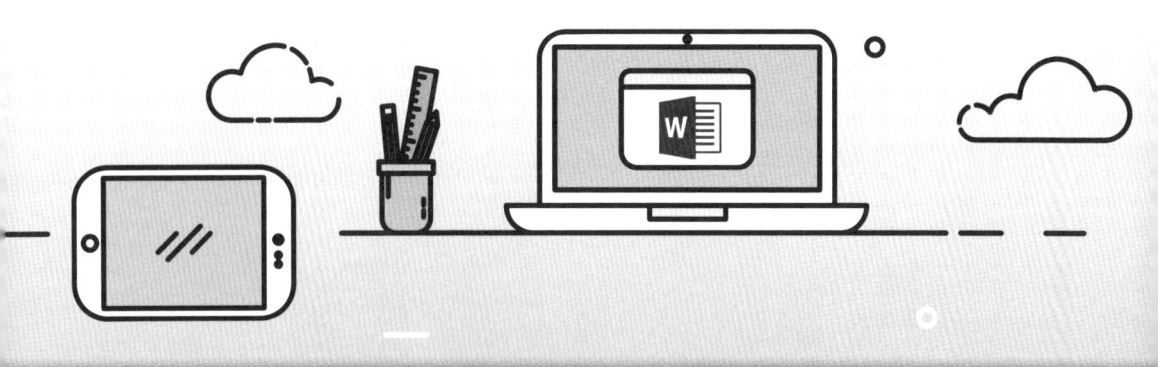

CHAPTER 06

提高文件建立的效率－
善用範本做排版

- ✔ 6.1 為何要製作範本
- ✔ 6.2 範本版面配置技巧
- ✔ 6.3 實作－建立與應用書冊排版範本

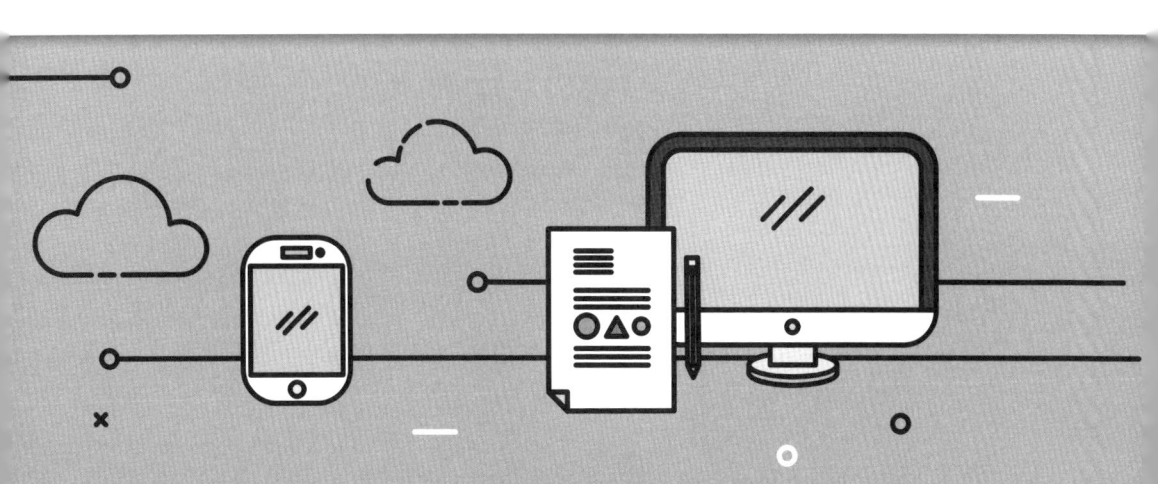

使用過範本的人，都知道範本帶給排版人員很大的便利，若各位從未使用過範本，那麼這一章節一定不能錯過。

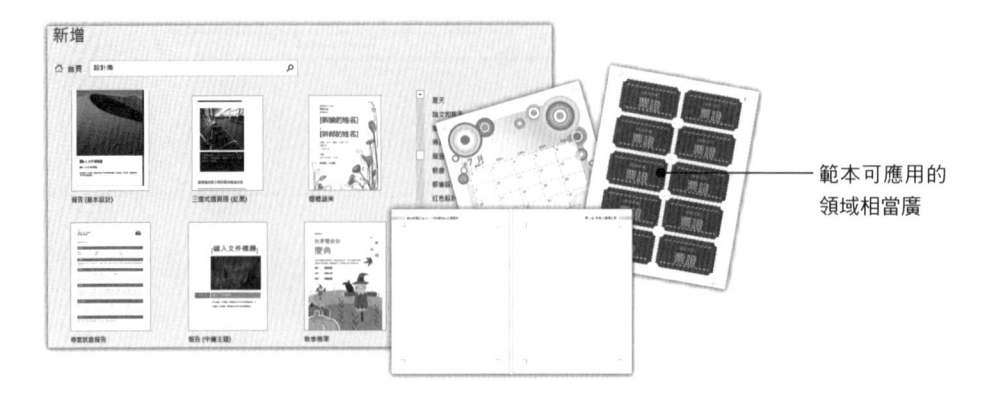

範本可應用的領域相當廣

6.1 為何要製作範本

範本（Templates）又稱樣式庫，是一群樣式的集合，同時它也包含了版面的設定，諸如：紙張大小、邊界寬度、頁首頁尾等設定。如果在建立新文件時，能同時載入已設定好的範本，這樣就能加速編排的速度，省去機械式的重複設定動作，而直接進入新章節的內容編排。

6.1.1 範本的特色與應用

使用範本可以讓文件的製作變得快速而有效率，在範本中可以儲存以下幾種內容：

❏ **版面設定**：包含紙張大小、邊界、頁面方向、分欄、頁首頁尾等相關設定。就如同第2章所學到的各種頁面佈局。

❏ **段落與字元樣式**：包含使用者自訂的各種樣式，以及 Word 所內建的樣式。就如第 5 章所學習到的各種樣式設定與編修。

❏ **版面編排內容**：儲存預先設定好的文字方塊、表格、圖片、圖形，就如同各位所下載的各種線上範本。

所以只要是經常使用的表格、每月例行的報告、合約、告示、書冊排版…等，都可以考慮將它儲存為範本。屆時下次叫出文件時，編修工作只剩下文字資料的處理，而不需要再耗費時間編修文字格式。

6.1.2 範本格式

Word 文件的副檔名為 *.doc 或 *.docx，Word 範本的副檔名則為 *.dotx 或 *.dot。不管是普通文件或範本，二者都是 Word 檔案，所不同的是範本檔可以建立其他相類似的文件，讓新文件可以承襲範本原先的設定。

6.1.3 儲存文件為範本檔

要將已設定好的文件儲存為範本，請由「檔案」標籤執行「另存新檔」指令，並點選「瀏覽」鈕，在「另存新檔」視窗中由「檔案類型」下拉選擇「Word 範本」後，資料夾會自動切換到「文件／自訂 Office 範本」，直接按下「儲存」鈕儲存範本就可以了。

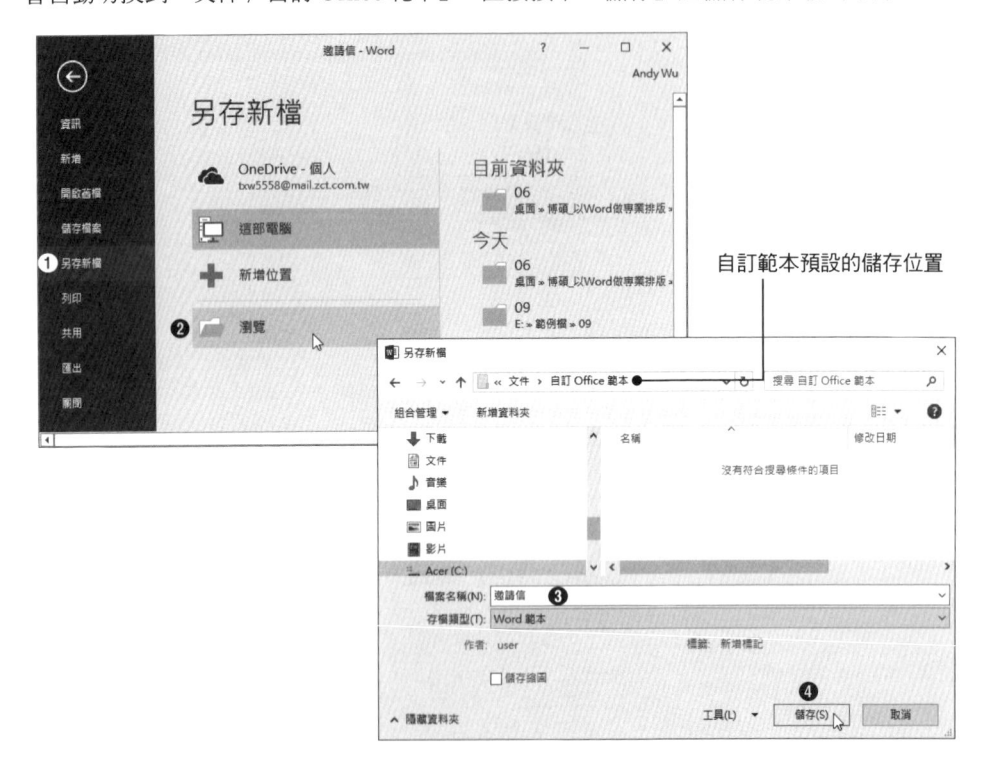

> **說明**　若由「存檔類型」下拉選用「Word97-2003 範本」，則適用於 Word 2003 或較低的版本。另外選用「Word 啟用巨集的範本」，這適用於 Word 2007 以上的版本，這類型的範本可以包含 VBA 的程式碼。

6.1.4 開啟自訂的 Office 範本

自己設定的範本要如何開啟呢？很簡單。由「檔案」標籤按下「新增」指令，接著切換到「個人」，即可看到剛剛新增的「邀請信」，點選之後即可開啟該文件。各位要注意的是，所開啟的文件並不是範本檔 -*.dotx，而是未命名的普通文件檔 -*.docx，直接編修內容就可以了。

文件變成未命名的普通文件檔

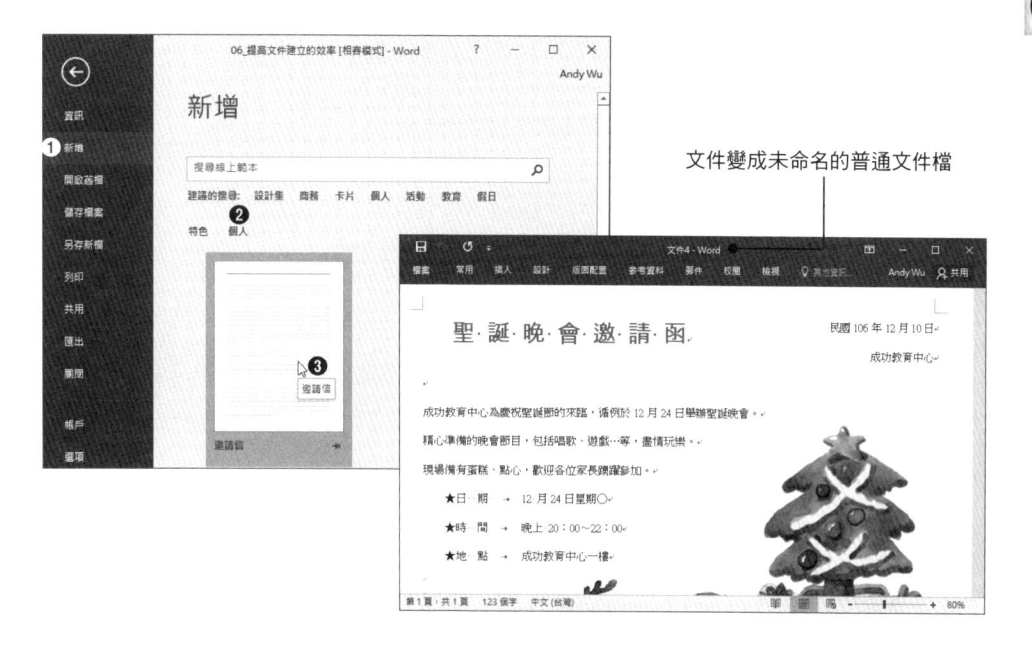

6.1.5 預設個人範本位置

如果為了管理的方便，各位也可以自行設定範本儲存的位置。請由「檔案」標籤執行「選項」指令，進入「Word 選項」視窗時切換到「儲存」類別，再由「預設個人範本位置」的欄位設定路徑。

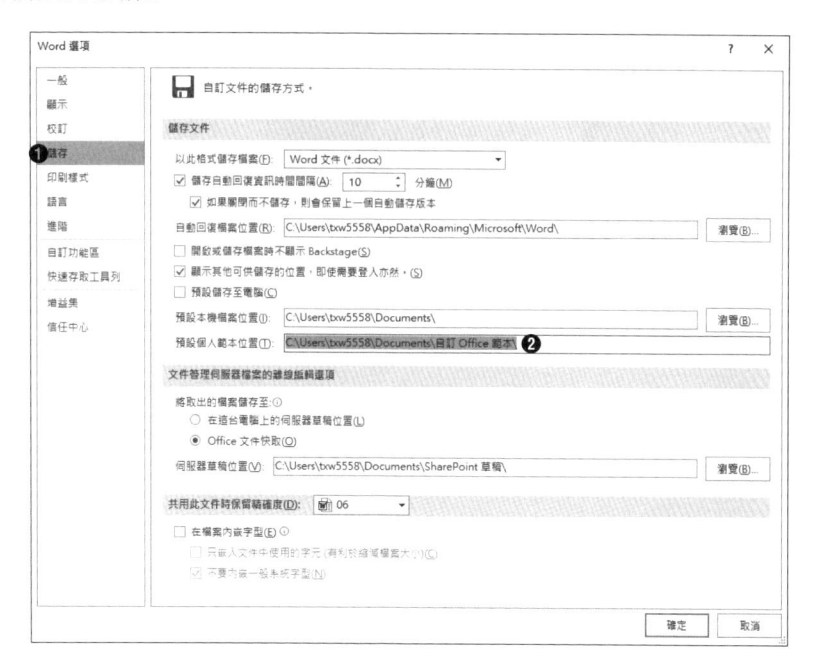

自訂個人的範本資料夾後，以後在資料夾裡直接快按滑鼠兩下於範本檔上，就會以未命名的文件顯示出來。

6.2 範本版面配置技巧

除了自己設計的範本外，你可以套用微軟所提供的各種線上範本。若是各位有研究過微軟所提供的範本，就不難發現範本中常用的素材類型與應用技巧，不外乎分欄、表格、文字方塊、快速組件與圖案。這裡就概略為大家做說明。

6.2.1 分欄式編排版面

以分欄方式編排版面，是排版中經常使用的一個技巧，不僅圖文安排更活潑有變化，閱讀時也很自在。如下所示是三折式摺頁冊，就是先運用分欄功能來區分三個版面，再分別由各欄中插入基本圖案和快速組件的「文件摘要資訊」。

6.2.2 以表格切割版面

表格在辦公文件中應用的相當廣泛，因為它可以自由組裝複雜的表格形式，切割版面區塊，讓文件看起來整齊美觀。若是將表格切割後以無框線的方式顯示，或是部分區塊加入網底，再將有加入樣式設定的文字編排其中，就能將文件變得專業又有美感。

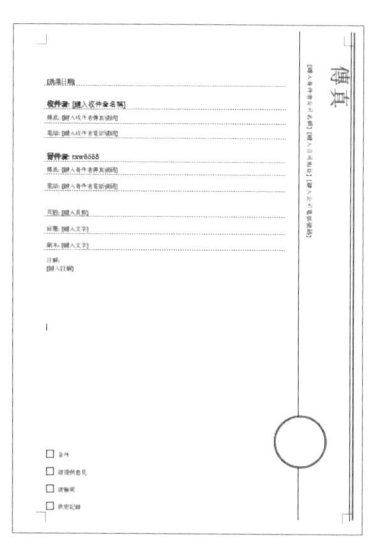

6.2.3 以文字方塊建立區塊

利用文字方塊也是一個建立區塊的一個好方式，文字方塊也算是圖案的一種，除了可填滿顏色、加入外框、也可以加入圖案效果，變化方式相當多，再加入文字樣式的變化，就可以變化出許多效果。

6.2.4 以快速組件建置組塊

Word 的「快速組件」提供各種的文件摘要資訊，可快速在文件中加入常用的區塊，也可以自行將設計好的選取項目加到快速組件庫中，另外 Word 也建置了各種組塊管理，

這些組塊可在文件的任何位置插入預設格式的文字、文件摘要資訊、自動圖文集，多加善用能加快文件編輯速度。微軟的範本中經常可看到這些組塊，各位若要善用這些組塊，可從「插入」標籤選擇「快速組件」鈕。

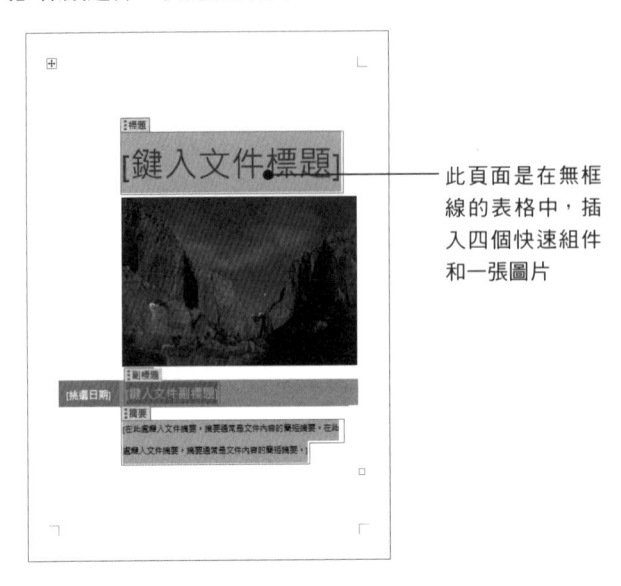

此頁面是在無框線的表格中，插入四個快速組件和一張圖片

6.2.5 圖案應用

「圖案」功能在 Word 軟體中是基本的繪圖功能，除了基本的方形、橢圓形、三角形等幾何造型可組合成各種複雜的圖案外，如左下圖的各種圓圈造型。如果按右鍵於圖案上，執行「新增文字」指令，還能在圖案中加入文字。至於線條的使用，除了應用在一般圖形上，也可以作為切割線或輔助線條之用，如右下圖所示。

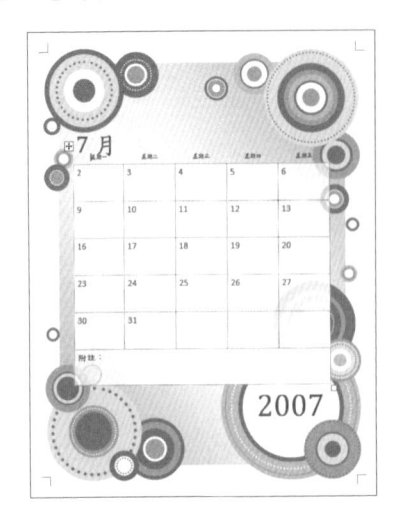

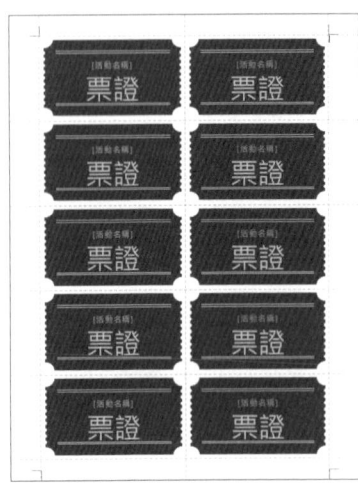

6.3 實作－建立與應用書冊排版範本

在前面的實作中,我們已經順利地將樣式都設定完成,也將第一章的文字內容套用了樣式。接下來我們將把第一章所設定好的版面配置、字元樣式、段落樣式儲存為範本,以方便進行第二章內容的編排。

6.3.1 建立書冊排版範本

1. **刪除原文件內容**:請開啟「01_多層次迴轉記憶_範本儲存.docx」文件檔,選取第一章所有的內容,按 Delete 鍵將其刪除。

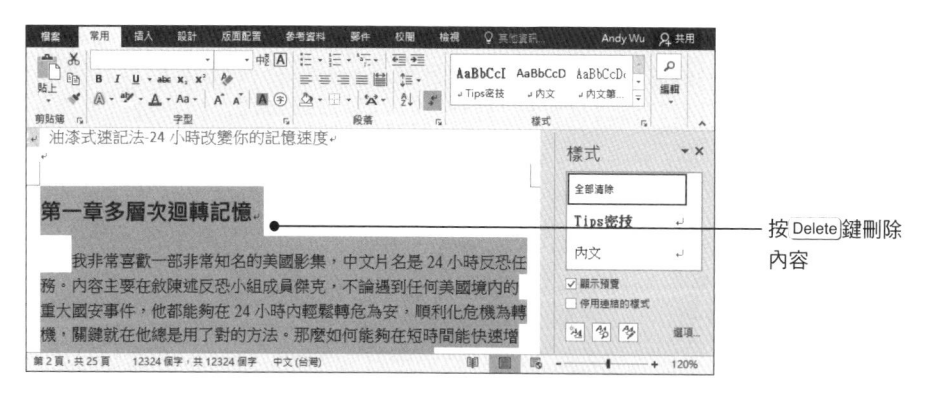

   按 Delete 鍵刪除內容

2. **另存文件為範本檔**:請由「檔案」標籤執行「另存新檔」指令,點選「瀏覽」鈕。開啟「另存新檔」視窗後,由「存檔類型」下拉選擇「Word 範本」,可由路徑處設定想要放置的位置後,再輸入檔案名稱,按下「儲存」鈕完成範本檔的儲存動作。

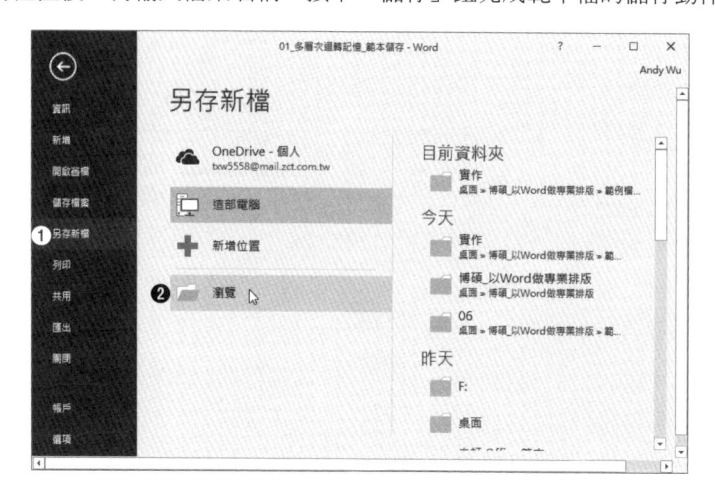

121

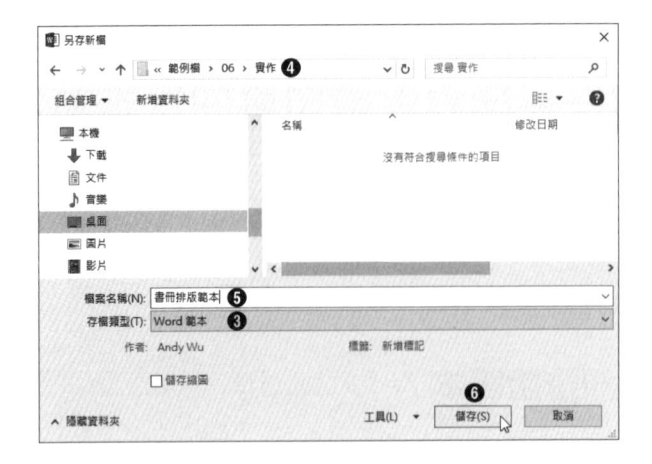

6.3.2 以範本檔建立新文件

1. **以範本檔開啟未命名的文件**：在「書冊排版範本 .dotx」圖示上按滑鼠兩下，使開啟未命名的空白文件。

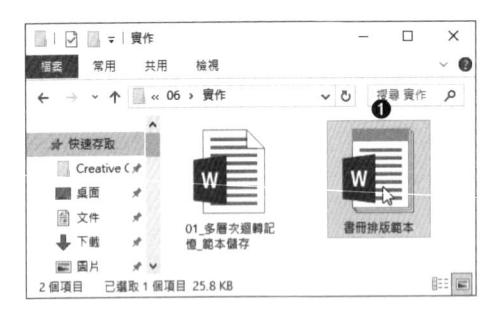

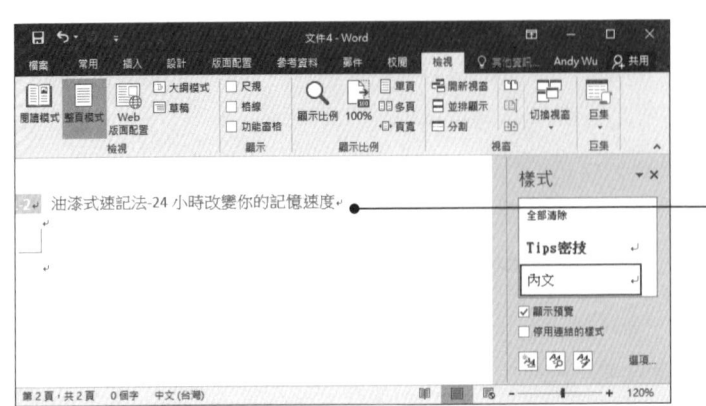

開啟未命名的文件，但文件中已包含了先前設定的版面與樣式設定

6.3.3 開始編修新文件

1. **匯入純文字檔至新文件**：由「插入」標籤按下「物件」鈕，並下拉選擇「文字檔」。開啟「插入檔案」視窗後，先將格式類型設定為「所有檔案」，才會看到純文字檔，點選文字檔後按下「插入」鈕，將文字編碼設為「Windows 預設值」，按下「確定」鈕完成文字內容的加入。

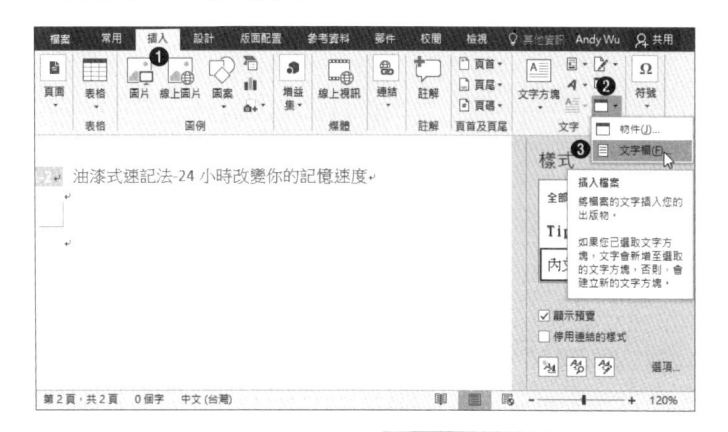

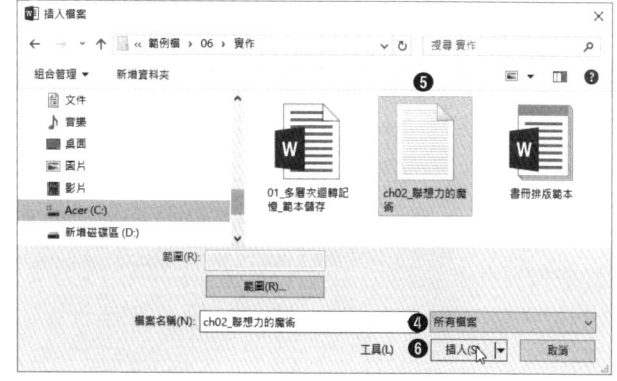

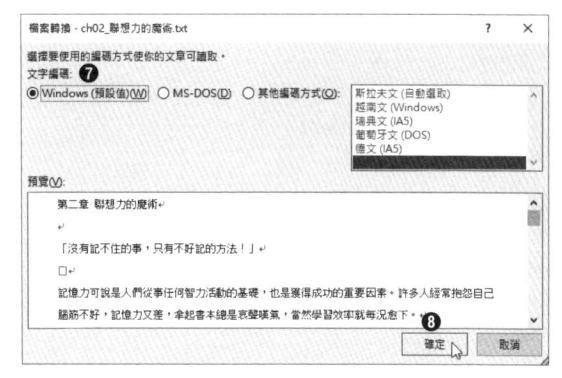

第二章的文字內容已匯入

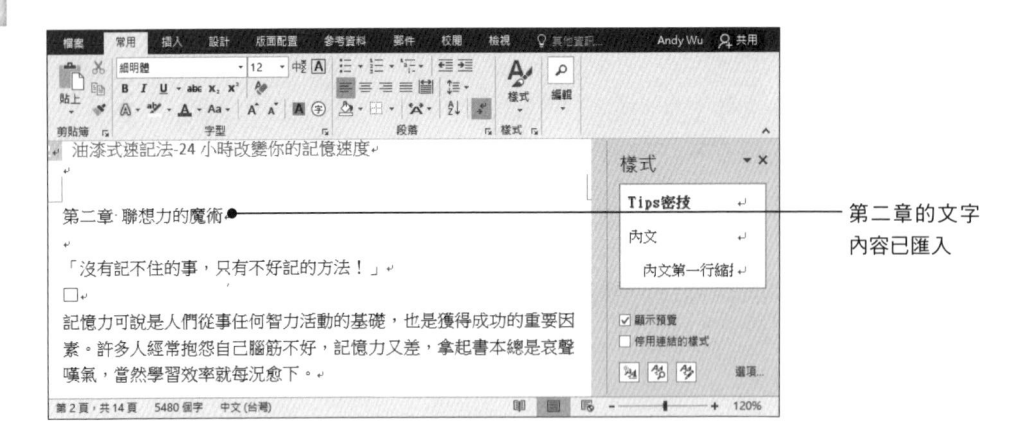

2. **修改章名與頁碼**：按滑鼠兩下於偶數頁頁首處，使進入頁首編輯狀態，先將偶數頁的章別改為「2」。接著切換到奇數頁頁首，修改章名與章別，修改完成後按「關閉頁首及頁尾」鈕離開編輯狀態。

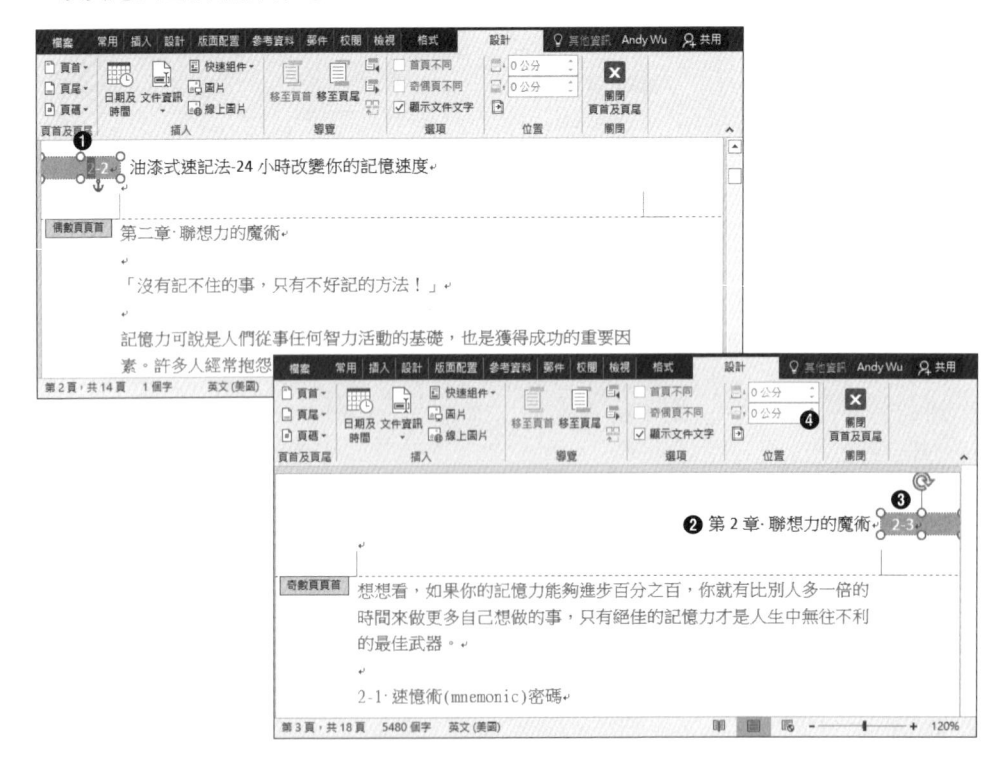

文字內容和章名頁碼修正完畢後，就可以將檔案另存成第二章，接下來就依照前面章節介紹的方式繼續設定樣式就可以了。

CHAPTER

07

圖文配置的排版技巧

- ✓ 7.1 善用圖片或美工圖案修飾文件
- ✓ 7.2 圖文配置技巧
- ✓ 7.3 圖片編輯與格式設定
- ✓ 7.4 實作－圖片與文字的組合搭配

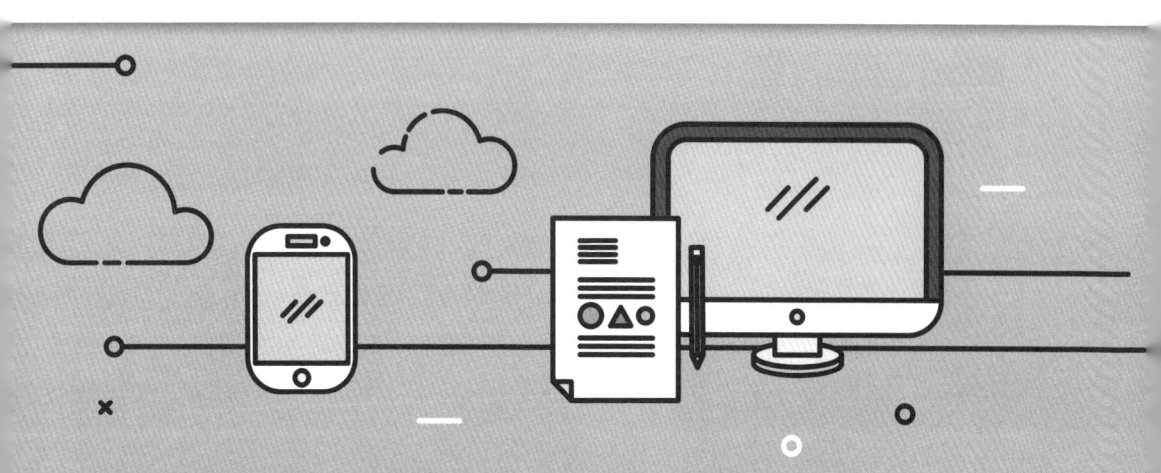

對於文件的編輯，除了注重段落文章的易讀性與美觀外，以插圖來美化文件更是不可或缺的一部分。如何有效的運用圖片或美工插圖來強化文件的吸引力，以便增加文件的可看性，便是這一章節要和各位探討的重點，包括圖片的使用技巧、圖片的配置、圖片的編輯與格式設定等。因為善用圖片修飾文件，除了能突顯文件的主題，還具有美化頁面的效果，所以圖文配置的排版技巧非知不可。

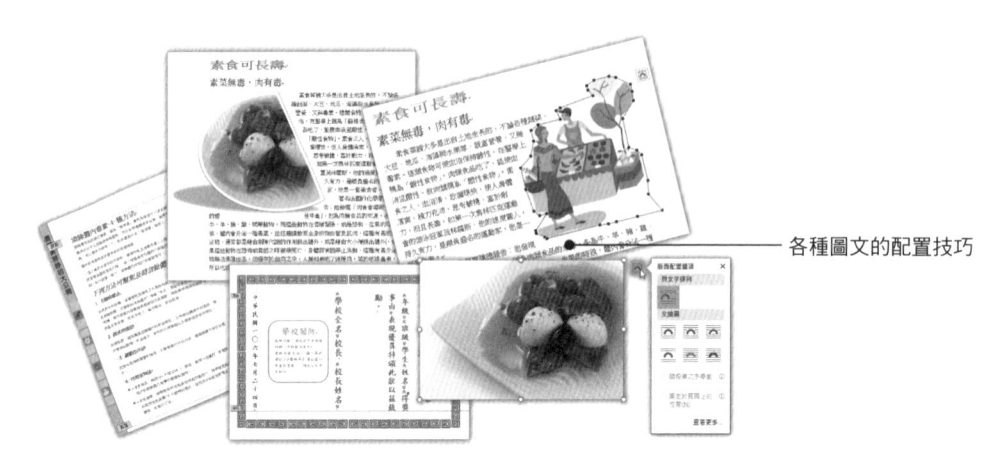

各種圖文的配置技巧

7.1 善用圖片或美工圖案修飾文件

在一個頁面中，圖片是最容易吸引觀看者的目光，以圖片說明文件的內容，可以讓文件表達的資訊更加明確，而且以圖片作說明，即使沒看到文字內容也能依圖會意，善用圖片確實能對文件帶來畫龍點睛的效果。下面我們提供幾項要點供各位參考，讓各位可以將圖片作最佳化處理。

7.1.1 利用圖片襯托文件資訊

頁面中所置的圖片，基本上是要補充文件的內容，引發讀者的聯想或共鳴，所以所放置的圖片一定要與文件內容相關符合才行。隨意放置插圖非但不會為文件加分，反而弊大於利。

在選擇圖片時也要注意到畫面的品質，一般的圖片大都是點陣圖，若放大比例過大，品質會變差，所以圖片一定要經過審慎挑選才行。

放置的圖片要能與文件內容息息相關，並注意畫質

> **說明**　一般插入的圖片大都是點陣圖格式，像是拍攝的數位相片，其格式大多為 *.jpg，或是 *.bmp、*.png、*.tif 等格式。它的特點是色彩層次豐富，因為點陣圖是由一點一點的色彩像素所組成，若圖片較小，將它放大則容易看到鋸齒狀或不平滑的像素。

7.1.2 滿版圖片更具視覺張力

　　滿版的圖片是指畫面充滿整個頁面，一直延伸到邊界處。在印刷物的設計稿中，通常會將這種滿版的圖片延伸到文件尺寸的外圍，也就是在文件尺寸的上、下、左、右處各加大 3 mm 的填滿區域，這樣是一來，當印刷完成以後以裁刀裁切時，即使對位不準確，也不會在文件邊緣出現未印刷到的白色紙張，如此畫面才會完美無缺。滿版的圖片在視覺上較為突顯，具有視覺張力，容易吸引觀看者的目光。

滿版的 Word 文件

7.1.3 剪裁圖片突顯重點

　　圖片既然是襯托與突顯文件的資訊，當然圖片的意象也應該要突顯出來。Word 軟體也有提供圖片裁剪的功能，各位可以利用構圖原則，像是「黃金比例剪裁」或是「三分定律剪裁」等技巧來裁切影像，就能裁切出賞心悅目的構圖。

所謂的「黃金比例」是一種特殊比例關係，其比值在經過運算後大概是 1：1.618。相信各位在剪裁圖片時，應該沒有那麼多的時間去作短邊 / 長邊的比例運算，不過你可以將畫面以斜線一分為二，再從其中的一半的三角形中拉出一條跟那條直線垂直的線，將焦點放在該處就是黃金比例的構圖了。如右下圖所示：

原影像　　　　　　　　　　　黃金比例剪裁圖片讓重點更突顯

　　「三分定律」剪裁也是構圖的技巧之一，以井字構圖方式，將主題定位在三等分的參考線上，其視覺效果會比將主題放在畫面中央來的吸引人。

　　剪裁圖片除了是把多餘的部分裁剪掉，改變圖片的比例，讓主題重點突顯出來，另外也可以透過剪裁來改變構圖，尤其是原先構圖不能完全符合使用者的需求時，就透過裁切方式來改變構圖。

原影像　　　　　　　　　　　透過裁切將直式畫面裁切成橫式畫面

7.1.4 善用生動活潑的美工插圖

　　除了實際拍攝的相片外，美工插圖也能讓文件更生動有趣。美工圖案不同於寫實相片能帶給觀看者真實的感受，美工圖案大都以幽默、趣味或擬人的手法來表達意像，尤其是現實生活無法呈現的意念，就可以透過美工圖案的方式來呈現。

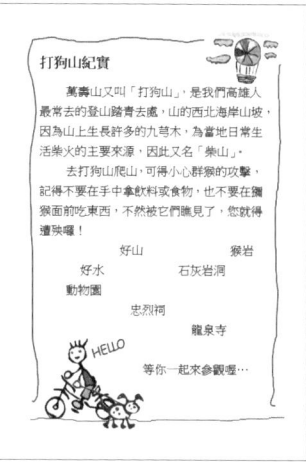

> **說明** 美工圖案大多屬於向量圖，因為是以幾何數學運算方式來計算，只記錄圖形的座標與圖點的距離，因此檔案量較小，且圖形放大時，線條仍維持平滑無鋸齒。早期微軟的多媒體藝廊中所提供的美工圖案大都屬於向量圖，插入這種類型圖案還可以將圖案進行拆解、組合、換色…等各種處理，使美工插圖更符合文件的需求。目前微軟已不再提供「多媒體藝廊」的功能，取而代之的「線上圖片」功能則以點陣圖為主。

7.1.5 多樣的圖片外框

　　Word 文件中的所使用的圖片，也並非一定要方方正正才行，利用基本圖案的造型，也可以將圖片嵌入圖案之中，而且還可以透過「格式」的設定，為圖片加入樣式的變化。

圖片嵌入半圓形的圖案中，並加入陰影的樣式

7.1.6 沿外框剪下圖片―圖形去背景處理

在正常情況下,一般圖片都會被圍在四邊形的方框之中,當圖片或圖形放在有顏色的背景上,就會覺得突兀(如左下圖所示),如果經過去背景處理的圖片就能和有色的背景完美結合(如右下圖所示)。

圖片在有底色的背景上　　　　　圖片做去背景處理的結果

圖片或圖案的背景色調如果不是太過複雜,可直接在 Word 軟體中進行去背景的處理。去背景後的圖案在做圖文排版時就更加靈活,也能與文字更貼近,畫面效果自然也會比較好。

7.2 圖文配置技巧

前面小節已經告訴各位如何善用圖片來修飾文件,這個小節開始則是要探討圖片插入的方式,以及圖文配置的各種技巧,讓各位排版出來的文件能顯現多樣的變化,不再是圖文各自獨立,毫無關聯性。

7.2.1 從檔案插入圖片

Word 軟體允許使用者將外部的點陣圖或向量圖插入至文件中,不管是公司行號的商標或是解說文件內容的影像圖案,都可透過「插入」標籤的「圖片」鈕來插入。請先設定圖片要插入的位置,點選「圖片」鈕後會開啟「插入圖片」視窗,選取要插入的圖片縮圖,按下「插入」鈕即可插入圖片。

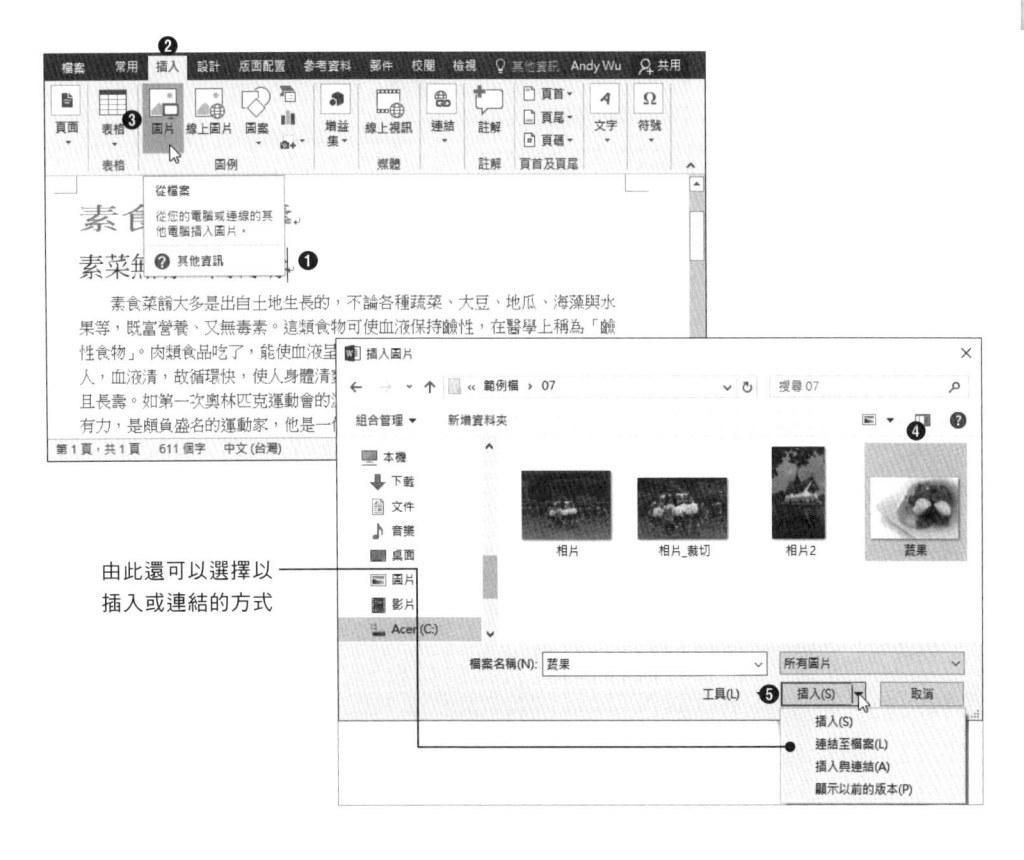

由此還可以選擇以
插入或連結的方式

7.2.2 將線上圖片插入至文件中

除了將電腦上的圖片檔插入至 Word 文件外，也可以從網路上蒐尋所需的圖案。請由「插入」標籤按下「線上圖片」鈕，在「Bing圖片搜尋」的欄位中輸入要搜尋的圖片主題，按下搜尋鈕後，勾選想要使用的圖片，按下「插入」鈕即可插入線上圖片。

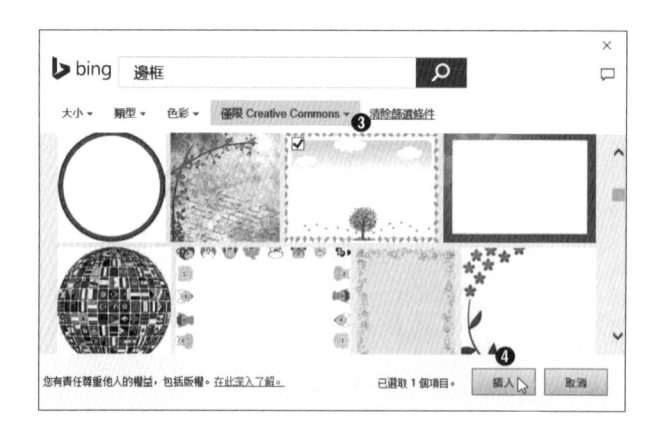

7.2.3 從螢幕擷取畫面

「螢幕擷取畫面」是 Word 2010 開始提供的功能，使用者可以利用 Word 擷取工具，將想要擷取的畫面直接插入到目前的文件中。使用前先將想要擷取的畫面開啟，再由「插入」標籤的「螢幕擷取畫面」鈕進行擷取動作。

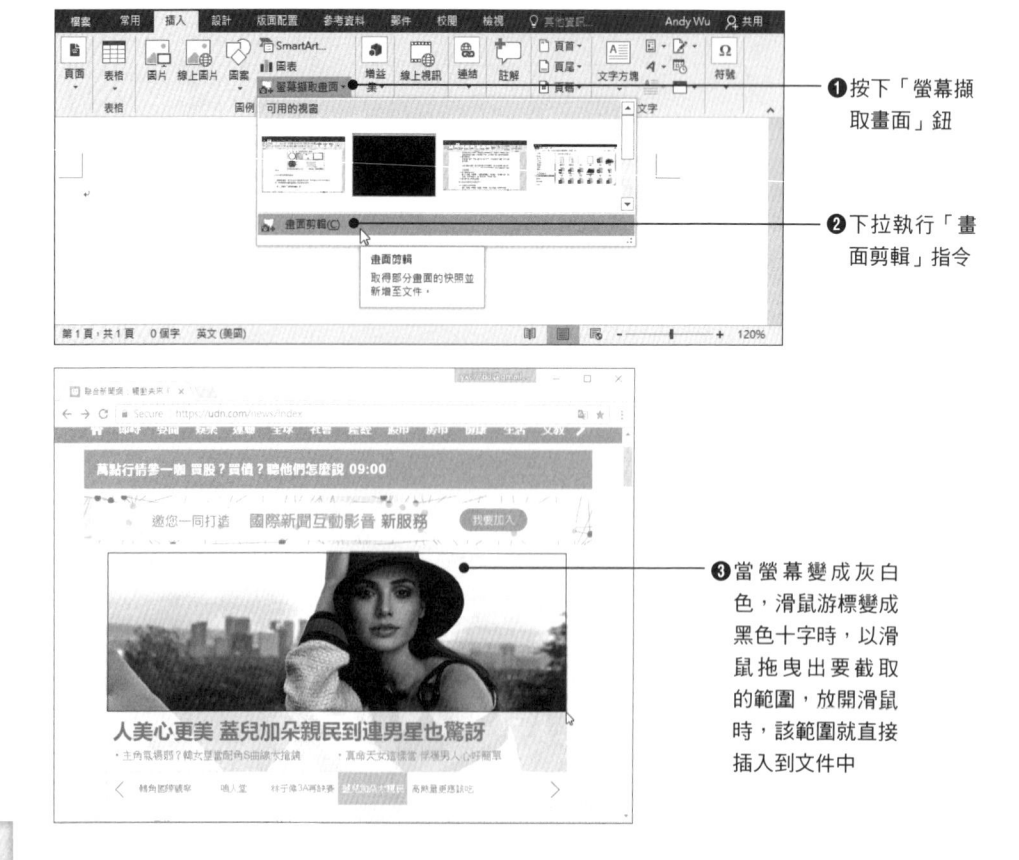

❶ 按下「螢幕擷取畫面」鈕

❷ 下拉執行「畫面剪輯」指令

❸ 當螢幕變成灰白色，滑鼠游標變成黑色十字時，以滑鼠拖曳出要截取的範圍，放開滑鼠時，該範圍就直接插入到文件中

7.2.4 在頁首處插入插圖

前面介紹的方式都是一般最常使用的方式─將插圖插入至文件中,只要在文件中用滑鼠設定要插入的圖檔位置,就可以透過「插入」標籤插入。但事實上也可以在「頁首」處插入插圖,像是邊框圖案、背景底紋、稿紙、名片框…等,都可以將圖案放在頁首之中。

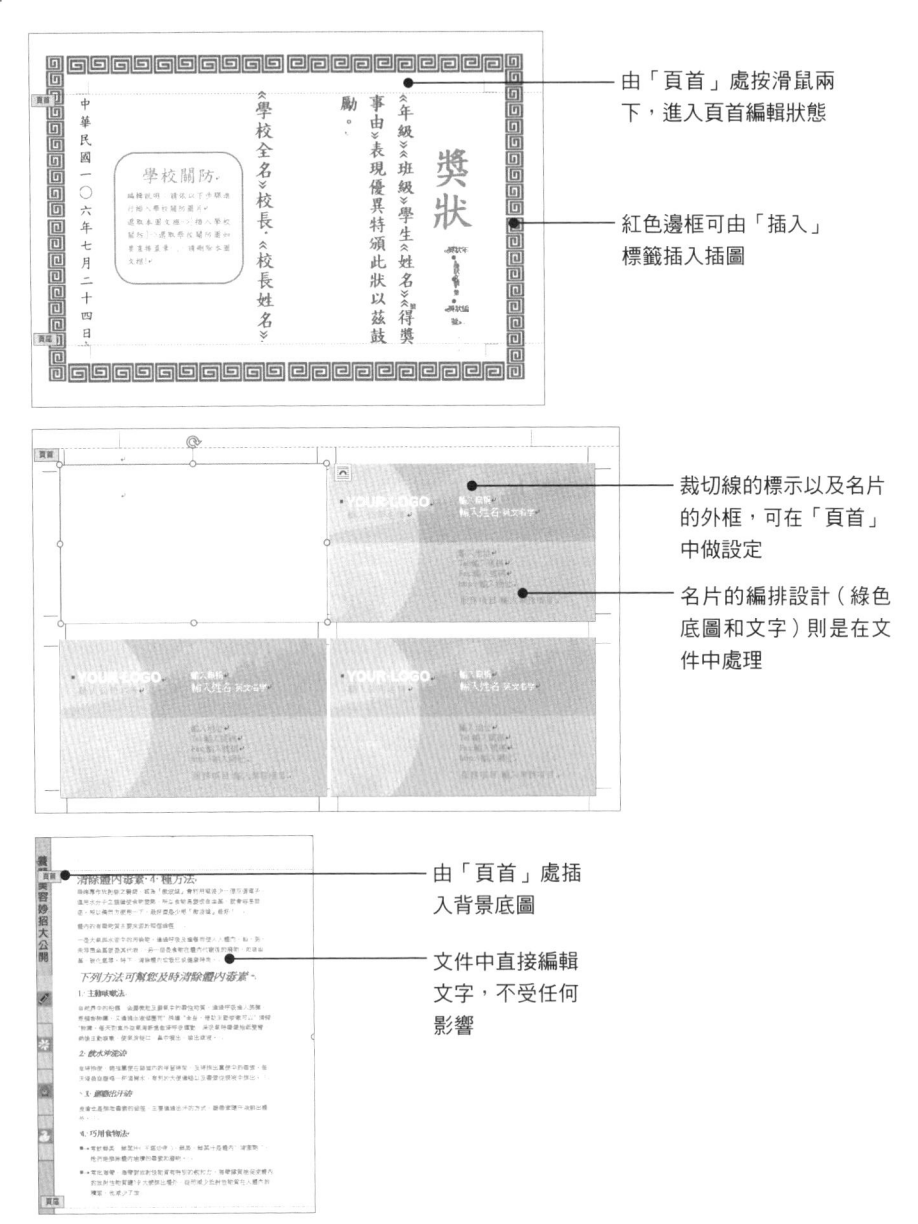

由「頁首」處按滑鼠兩下,進入頁首編輯狀態

紅色邊框可由「插入」標籤插入插圖

裁切線的標示以及名片的外框,可在「頁首」中做設定

名片的編排設計(綠色底圖和文字)則是在文件中處理

由「頁首」處插入背景底圖

文件中直接編輯文字,不受任何影響

> **說明**
> 有些人會使用「設計」標籤的「頁面色彩」功能，透過「填滿效果」指令的「圖片」標籤來插底紋插圖插入，以此種方式顯示的背景圖在列印時容易產生問題，建議不要使用此方式來插入背景底圖。

7.2.5 排列位置與文繞圖設定

　　圖片插入至文件後，想針對頁面的需求來調整圖與文的排列位置，可在圖片點選的狀態下由「格式」標籤的「位置」下拉，這樣可快速將圖片定位在上、中、下、靠左、靠右…等不同的位置，這樣就可自動讓文字圍繞著插圖。

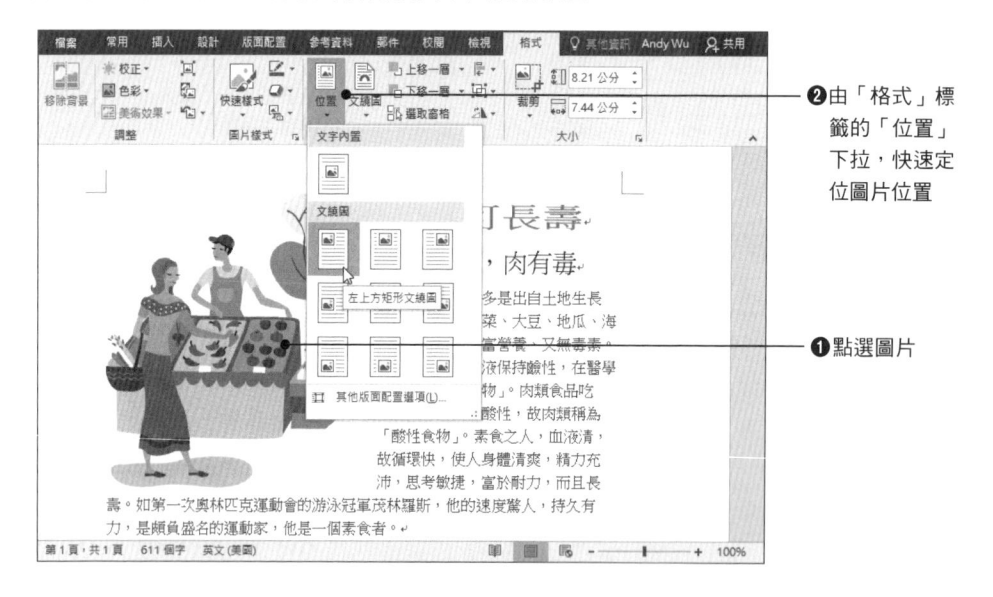

❶ 點選圖片
❷ 由「格式」標籤的「位置」下拉，快速定位圖片位置

　　另外，在「格式」標籤中所提供的文繞圖方式共有下列幾種。也可以在點選插入的圖片時，透過圖片右上角的　鈕進行文繞圖的設定。

預設的文繞圖方式是「與文字排列」，選擇不同的設定會讓畫面呈現不同的效果。如左下圖所示，圖片當底色插圖，可以選用「文字在前」的編排方式，圖片若作為文章的輔助說明，可選用「矩形」或「緊密」的排列方式。

圖片當底，選用「文字在前」　　圖片當輔助，選用「緊密」排列

如果插入的是向量式的美工圖案，如下圖所示插入「水果攤.wmf」，選用「穿透」的文繞圖方式，可以讓文字沿著圖片的不規則邊緣進行排列。

❶ 插入向量式美工圖案

❷ 選擇「穿透」或「緊密」的文繞圖方式

文字圍繞美工插圖的邊緣排列

說明　預設文件中插入圖片的預設方式

在預設情況下，文件中插入的圖片都是嵌入的方式，如果在排版時，希望插入的圖片都能自動呈現某一特定的文繞圖方式，像是浮動型的圖片，那麼可利用「檔案」標籤中的「選項」指令進行變更。

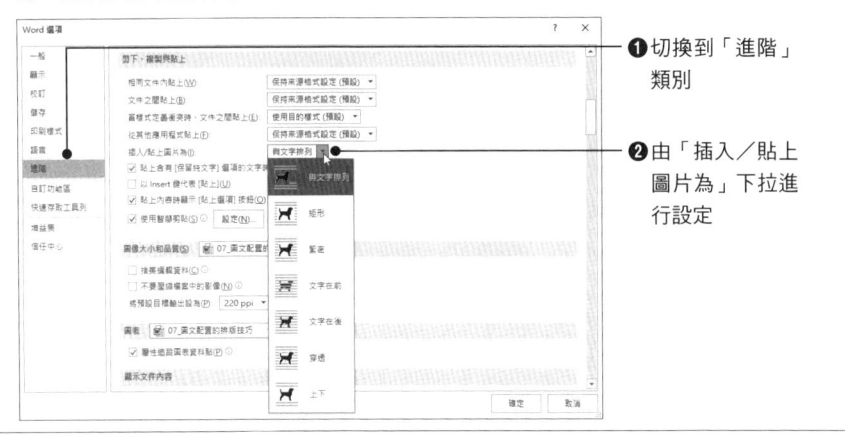

❶ 切換到「進階」類別

❷ 由「插入/貼上圖片為」下拉進行設定

135

7.2.6 編輯文字區端點

當美工圖案與文字緊密排列時，有時因為圖案造型的關係而切斷了文字的連貫性，如下圖所示。

因圖案的右下角有空間，所以部分文字顯示在右下角，切斷文字的連貫性

遇到這樣的情況，可以在圖片上按右鍵執行「文繞圖 / 編輯文字端點」指令，此時圖片周圍會出現許多的黑色端點。

出現黑色端點時，以滑鼠移動端點的位置

調整後，右側文字已移動到左側去，文字不再被切斷

另外,要避免圖片切斷文字的連貫性,除了利用「文字端點」的功能進行調整外,也可以按右鍵於圖片上,執行「文繞圖 / 其他版面配置選項」指令,接著切換到「文繞圖」標籤,由「自動換列」選取方向就可搞定。

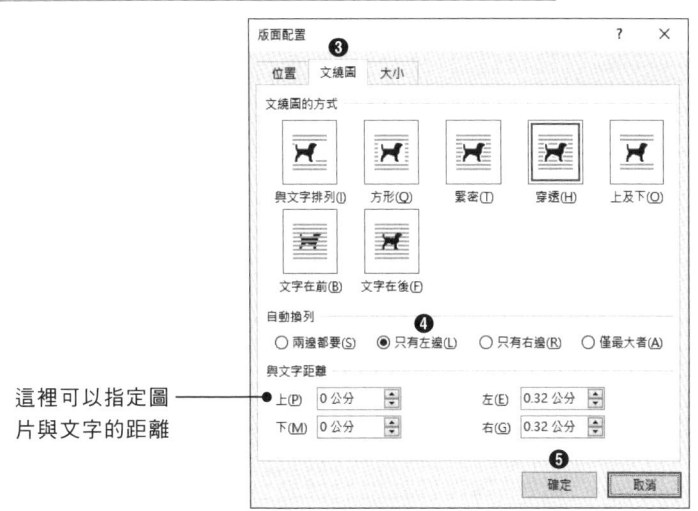

這裡可以指定圖片與文字的距離

7.3 圖片編輯與格式設定

對於圖文配置方式有所了解後,接著針對圖片的編輯與格式做進一步說明,因為 Word 不只能做圖文的配置,它也擁有繪圖軟體所提供的裁切、尺寸修正、翻轉、旋轉、圖片樣式、美術效果、去背…等等的處理能力,讓一些專業的圖片效果直接就可以在 Word 中處理,不需再透過其他繪圖軟體的幫忙,所以這一節介紹的內容,各位千萬別錯過。

7.3.1 裁剪圖片

　　插入的圖片不見得畫面效果就是自己所要的，可能有多餘的部分需要做裁切。要裁切圖片，可以利用圖片四邊和四角的 8 個控制點來控制。另外，裁剪時還可以指定長寬比例，也可以裁剪成特別的圖形喔！

▓「格式／裁剪／裁剪」指令

　　選擇該指令後，會在圖片四角和上下左右四邊出現如下所示的控制點，拖曳任一控制點就能改變剪裁的位置，調整後在圖片之外按一下左鍵表示完成剪裁。

　　由左往右拖曳控制點至此

　　顯示裁切位置與範圍

▓「格式／裁剪／裁剪成圖形」指令

　　選擇該指令後，可以自行選擇要套用的基本圖案。

裁剪為特殊的造型了

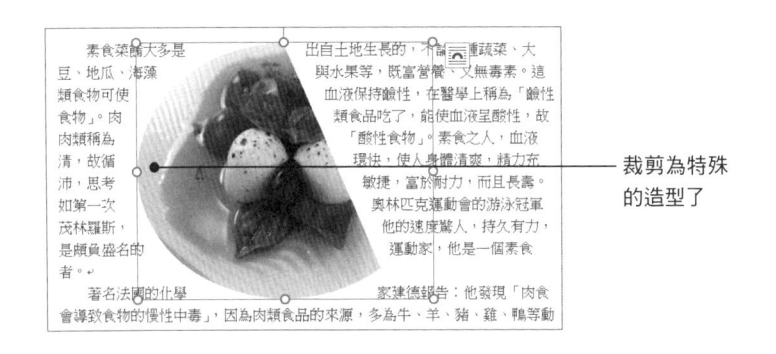

「格式／裁剪／長寬比」指令

選擇該指令可以指定將圖片裁切成方形、直向、或橫向的各種比例。當出現控制點時還可以使用滑鼠移動圖片，調整裁切位置。

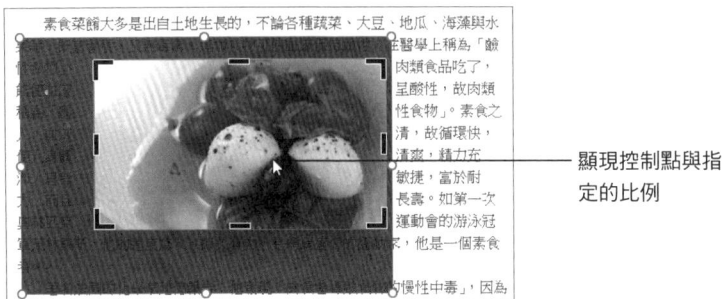

顯現控制點與指定的比例

7.3.2 精確設定圖片尺寸

想要指定精確的圖片尺寸，由「格式」標籤的「大小」群組即可進行寬度與高度的設定。

CHAPTER 07 圖文配置的排版技巧

139

設定高度
設定寬度
開啟「大小」視窗

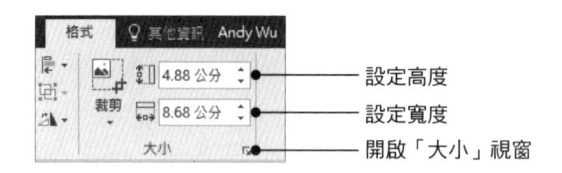

若是按下「大小」群組旁的▫鈕，將會開啟如下視窗，可在「大小」的標籤中指定絕對值，或是以百分比例調整圖片大小。

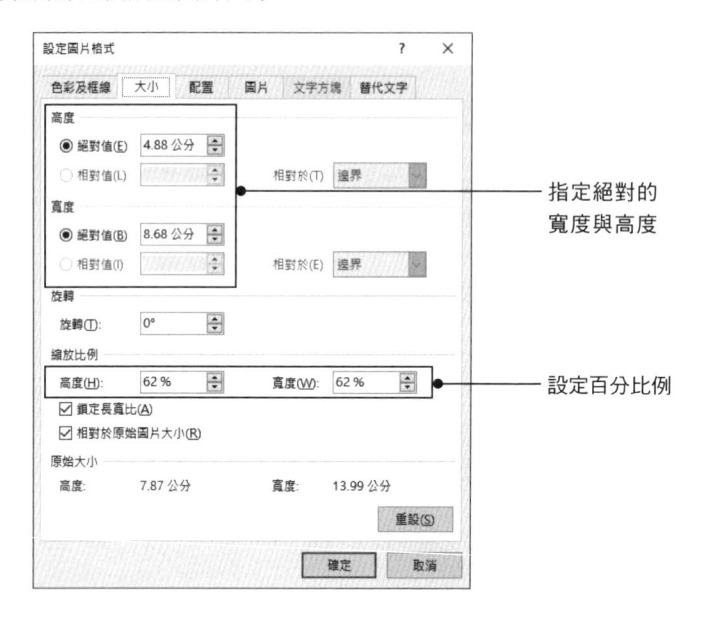

指定絕對的寬度與高度

設定百分比例

7.3.3 旋轉與翻轉圖片

插入的圖片有時因為角度的關係，或是視覺效果的考慮，需要將圖片作旋轉或翻轉，那麼可從「格式」標籤按下「旋轉」鈕進行翻轉或旋轉的設定。

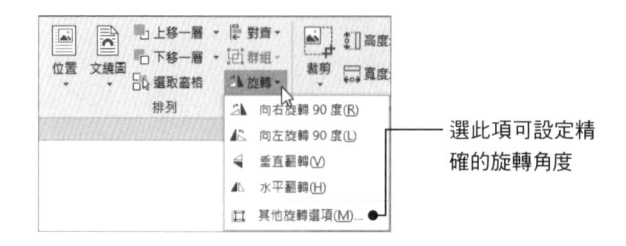

選此項可設定精確的旋轉角度

你也可以直接按下圖片上方的 鈕，即可任意的旋轉圖片。

按此鈕旋轉圖片

7.3.4 套用圖片樣式

微軟也像繪圖軟體一樣,有提供各種專業而又有藝術效果的樣式,只要從「格式」標籤的「圖片樣式」群組下拉,就能讓圖片擁有美美的邊框效果。而套用後如果還有不滿意的地方,還可針對「圖片框線」和「圖片效果」進行變更。

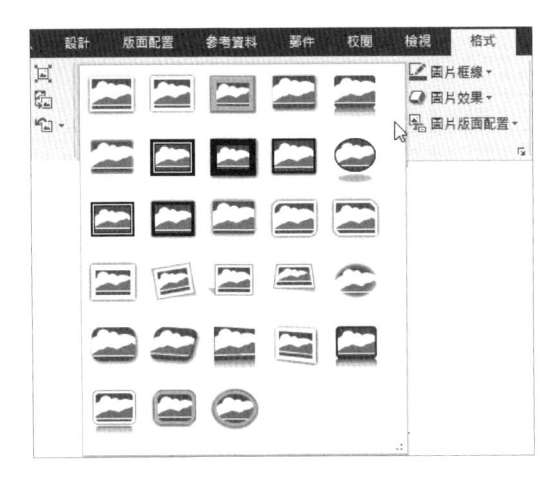

7.3.5 美術效果設定

「格式」標籤的「美術效果」鈕提供各類的筆觸效果,像是麥克筆、鉛筆、粉筆、畫圖筆刷、玻璃、紋理化、拓印、剪紙花、水彩海綿效果…等,只要滑鼠移入縮圖上,就可預覽其效果。

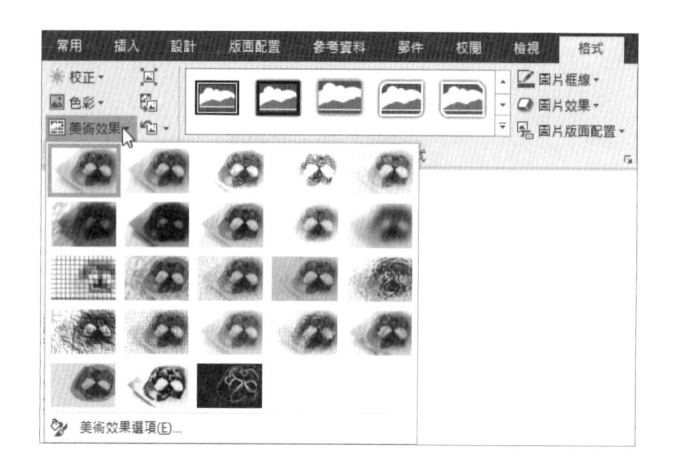

7.3.6 圖片校正與變更色彩

「格式」標籤中的「校正」功能提供銳利、柔邊、亮度、對比等效果可選擇，而「色彩」功能則提供色彩飽和度、色調、重新著色等多重選擇，若下拉執行「其他變化」指令，則能自訂重新著色的色彩。

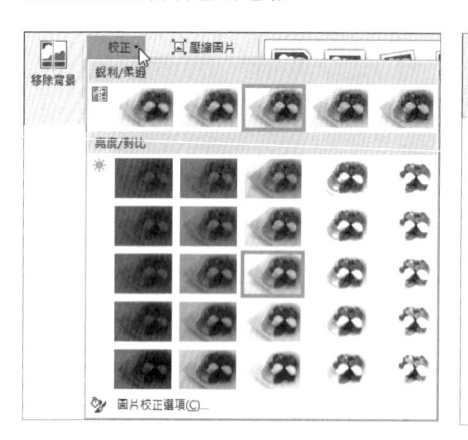

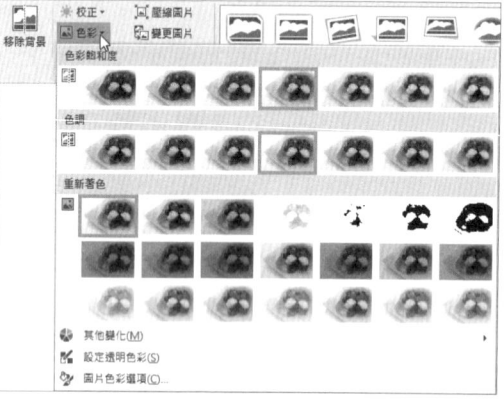

7.3.7 刪除圖片背景

當文件背景有設定顏色時，如果插入的圖片仍留有白色的背景，畫面看起來就不專業。以往要將圖片設定為透明色彩，都必須使用 Photoshop 等專業的繪圖軟體才可以處理，現在簡單的去背景處理，在 Word 程式中就可搞定。

請直接在「格式」標籤按下「移除背景」鈕，此時電腦會自動將白色背景變成桃紅色區域，確認沒問題時，按下「保留變更」鈕就能完成去背處理。

完美去除白色的背景

另外,由「格式」標籤的「色彩」鈕下拉選擇「設定透明色彩」指令,此時滑鼠會變成 ✎ 圖示,按下左鍵於白色背景處,就能完成去背處理。

7.3.8 壓縮圖片

當文件中插入大量的圖片後,如果圖檔的解析度較高,文件的體積也會遽增,加入的圖檔越多,會讓文件的處理的速度變慢。如果很多圖片都有經過裁切,那不妨考慮壓縮圖片,讓那些被裁切掉的部分徹底從文件中刪除掉,而不是被隱藏起來。

由「格式」標籤按下「壓縮圖片」 鈕,勾選「刪除圖片的裁剪區域」的選項,才能真正將圖片裁切掉的地方從文件中刪除。

7.3.9 設定圖片格式

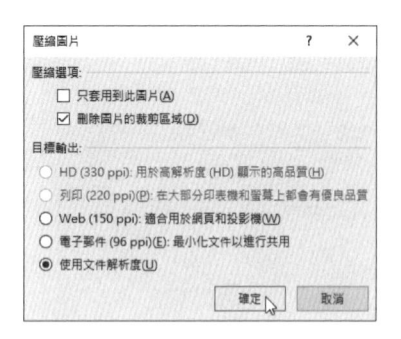

當各位在「格式」標籤的「圖片樣式」群組中按下 ⌄ 鈕，會在視窗右側顯示「設定圖片格式」窗格，裡面包含填滿與線條、效果、版面配置與內容、圖片等類別，直接點選上方的圖鈕即可進行切換與設定。

填滿與線條設定

效果設定

版面配置與內容設定

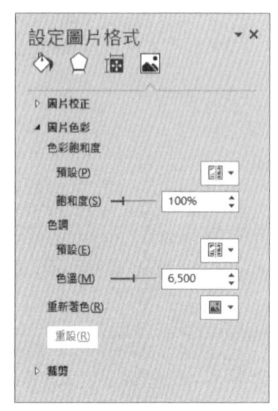

圖片設定

7.3.10 匯出文件中的圖片

Word 允許使用者將文件中的圖片轉存出去,按右鍵於圖片上,執行「另存成圖片」指令,可將圖片轉換成如下四種檔案格式:可攜式網路圖片(*.png)、JPEG 檔案交換格式、圖形交換格式(*.gif)、TIF 格式檔、Winsows 點陣圖(*bmp)。

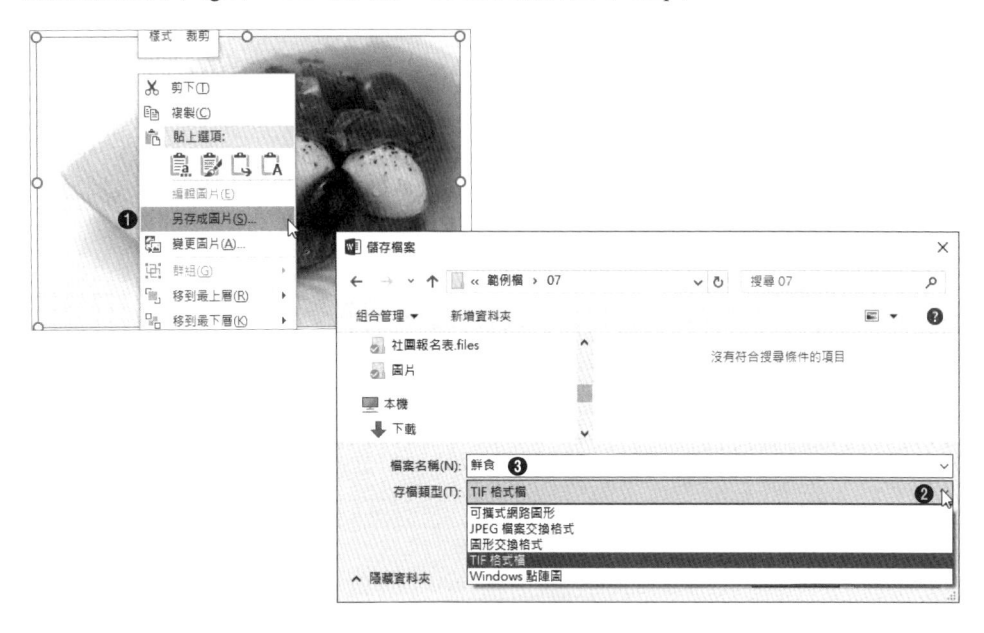

如果文件中的圖片很多,想要一次就把所有圖轉存出去,可以利用「檔案」標籤的「另存新檔」指令,將存檔案類型設為「網頁」,這樣轉存出去的圖檔都會變成 jpg 的格式。

7.4
實作－圖片與文字的組合搭配

在前面的章節裡,我們已經順利使用「樣式」功能來編排書籍的第一章內容,也學會如何製作範本,將它應用到第二章文件的排版中,接下來就是要將文件中的圖檔一一插入,使與文字排列在一起。

由於排版書籍時,通常作者會將圖檔的檔名一併顯示在書稿上,所以只要依照標示插入圖檔,透過「格式」標籤的各項功能來設定圖片格式,讓圖文在頁面上顯示視覺美感與舒適的感受就可以了。請開啟「01_多層次迴轉記憶.docx」文件檔,一起來進行圖片的插入與圖文配置的設定。

7.4.1 插入圖檔

首先將圖檔的標示選取起來,按 Ctrl + X 鍵將文字剪下,接著點選「插入」標籤的「圖片」鈕使進入「插入圖片」視窗,按 Ctrl + V 鍵將檔名貼入「檔案名稱」的欄位中,按下「插入」鈕使插入圖片。

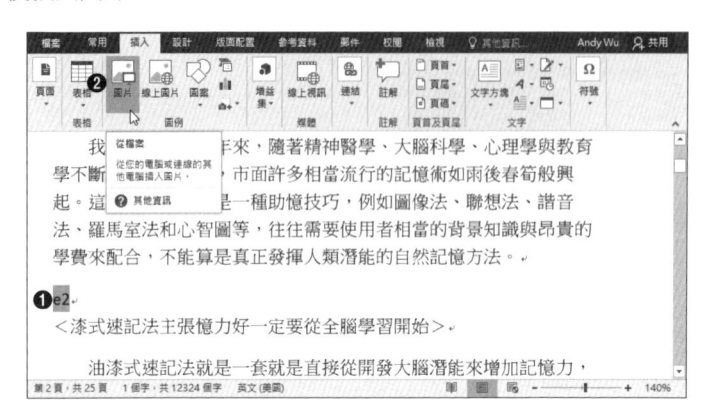

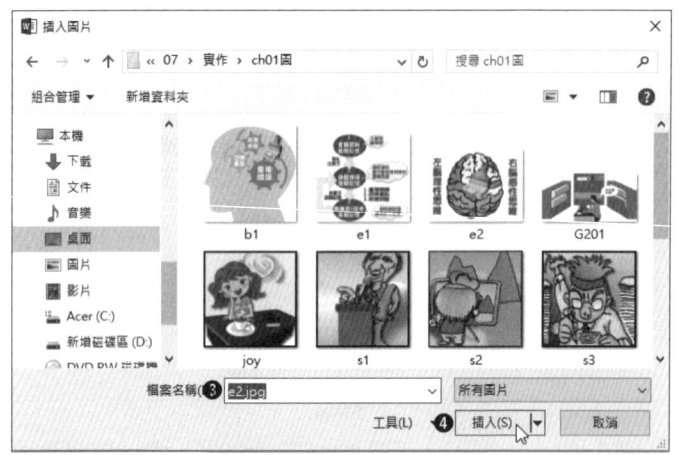

7.4.2 調整圖片大小與對齊方式

在排版時,圖片的大小有時候要看頁面的空間多寡做適時的調整,這裡我們將使圖片排列到上一頁的底部,所以透過「格式」標籤的「大小」群組來調整圖片的寬度。請點選圖片後,將寬度的數值變更為「5 公分」,圖片上移到上一頁後,由「常用」標籤將圖片與其說明文字設定為「置中」的對齊方式。

CHAPTER
07

圖文配置的排版技巧

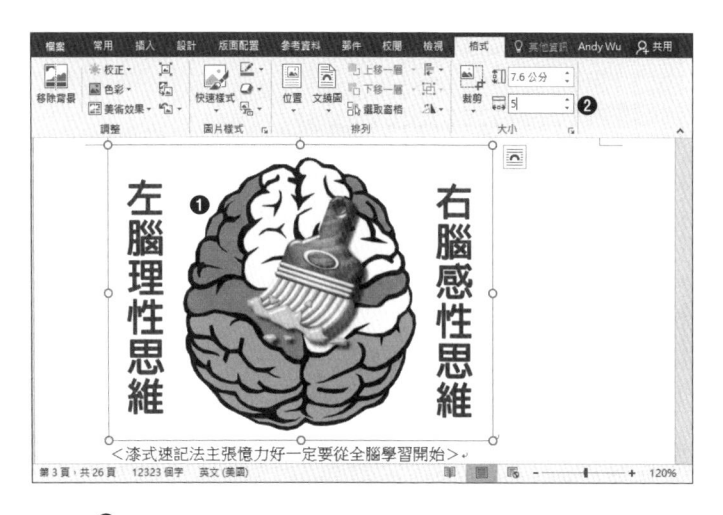

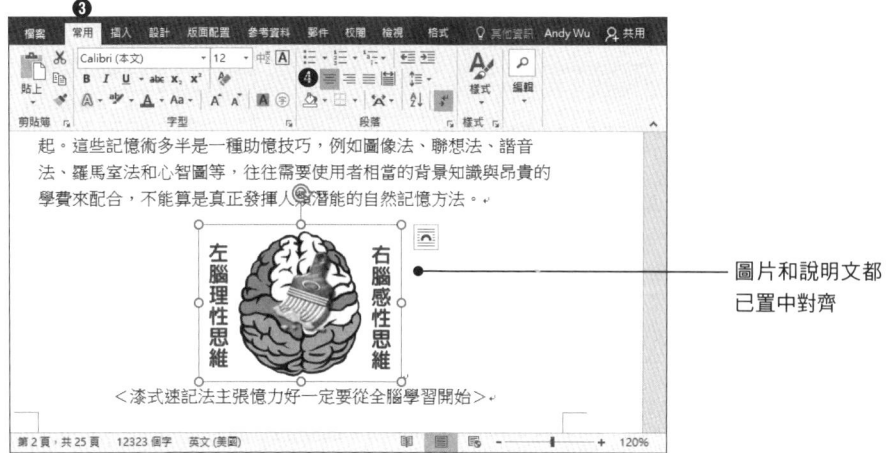

〔截圖〕

〔截圖〕 → 圖片和說明文都已置中對齊

7.4.3 並列圖片與圖片樣式設定

編排版面編排時,基本上是要依照作者的原意進行圖文配置,但也可以在不影響作者的原意下調動圖文的位置。如下所示,我們將讓「S1」與「S2」兩張圖並列在一起,同時加入圖片樣式,讓兩張圖都能顯示在同一頁面中,方便讀者做對照。

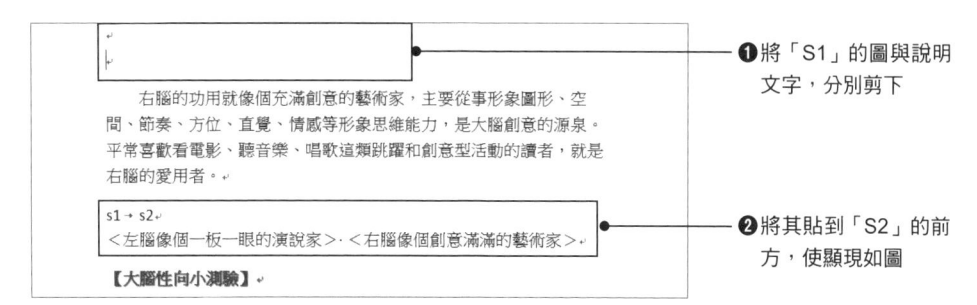

〔截圖〕

❶ 將「S1」的圖與說明文字,分別剪下

❷ 將其貼到「S2」的前方,使顯現如圖

147

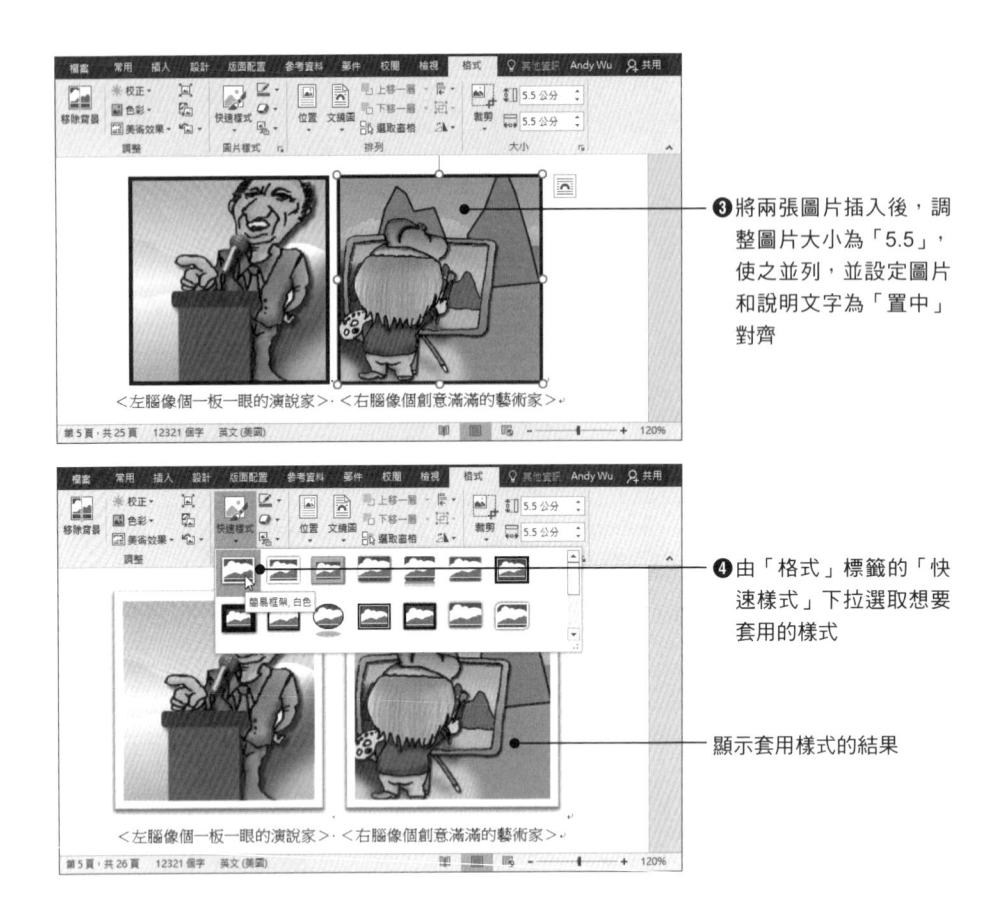

❸ 將兩張圖片插入後，調整圖片大小為「5.5」，使之並列，並設定圖片和說明文字為「置中」對齊

❹ 由「格式」標籤的「快速樣式」下拉選取想要套用的樣式

顯示套用樣式的結果

7.4.4 設定文繞圖效果

在 1-6 節處，我們希望將「腦電波」插圖作文繞圖的效果，但因為圖片的說明必須與圖片在一起，所以我們將以文字方塊來處理說明文字，使它變成物件，這樣方便作文繞圖的效果。

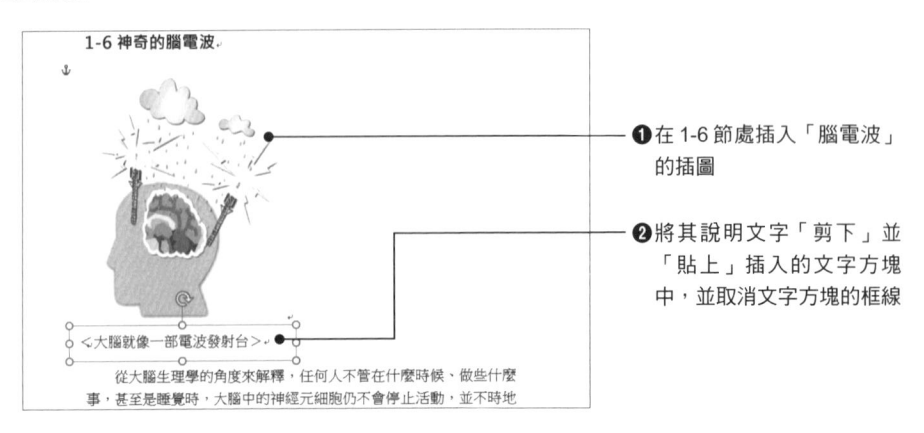

❶ 在 1-6 節處插入「腦電波」的插圖

❷ 將其說明文字「剪下」並「貼上」插入的文字方塊中，並取消文字方塊的框線

❸ 分別點選圖片和文字方塊右上角的「版面配置選項」鈕,將它們設定為「穿透」的文繞圖方式

❹ 按 Back space 鍵刪除前面多餘的空行

文繞圖效果完成囉

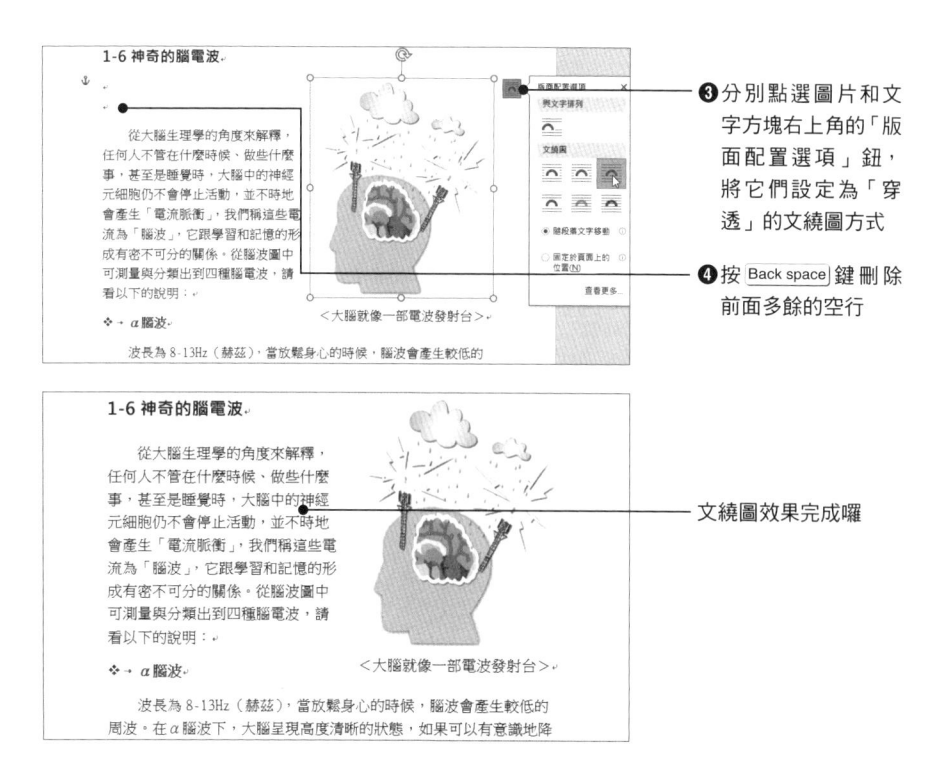

透過以上的方式,各位就能依序完成整個章節的排版。至於頁面編排時,還有幾項希望各位能夠注意:

❏ 章節標題如果是在頁面的最下方,那麼就多空一行,讓標題移到下一頁去。

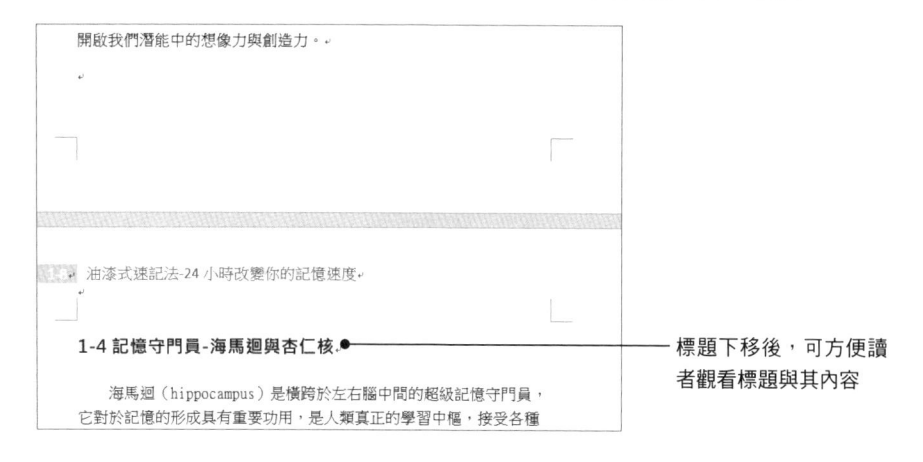

標題下移後,可方便讀者觀看標題與其內容

❏ 方框的標題如果在頁面下方,那麼就讓下方多空幾行,讓方框與標題移到下一頁,免去造成不連貫的情形。

多，越能構成大腦新而牢固的記憶迴路，記憶力就會越強。

第 1 章 多層次迴轉記憶 1-15

Tips-油漆式秘技

> 小時候長輩們常說：「多吃魚，頭腦才會變聰明。」這句話還真是一語道出了食物對於大腦的影響。食物中蛋白質所提供的氨基酸會影響神經傳導物質的製造，多吃含蛋白質的食物，會使得神經元代謝更為活潑。為了保證優質蛋白質的攝入，可適量選用魚蝦、瘦肉、蛋和牛奶等食物，不但有助於腦神經功能的良好發育，還能提高記憶能力。

❏ 適當的調整圖片的尺寸，讓同一段落的文字盡量在一起，不需要翻頁就能了解同一段落的內容。

<海馬迴是避免記憶流失的最佳守門員>

至於杏仁核（amygdala）則是在腦前額部份一個呈扁桃形的區域，是人類的情緒中心，用來管理與儲存各式情緒反應，任何不同形式的情緒都會傳至杏仁核，功用是強化記憶的深度。它跟海馬迴合作無間，當海馬迴記憶事物時，會藉由杏仁核所發出的振動來做為某些記憶的判斷。

在我們日常生活中，伴隨著感動、喜悅、難過、驚訝等情緒而來的訊息，杏仁核較容易發生振動，旁邊的海馬迴就知道這是個重要訊息，記憶自然就會較深刻。例如海馬迴可以幫助各位認出人群中某個人是你的國中同學，杏仁核則會同步提醒你，當年他是還個用功讀書的高材生。

CHAPTER

08

文件內容圖形化的排版技巧

- 8.1 使用與編輯圖案
- 8.2 使用與編輯 SmartArt 圖形
- 8.3 實作－以 SmartArt 圖形製作圖片清單

將複雜的文件內容以圖形的方式呈現是最容易讓讀者理解。要將內容圖形化，可以利用 Word 所提供的基本圖案來繪製，也可以使用 SmartArt 圖形功能。基本圖案包含預設的線條、矩形、箭號、流程圖、圖說文字等各種造型，透過堆疊組合即可產生複雜的圖案。而 SmartArt 圖形則包括組織圖、流程圖、圖形清單…等，它是預先將各種圖案組合在一起，讓圖案顯示設計師水準地圖形範例，所以利用這兩種功能就能以視覺方式來作為與讀者的溝通橋梁。這一章節將對此二功能做進一步說明，讓各位輕鬆使用圖形做排版。

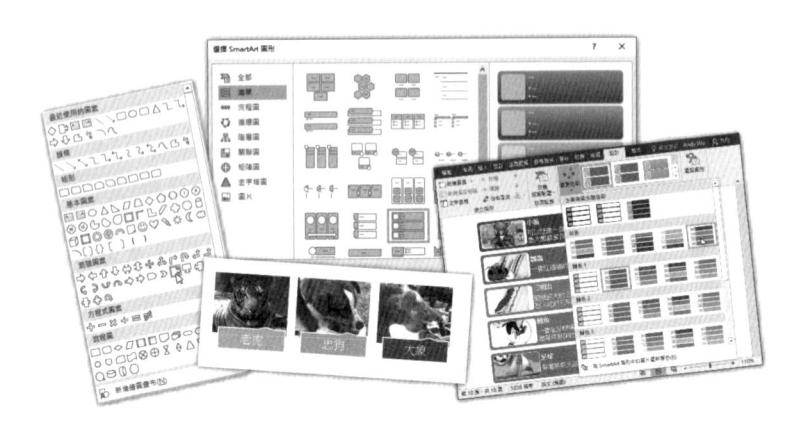

8.1 使用與編輯圖案

這一小節我們針對「插入」標籤的「圖案」功能作介紹，雖然圖案看起來很簡單，但是運用起來的變化卻是無窮，想要讓自己繪製的圖案顯示出專業的設計水準，這小節可不要錯過。

8.1.1 插入基本圖案

由「插入」標籤按下「圖案」鈕可以插入基本圖案、箭號圖案、流程圖、圖說文字、星星及綵帶等圖案。只要下拉選定圖案圖示，至文件上按下滑鼠左鍵然後拖曳，即可畫出該造型。

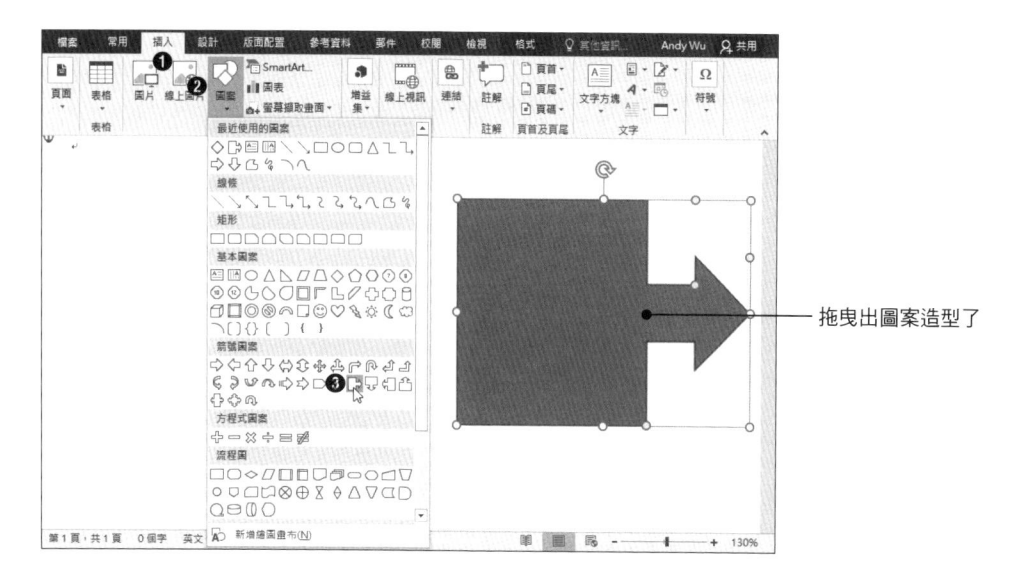

你也可以點選取圖案圖示後，在文件上直接按下左鍵，它會顯示預設的圖案尺寸－寬高皆為 2.54 公分。

8.1.2 插入線條圖案

線條在排版中使用的機會相當高，在 Word 軟體中線條圖案包括線條、曲線、手繪多邊形、徒手畫等類別。這裡簡要說明如下：

線條 ＼＼＼乙乙乙ᘎᘎᘎ

用來繪製各種方向的直線、箭頭、肘形接點、或弧形接點。點選如上所示的圖案鈕後，在頁面上按一下左鍵，就會看到預設的尺寸。也可以按一下左鍵不放使建立起始點，接著再到結束點放開滑鼠，即可產生圖案。

> **說明**
>
> 排版文件中，箭頭符號使用的機會相當高，因為箭頭除了提示順序外，也能解說某一細節，或是指明特定的範圍。
>
> 加入線條後，由「格式」標籤的「圖案外框」鈕下拉選擇「箭號」指令，即可選取想要箭頭樣式。另外，在「設定圖案格式」窗格中，可針對起點/終點的箭頭大小與類型進行變更。
>
> 當線條設定完成後，按右鍵執行「設定為預設線條」指令，那麼之後所畫的線條就能擁有相同樣式，可加快文件的編輯速度。

曲線

用以繪製彎曲的線條。繪製時先按一下左鍵建立起始點，再依序按下左鍵設定 2、3、4 等點，直到結束時按滑鼠兩下表示完成。

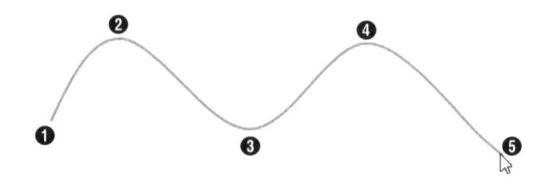

徒手畫

按住滑鼠拖曳，即可沿著滑鼠移動的軌跡產生線條。放開滑鼠時就自動變成物件，顯示如下的圖案框。

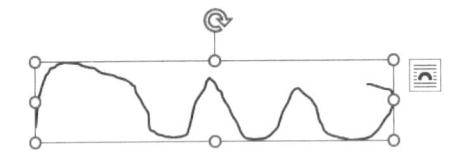

手繪多邊形

可繪製封閉或非封閉的多邊造型。依序按左鍵會建立筆直的線條，而拖曳滑鼠則可變成自由曲線，此功能算融合線條和徒手畫兩種功能。

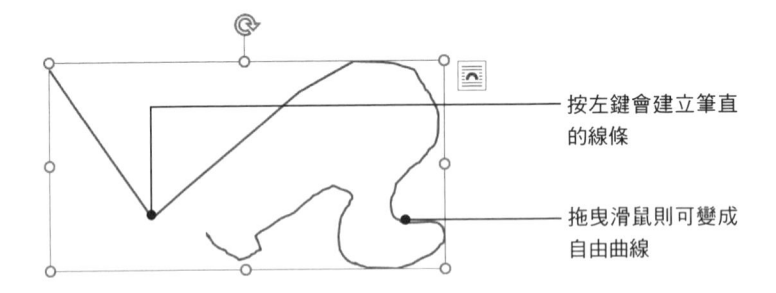

按左鍵會建立筆直的線條

拖曳滑鼠則可變成自由曲線

8.1.3 圖案的縮放與變形

繪製圖案或線條後，會在圖案四周看到如圖的圓形控制點，透過四角的白色控制點即可等比例縮放圖形，利用上／下／左／右中間的白色控制點則可拉長或壓扁圖形。或是點選圖形後，在「格式」標籤的「大小」群組設定精確的寬度與高度值。

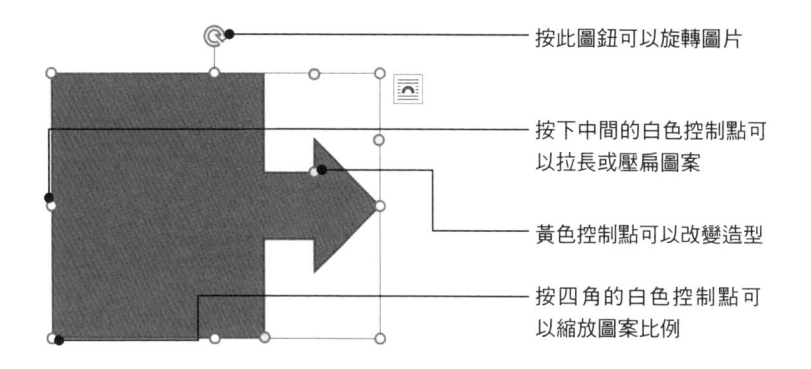

按此圖鈕可以旋轉圖片

按下中間的白色控制點可以拉長或壓扁圖案

黃色控制點可以改變造型

按四角的白色控制點可以縮放圖案比例

8.1.4 編輯圖案端點

　　繪製圖案後可按右鍵執行「編輯端點」指令，它會在圖案的轉角處看到黑色方形的端點，利用這些端點可變更造型。另外，按右鍵於黑色端點上，也可以針對選定的端點進行新增、刪除、平滑線條、拉直線條等處理，讓圖案可以依照使用者的想法進行變更。

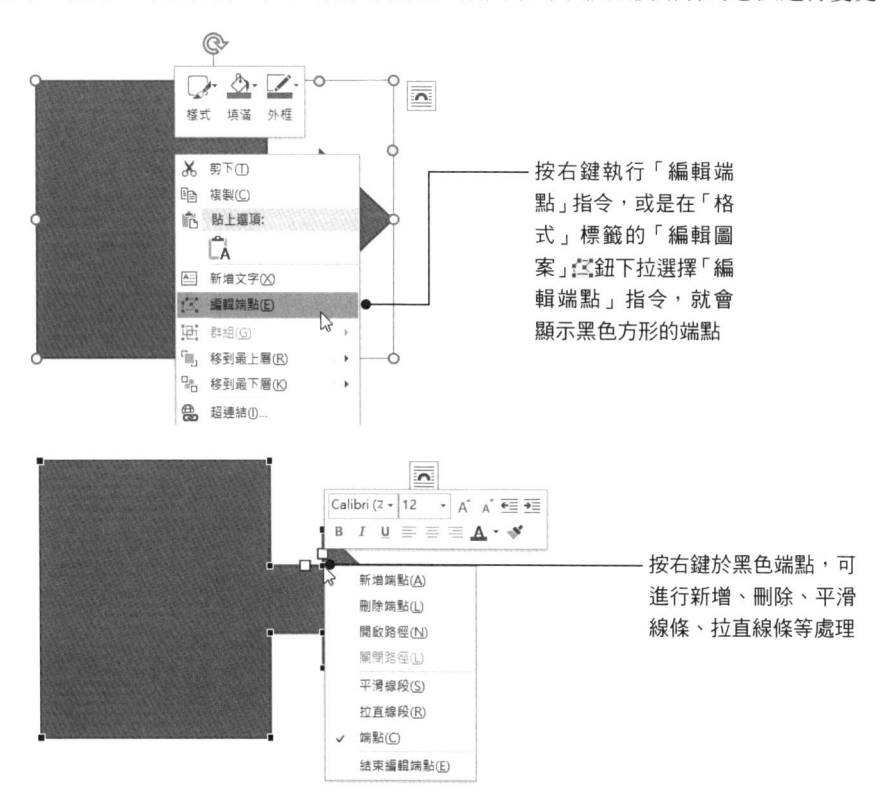

按右鍵執行「編輯端點」指令，或是在「格式」標籤的「編輯圖案」鈕下拉選擇「編輯端點」指令，就會顯示黑色方形的端點

按右鍵於黑色端點，可進行新增、刪除、平滑線條、拉直線條等處理

8.1.5 圖案中新增文字

插入圖案後，想要在圖案中加入文字內容，只要按右鍵執行「新增文字」指令，會在圖案上出現文字輸入點供使用者輸入文字。

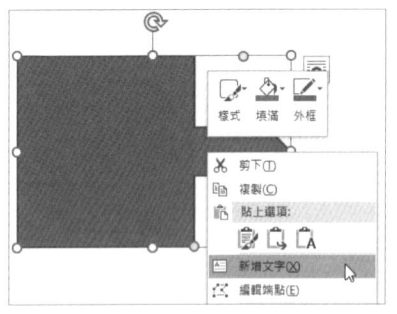

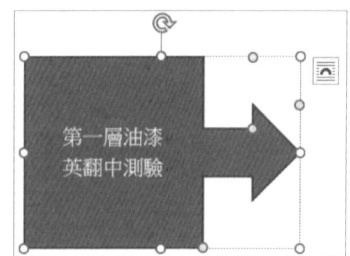

8.1.6 加入與變更圖案樣式

當點選圖案時，Word 會貼心的切換到「格式」標籤，由「圖案樣式」下拉可套用內建的圖案樣式。每個樣式都由不同的色彩、線條與效果組合而成，直接點選縮圖就能馬上看到效果。另外「圖案填滿」、「圖案外框」、「圖案效果」等功能也允許在套用樣式後，個別修正圖案的屬性與效果。

- ❏ **圖案填滿**：可修改圖案顏色、或做漸層色、圖片、材質的填滿。
- ❏ **圖案外框**：可修改圖案的外框粗細、色彩、線條樣式。
- ❏ **圖案效果**：可修改圖案的陰影、反射、光暈、柔邊、浮凸、立體旋轉等效果。

> **說明　設定圖案格式**
>
> 按下「格式」標籤「圖案樣式」群組旁的 ⌐ 鈕，將會在視窗右側顯示「設定圖案格式」的窗格，使用者可切換到「圖案選項」或「文字選項」進行設定。

8.1.7 變更圖案

　　圖案在經過大小、樣式等設定後，這時才發現圖案不適合，想要把原先的造型更換成其他的圖案形狀，那麼可以由「格式」標籤的「編輯圖案」鈕下拉選擇「變更圖案」指令，再選擇要替換的圖案，這樣就可以保有原先已設定的文字、顏色、大小與樣式，而不需重新開始設定圖案。

圖案變更完成，仍保有原先的文字、顏色、大小與樣式

8.1.8 設定為預設圖案

　　當圖案透過格式設定完成後，可以考慮按右鍵將它「設定為快取圖案預設值」，這樣後面所繪製的圖案都會同時套用所設定的樣式。

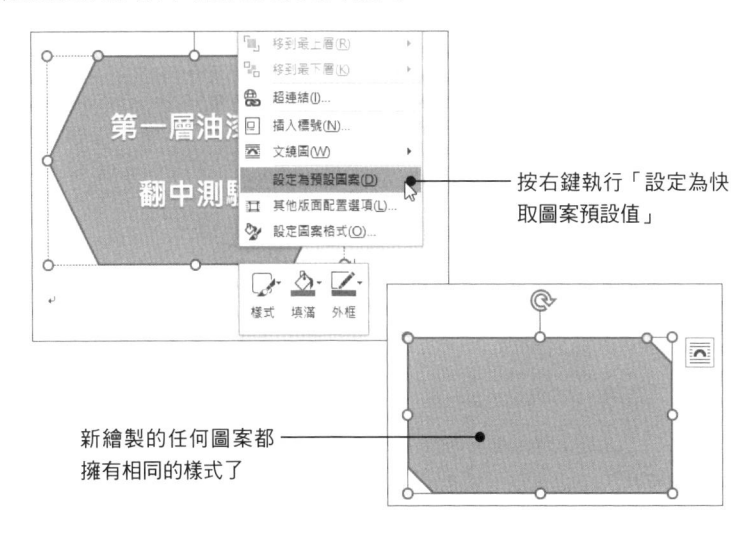

按右鍵執行「設定為快取圖案預設值」

新繪製的任何圖案都擁有相同的樣式了

8.1.9 多圖案的對齊／等距排列

有多個圖案需要排列在一起時，可使用「格式」標籤的「對齊」鈕，裡面提供各種的對齊方式與均分方式，讓選取的多個圖案可以排列得整整齊齊。

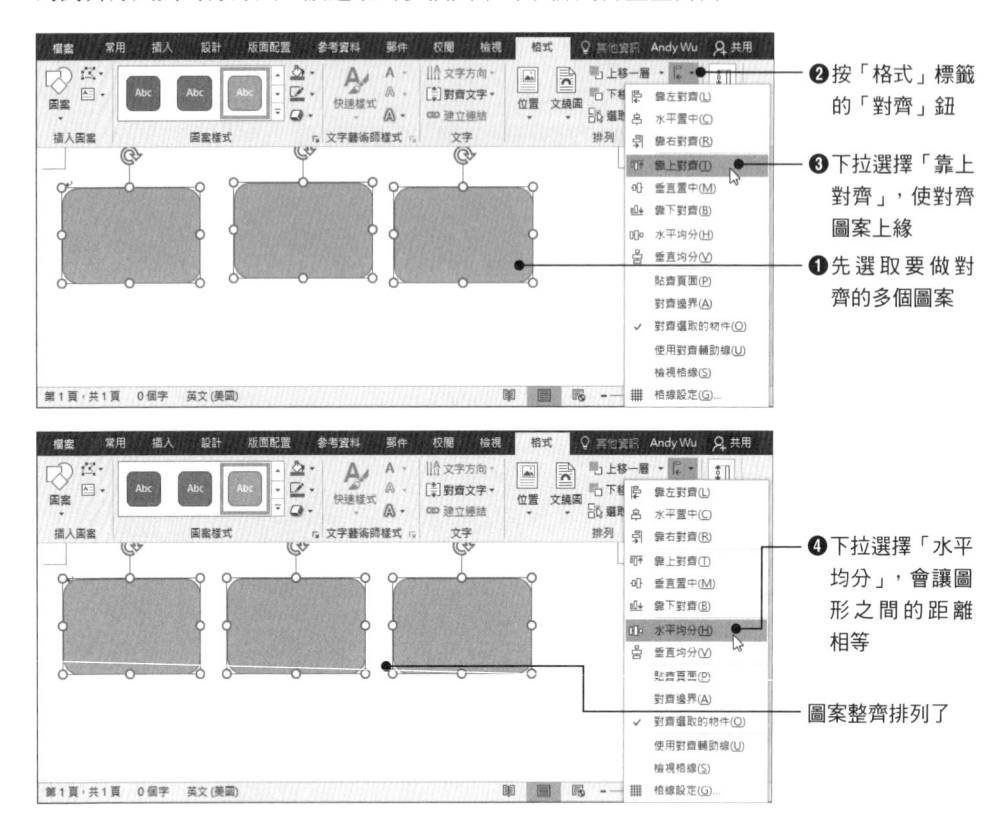

❶ 先選取要做對齊的多個圖案

❷ 按「格式」標籤的「對齊」鈕

❸ 下拉選擇「靠上對齊」，使對齊圖案上緣

❹ 下拉選擇「水平均分」，會讓圖形之間的距離相等

圖案整齊排列了

8.1.10 變更圖案前後位置

在繪製圖案時，通常都是後繪製的圖案堆疊在前面的圖案上方。萬一繪製後需要調整圖案的先後順序，可按右鍵於圖案上，再選擇要上移或下移。

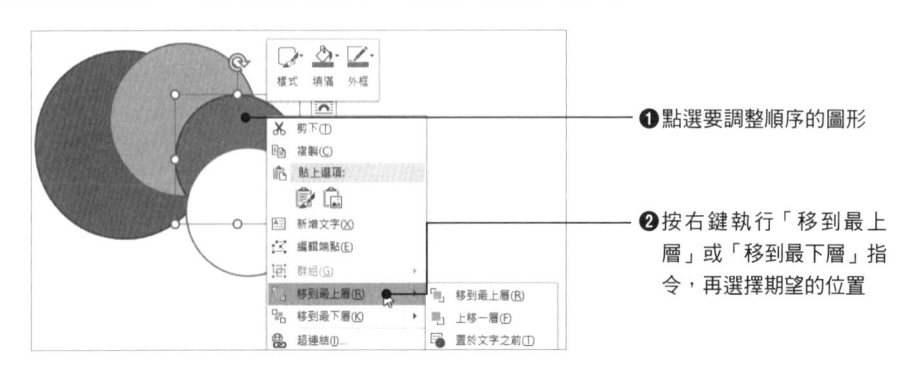

❶ 點選要調整順序的圖形

❷ 按右鍵執行「移到最上層」或「移到最下層」指令，再選擇期望的位置

8.1.11 群組圖案

將數個簡單的圖案拼接成一個造型後，為了方便整體的操作，可以考慮將它們組合成一個群組。請選取所有圖案後，按右鍵執行「群組／組成群組」指令，就可以將圖案轉變成單一個物件，變成物件後可針對該物件進行格式的設定。

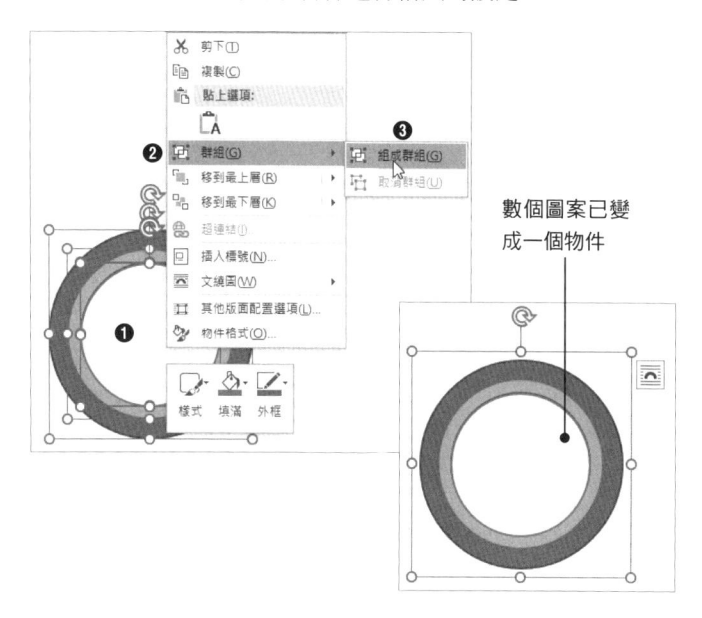

8.1.12 繪圖畫布的新增與應用

剛剛介紹的是在文件上繪製圖案，圖案較多時則利用「群組」功能來組合成物件。如果經常利用多個物件來組合造型，那麼也可以考慮使用「新增繪圖畫布」的功能來處理。

「新增繪圖畫布」功能可以將所有圖案直接繪製在一張畫布上，在處理圖形編排時，畫布只是一個物件，所以很容易它的調整位置，而且要縮放畫布內的圖案大小也是輕而易舉的事。

要新增繪圖畫布，請由「圖案」鈕下拉選擇「新增繪圖畫布」指令，就會在文件上看到新畫布，接著在畫布中畫出所需的圖形即可。

❶ 由「插入」標籤按下「圖案」鈕

❷ 下拉選擇「新增繪圖畫布」指令

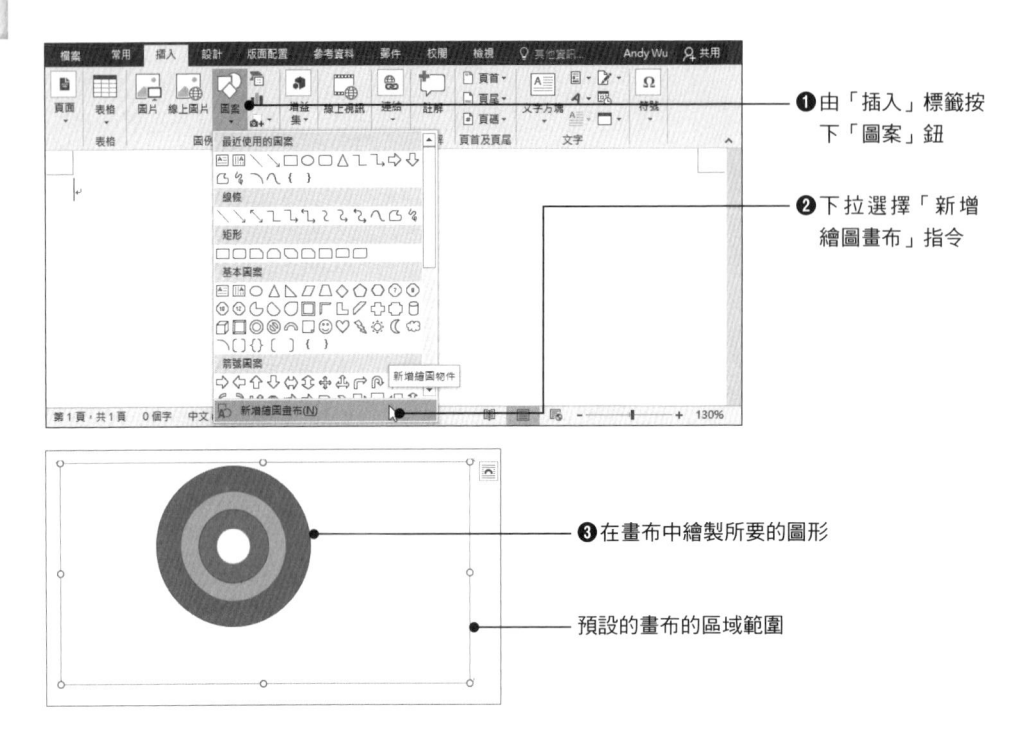

❸ 在畫布中繪製所要的圖形

預設的畫布的區域範圍

　　在畫布中畫完圖形後，於畫布的邊框上按右鍵執行「最適大小」指令可讓畫布貼近圖形，也可以直接以滑鼠調整畫布邊界使貼近圖形。如要縮放整個圖形在文件中的比例大小，請按右鍵執行「重設繪圖畫布大小」指令，在拖曳四角控制點來縮放圖形。

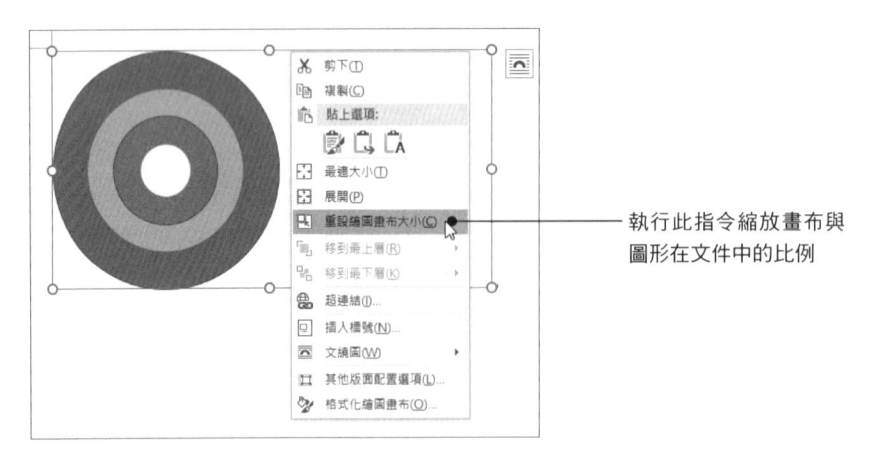

執行此指令縮放畫布與圖形在文件中的比例

8.2 使用與編輯 SmartArt 圖形

SmartArt 圖形是資訊和想法的視覺表示，Word 提供各種的版面配置，只要從版面配置中選擇想要表達的圖形類別，就可以快速建立 SmartArt 圖形。要注意的是，使用 SmartArt 圖形時，文字量應該要做簡化處理，也就是將文字內容摘要出重點，這樣圖形才能展現最佳的效果。下面我們針對 SmartArt 圖形使用技巧與編輯方式做說明。

8.2.1 內容圖形化的使用時機

圖形是視覺溝通最佳的方式，冗長的文字一旦換成圖形的表現方式，就會讓內容變得簡單清晰。SmartArt 圖形在建立時，並不需要包含數據資料，但是在使用圖形前必須先確認一下資訊的類型，因為不同圖形配置代表不同的內涵與意義，所以下面列出 SmartArt 圖形常用的類型與使用時機供各位參考。

清單

清單是以條列方式顯示非循序性或群組區塊的資訊，所有的文字的強調程度相同，不需指示方向。

流程圖

用來顯示工作流程、程序或時間表中的步驟。

循環圖

以循環流程來表示階段、工作或事件的連續順序，強調階段或步驟勝於箭號或流程的連接。

階層圖

用來建立有上下階層關係、順行次序的組織、或是群組間的階層關聯。

關聯圖

用來比較、顯示項目之間的關聯性或重疊的資訊。

矩陣圖

顯示內容與整體之間的關聯性。

金字塔圖

用於顯示比例關係，或者顯示向上或向下發展的關係。

8.2.2 插入 SmartArt 圖形

想要在文件中插入 SmartArt 圖形，由「插入」標籤按下「SmartArt」鈕，就可以由下視窗中選擇要插入的圖形類別與配置方式。

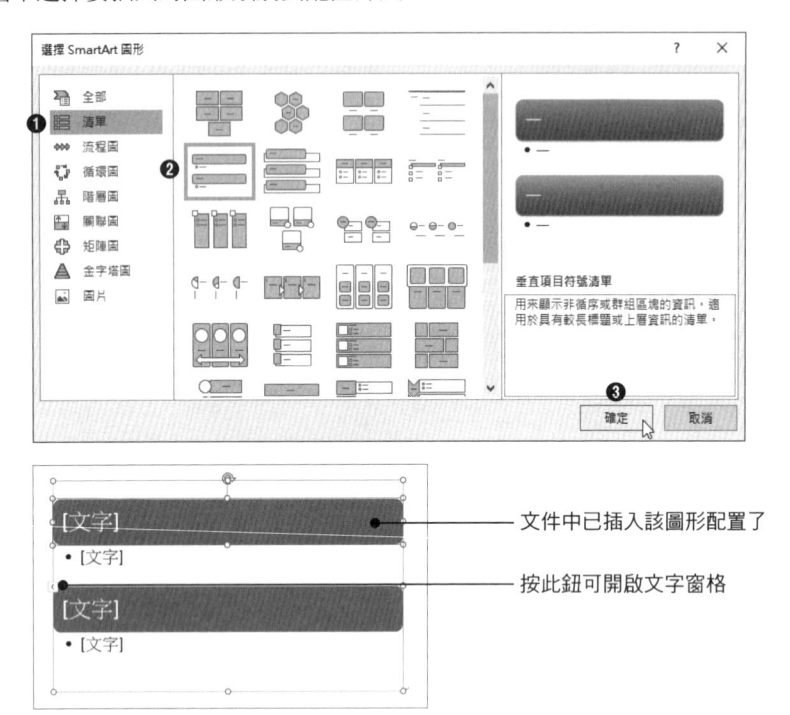

文件中已插入該圖形配置了

按此鈕可開啟文字窗格

8.2.3 以文字窗格增刪 SmartArt 結構

基本的圖形配置出現後，接下來由「設計」標籤按下「文字窗格」鈕使顯示文字窗格，直接點選圖案或下層的項目符號可輸入文字內容，若按下 Enter 鍵會自動新增同一層級的項目符號。

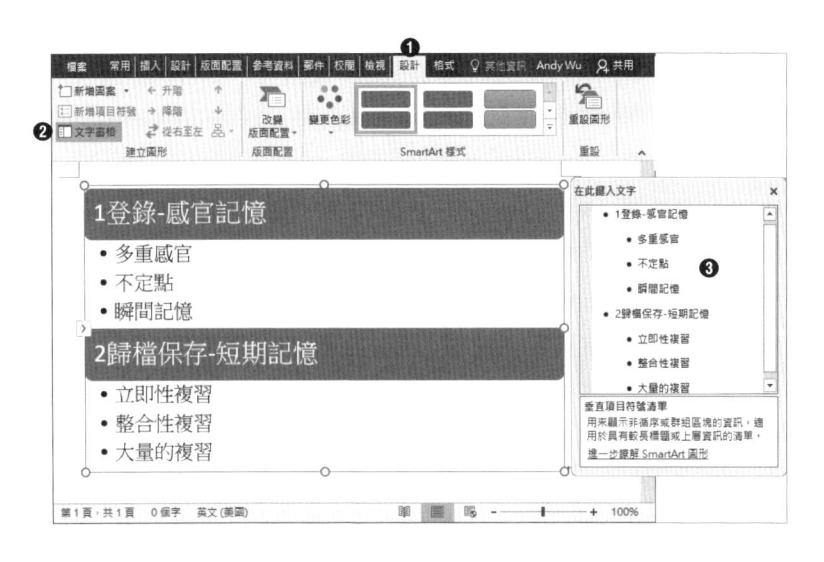

預設的圖形版面若不敷使用，按下「設計」標籤的「新增圖案」鈕，再下拉選擇「新增後方圖案」指令，也可以在文字窗格裡利用「設計」標籤中的「升階」、「降階」鈕來控制層級。

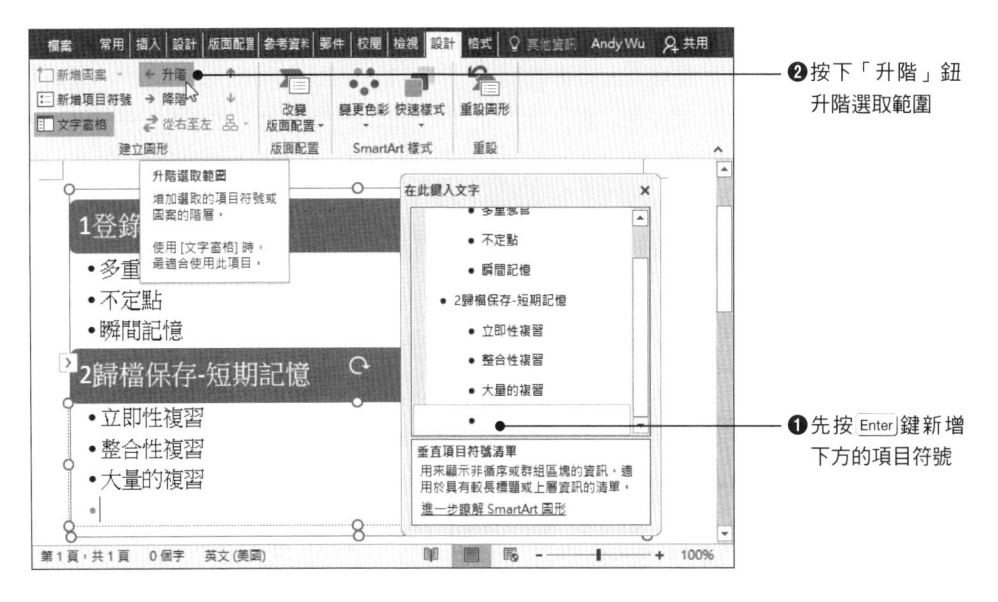

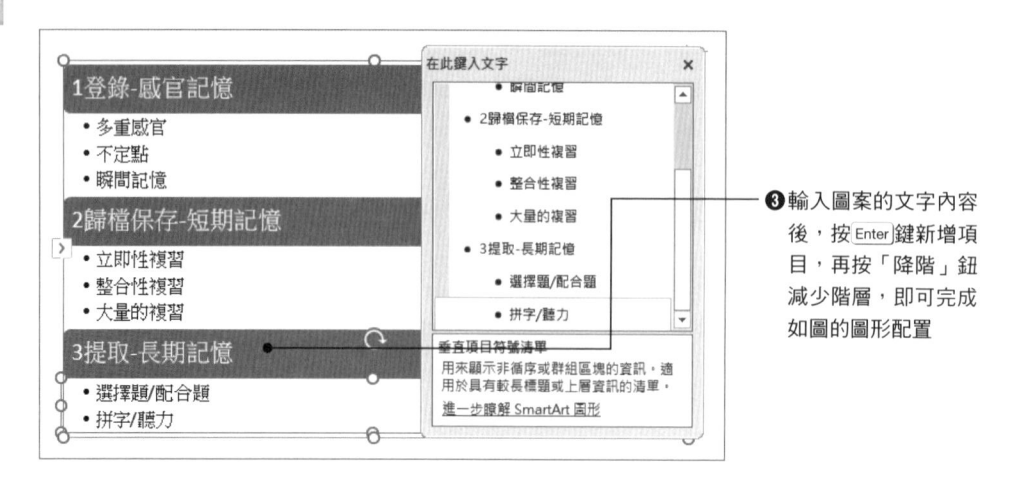

❸ 輸入圖案的文字內容後，按 Enter 鍵新增項目，再按「降階」鈕減少階層，即可完成如圖的圖形配置

說明

使用「新增圖案」鈕新增後方圖案後，必須在新增的圖案上按右鍵，執行「編輯文字」指令才能輸入文字。

8.2.4 更改 SmartArt 版面配置

輸入文字內容後，如果因為版面編排的關係，想要更換其他類型的圖形配置，只要從「設計」標籤中按下「改變版面配置」鈕即可重新選擇，這樣原先輸入的文字內容就不需要再重新輸入了。

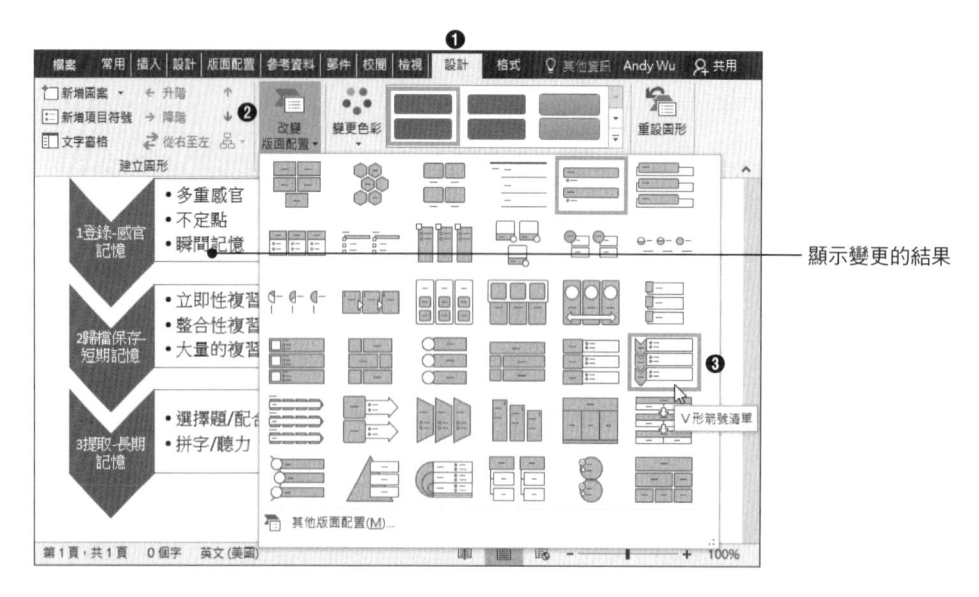

顯示變更的結果

> **說明** 圖形中的文字如果要變更，請利用「常用」標籤進行變更。若是變更的版面配置中包含圖片，只要按下🖼鈕即可由「插入圖片」的視窗中選擇插入的圖檔。

8.2.5 SmartArt 樣式的美化

選定圖形的版面配置後，還可以由「設計」標籤針對 SmartArt 的樣式做選擇，也可以針對色彩做變更。

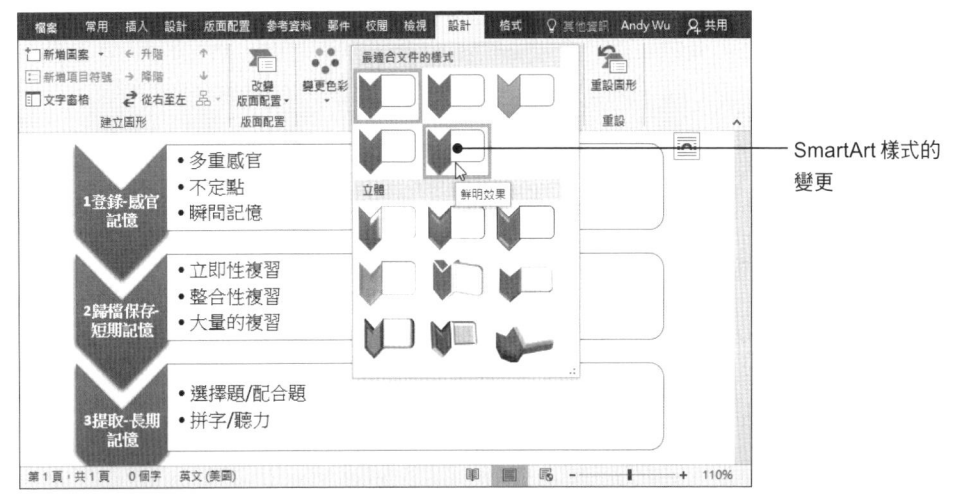

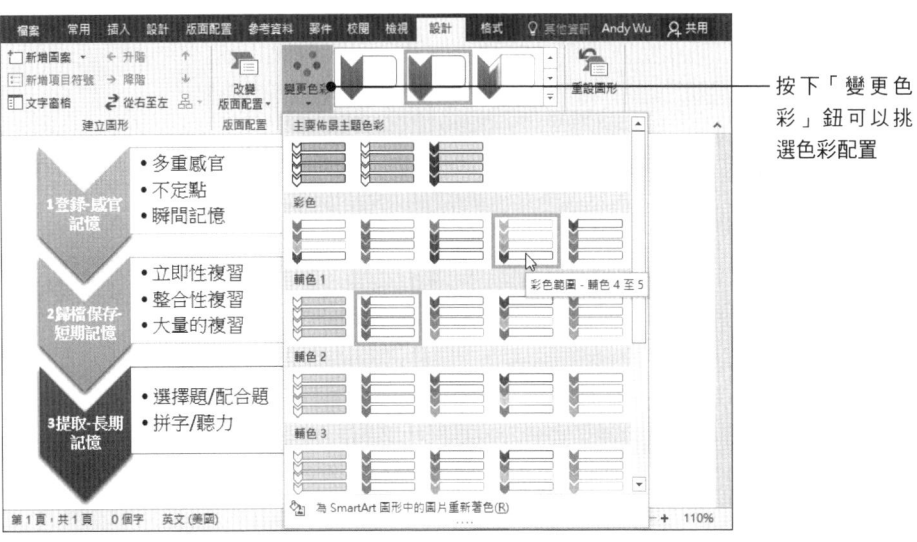

SmartArt 樣式的變更

按下「變更色彩」鈕可以挑選色彩配置

上面介紹的是調整 SmartArt 的整體外觀，如果是要做局部的外觀修改，請切換到「格式」標籤，再針對選定的項目進行圖案的填滿、外框、效果，或是文字的填滿、外框、效果進行變更。

8.2.6 將插入圖片轉換為 SmartArt 圖形

Word 文件中所插入的圖片，只要排好圖片位置，也可以將圖片轉換成 SmartArt 圖形。當圖片的版面配置方式是設定為「與文字排列」，那麼一次只能轉換一張圖片。如果圖片的版面配置方式是設定為「穿透」，就可以一次選取多張圖片來進行轉換。

轉換方式很簡單，請先選取圖片，由「格式」標籤按下「圖片版面配置」鈕，再下拉選擇要套用的版面配置就行了。

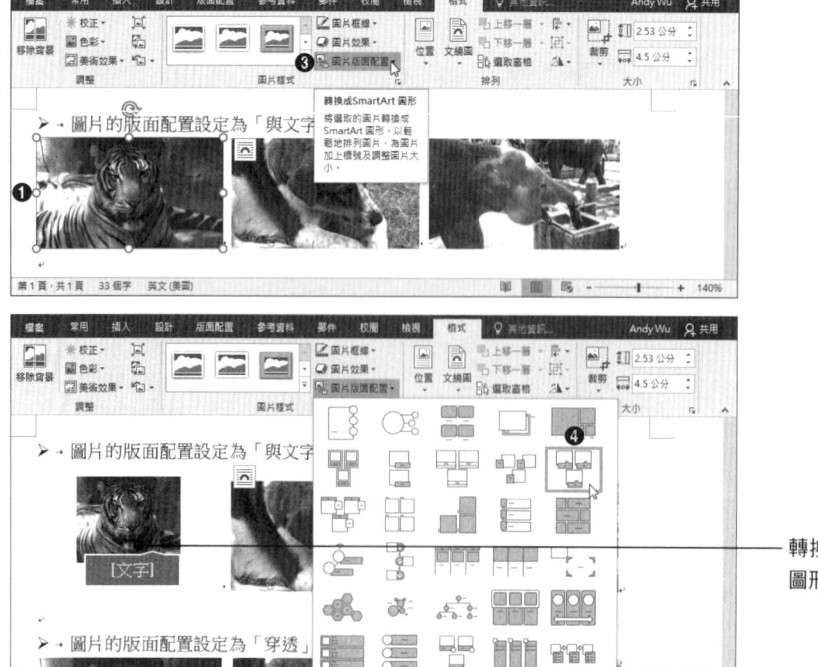

轉換成 SmartArt 圖形了

將圖片轉換為 SmartArt 圖形後，圖片就具有 SmartArt 屬性，各位可依照 SmartArt 圖形編輯技巧進行編輯。

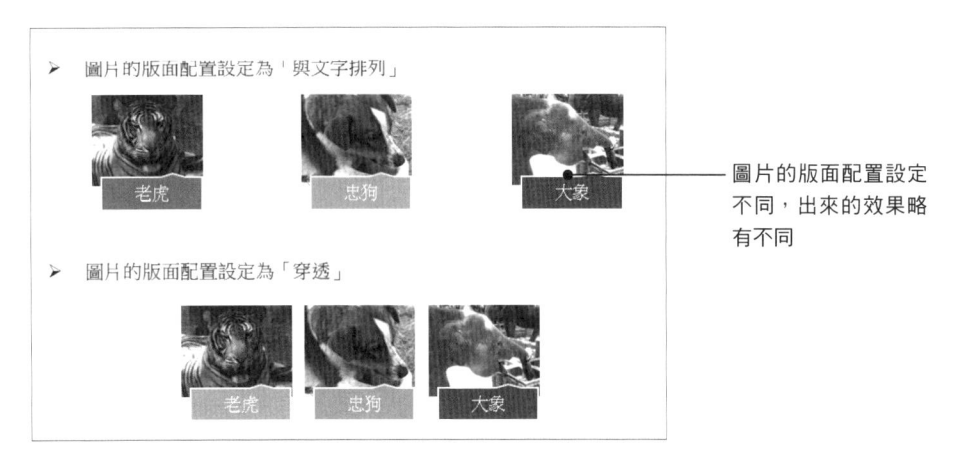

> 圖片的版面配置設定為「與文字排列」

圖片的版面配置設定不同，出來的效果略有不同

> 圖片的版面配置設定為「穿透」

8.3 實作－以 SmartArt 圖形製作圖片清單

在這個小節中，我們將利用 SmartArt 圖形功能來製作圖片清單。請開啟「02_聯想力的魔術.docx」文件檔，並由「導覽」窗格將章節切換到 2-5 節。

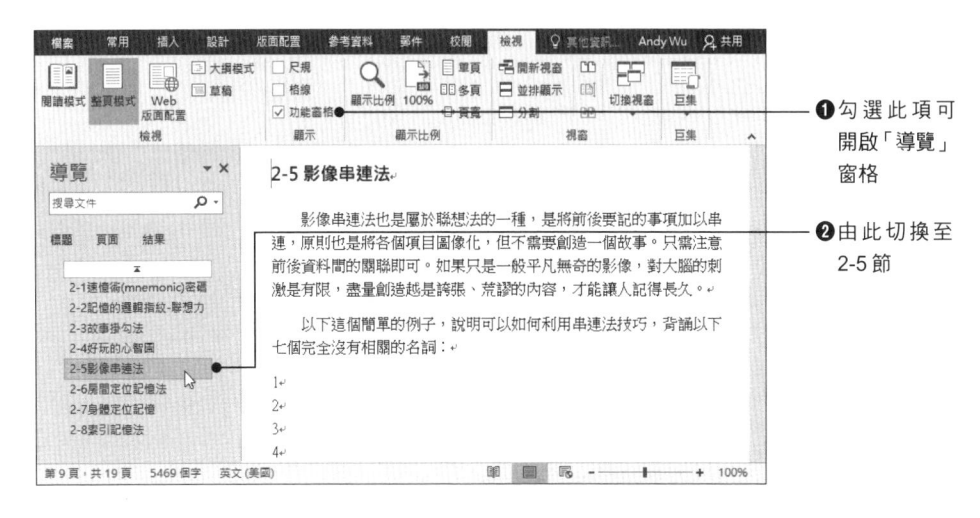

❶ 勾選此項可開啟「導覽」窗格

❷ 由此切換至 2-5 節

在此我們將把文件中的小偷、瓢蟲、三明治、鯨魚、鯨魚、足球等樣式清單與其內容，以「垂直圖片清單」的方式呈現。

8.3.1 插入與選取 SmartArt 圖形配置

1. **插入 SmartArt 圖形**：先在「小偷」的樣式清單前加入一空白行，由「樣式」窗格點選「全部清除」鈕，使刪除第一行的縮排。再由「插入」標籤按下「插入 SmartArt 圖形」鈕。

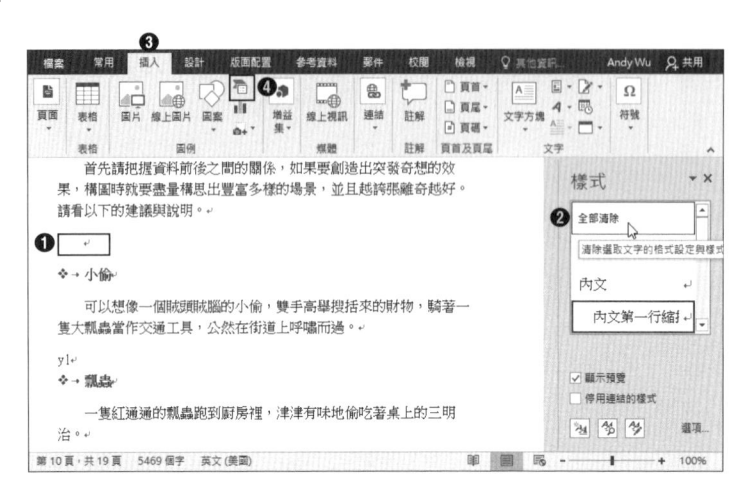

2. **選取「垂直圖片清單」的圖形配置**：切換到「清單」類別，並點選「垂直圖片清單」的圖形配置，按下「確定」鈕使之插入。

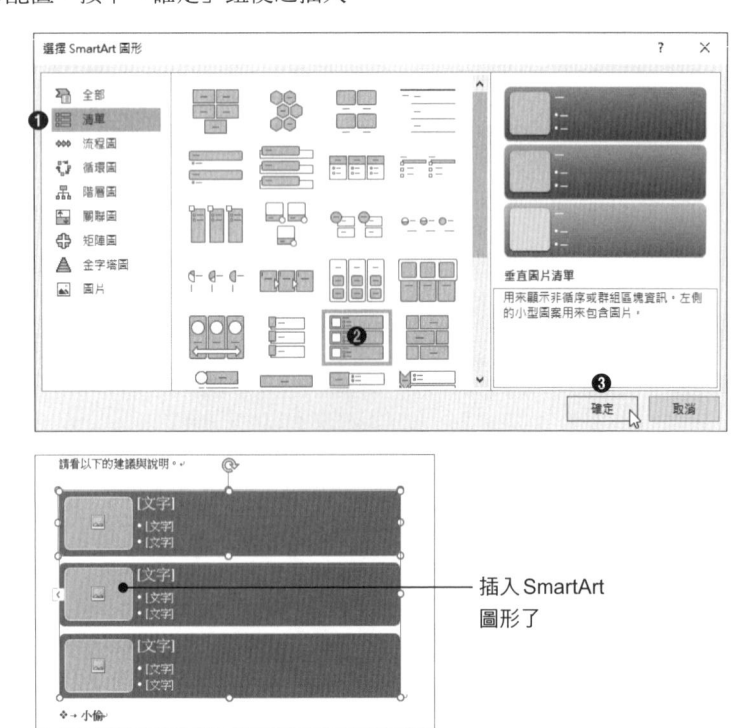

插入 SmartArt 圖形了

8.3.2 編修文字與圖案結構

1. **剪貼文字至圖案中**：預設的圖形版面包含有標題和下層清單，現在請依序剪下文件中的標題與內文字，然後貼入圖案之中。

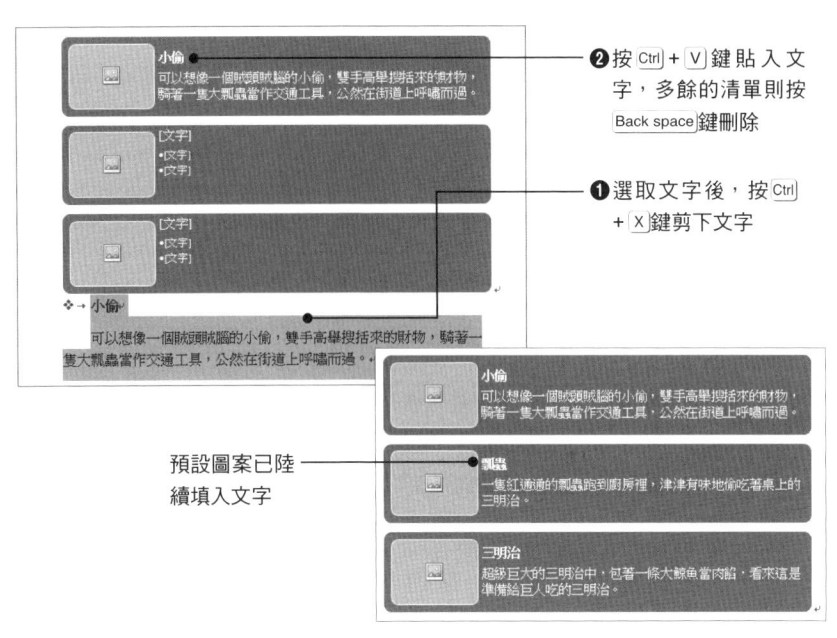

   ❷ 按 Ctrl + V 鍵貼入文字，多餘的清單則按 Back space 鍵刪除

   ❶ 選取文字後，按 Ctrl + X 鍵剪下文字

   預設圖案已陸續填入文字

2. **新增圖案並貼入文字**：點選第三個圖案，由「設計」標籤按下「新增圖案」鈕並下拉選擇「新增後方圖案」指令三次，使新增三個空白圖案。

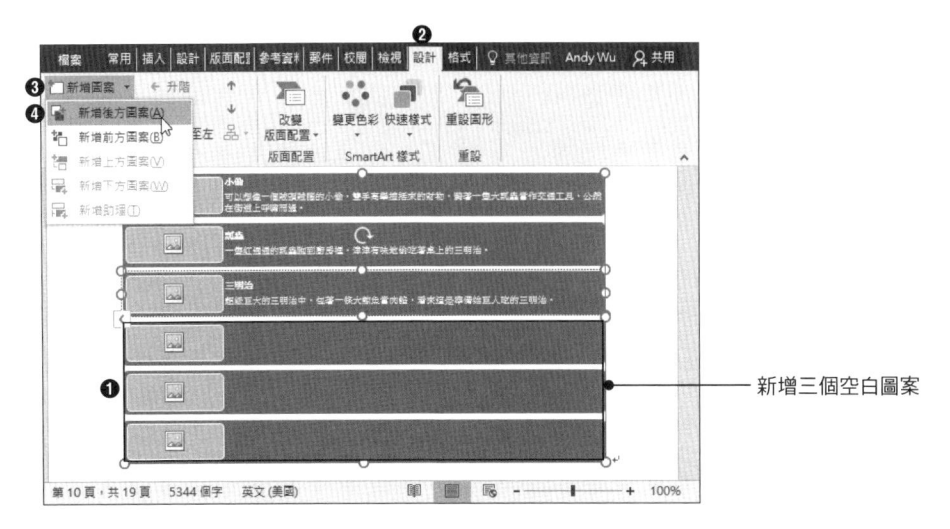

   新增三個空白圖案

169

3. **剪下 / 貼入文字至圖案中**：依序選取並剪下標題與內文字後，按右鍵於新增圖案上，執行「編輯文字」指令，出現文字輸入點時再將文字貼入圖案中，完成後拖曳圖形版面下方的圓形控制點可調整 SmartArt 圖形高度。

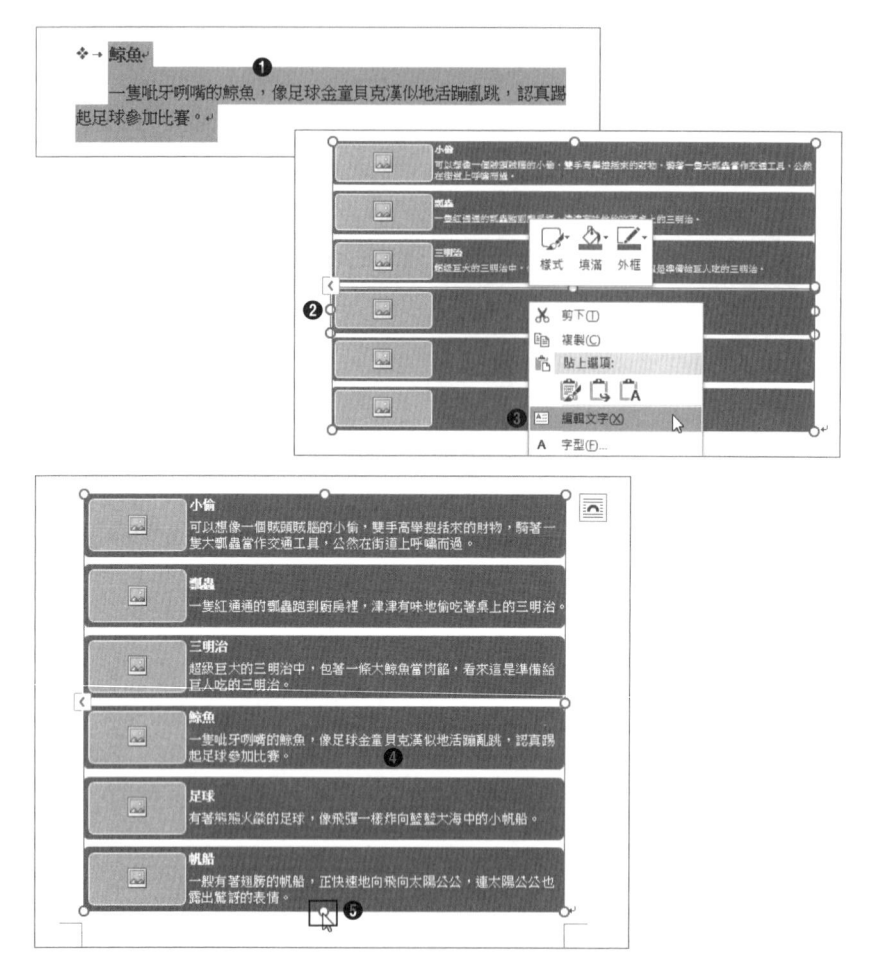

8.3.3 插入清單圖片

1. **清單中插入圖片**：圖形版面中有包含圖片圖示，按下圖片鈕後，選擇「從檔案」插入圖片，再由「插入圖片」視窗中選取插圖，按下「插入」鈕，依序將圖片插入。

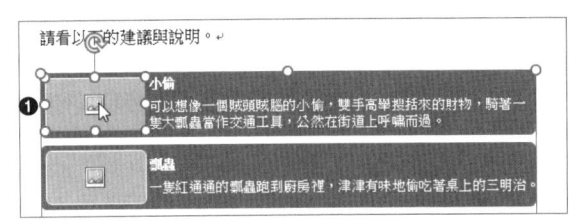

請看以下的建議與說明。

小偷
可以想像一個賊頭賊腦的小偷，雙手高舉挖括來的財物，騎著一隻大瓢蟲當作交通工具，公然在街道上呼嘯而過。

瓢蟲
一隻紅通通的瓢蟲跑到廚房裡，津津有味地偷吃著桌上的三明治。

插入圖片

從檔案
瀏覽您電腦或區域網路上的檔案   ❷ 瀏覽

Bing 圖片搜尋
搜尋網頁   搜尋 Bing

OneDrive - 個人
txw5558@mail.zct.com.tw   瀏覽 ▶

其他插入來源：

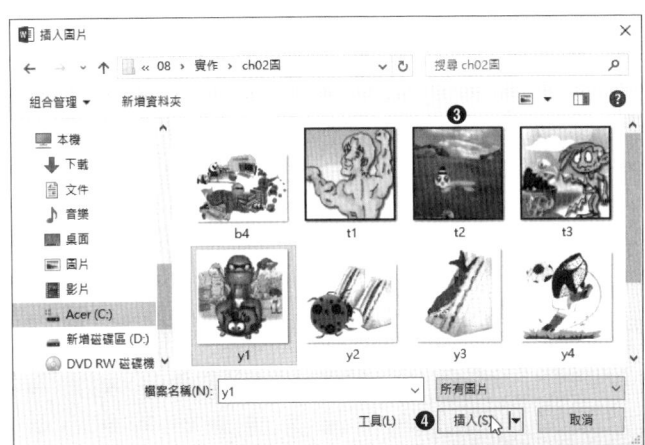

依序插入圖片

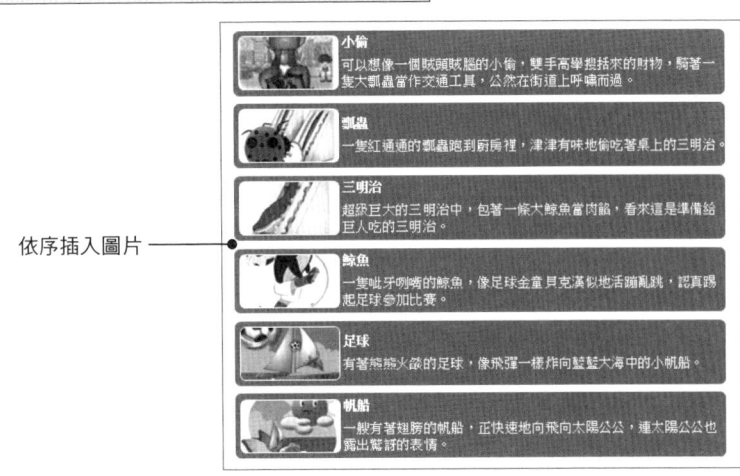

小偷
可以想像一個賊頭賊腦的小偷，雙手高舉挖括來的財物，騎著一隻大瓢蟲當作交通工具，公然在街道上呼嘯而過。

瓢蟲
一隻紅通通的瓢蟲跑到廚房裡，津津有味地偷吃著桌上的三明治。

三明治
超級巨大的三明治中，包著一條大鯨魚當肉餡，看來這是準備給巨人吃的三明治。

鯨魚
一隻呲牙咧嘴的鯨魚，像足球金童貝克漢似地活蹦亂跳，認真踢起足球參加比賽。

足球
有著熊熊火焰的足球，像飛彈一樣炸向藍藍大海中的小帆船。

帆船
一艘有著翅膀的帆船，正快速地向飛向太陽公公，連太陽公公也露出驚訝的表情。

171

8.3.4 變更圖形色彩

1. **變更 SmartArt 圖形色彩**：想讓圖形版面有多一點的顏色，由「設計」標籤的「變更色彩」鈕下拉選取顏色。

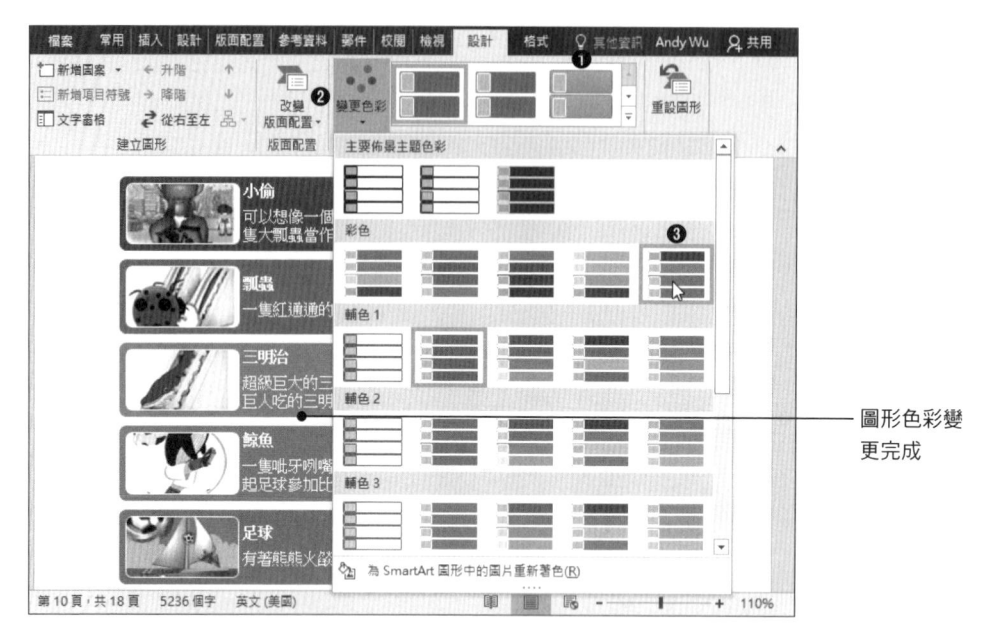

圖形色彩變更完成

8.3.5 圖形版面置中對齊

1. **圖形版面置中對齊**：點選圖形版面時，由右側的白色控制點可調整圖形寬度。輸入點放在圖形右側，可從「常用」標籤按下「置中」鈕將圖形對齊文件中央。

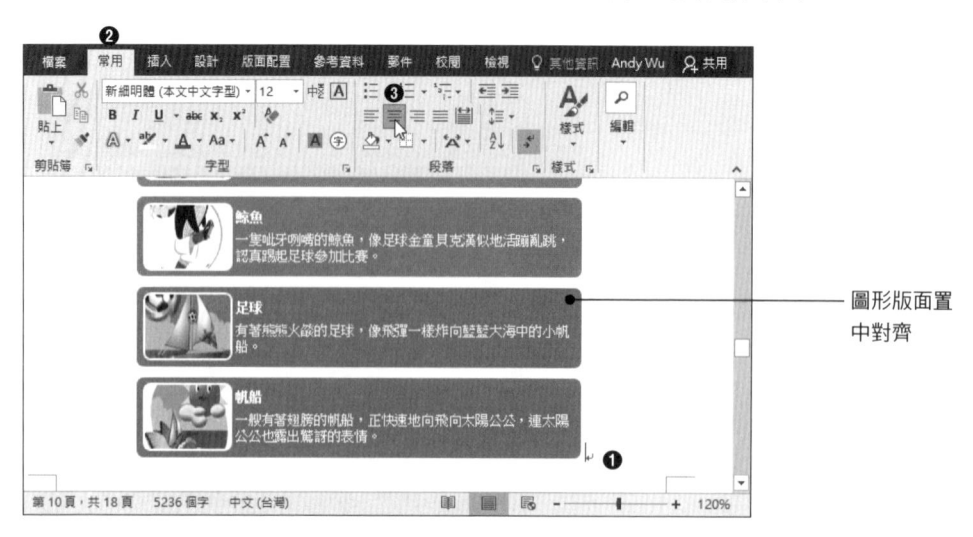

圖形版面置中對齊

CHAPTER

09

表格與圖表的排版技巧

- ✓ 9.1 表格與圖表使用技巧
- ✓ 9.2 表格建立與結構調整
- ✓ 9.3 表格內容設定與美化
- ✓ 9.4 使用與編輯圖表
- ✓ 9.5 實作－文字轉表格與表格美化

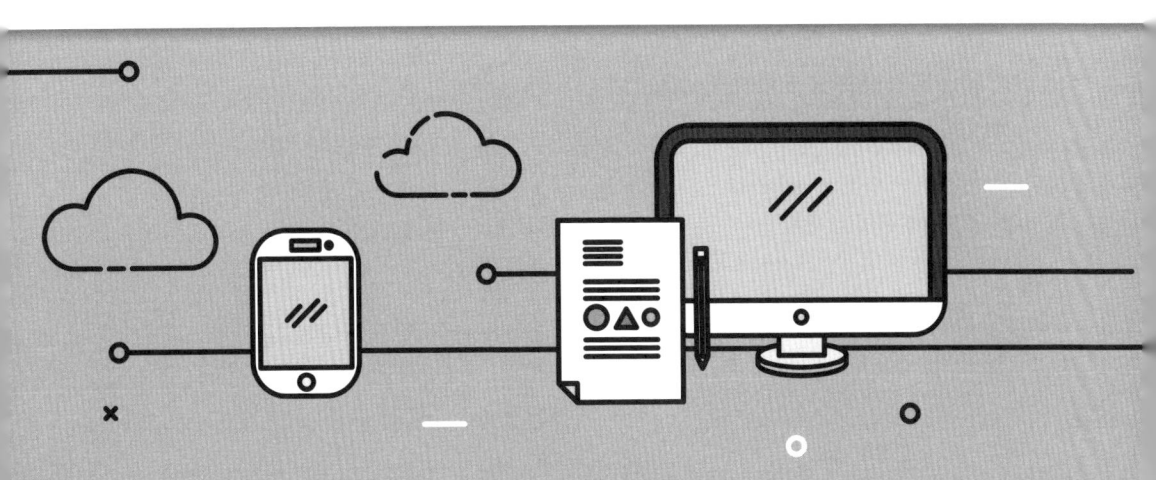

表格在辦公文件或排版中應用的相當廣泛，不僅可以自由組裝複雜的表格形式，也可以讓文件看起來整齊美觀。圖表則是將數據有關的資料以圖形方式呈現，讓複雜的統計數據頓時變得一目了然，也能讓抽象的資料具體化，使觀看者易於比較差異。這個小節將針對表格與圖表進行說明，讓各位能夠輕鬆自如的應用表格與圖表。

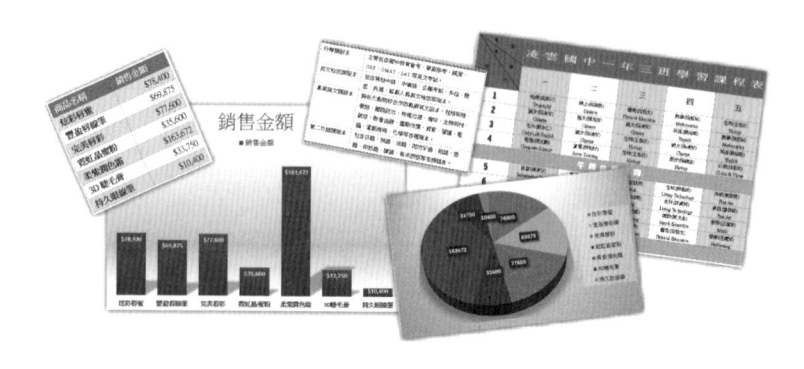

9.1 表格與圖表使用技巧

表格和圖表是組織與呈現資料的利器，在製作文件的過程中，表格經常被用到，利用表格結構的靈活性，也能作為版面設計的輔助工具，圖表則是可以將表格中的資料以易於理解的圖形方式呈現出來。表格與圖表確實在「比較」與「說明」方面佔有舉足輕重的地位。

要讓表格和圖表能夠更清楚的比較出資料的差異性，就必須在設計表格時多加用心思考。這裡提供幾項技巧做參考，讓各位快速且清晰簡明的將各項內容進行比較和對照。

9.1.1 快速將文件內容轉換為表格

要將文件內容快速轉換成表格形式，Word 有提供「文字轉換為表格」的指令，只要使用段落、逗點、定位點、或特定的符號區隔文字，就可以將選取的文字快速轉換成表格形式。現有的 Excel 試算表也能夠在 Word 文件中快速插入，省卻資料的複製步驟，另外，Word 也有提快速表格的功能，也可以多加利用再進行修改。

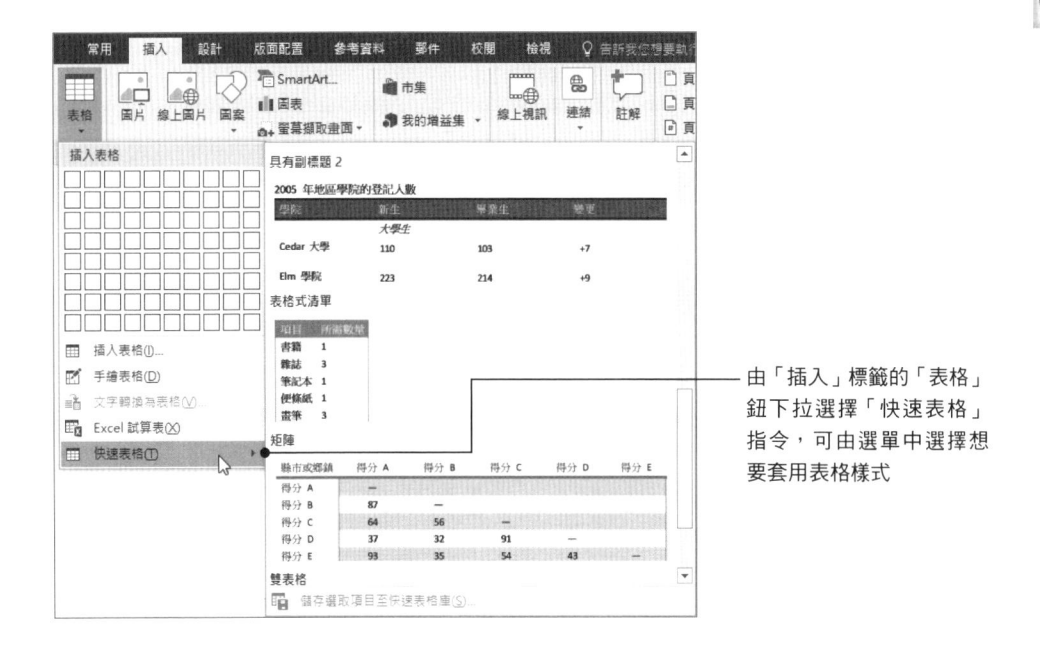

CHAPTER 09
表格與圖表的排版技巧

由「插入」標籤的「表格」鈕下拉選擇「快速表格」指令，可由選單中選擇想要套用表格樣式

9.1.2 顯示內容間的差異

要顯示內容之間的差異，利用表頭做說明是最好不過的，萬一需要同時凸顯第一欄與第一列的標題，Word 也有提供「手繪表格」方式來插入斜線表頭。

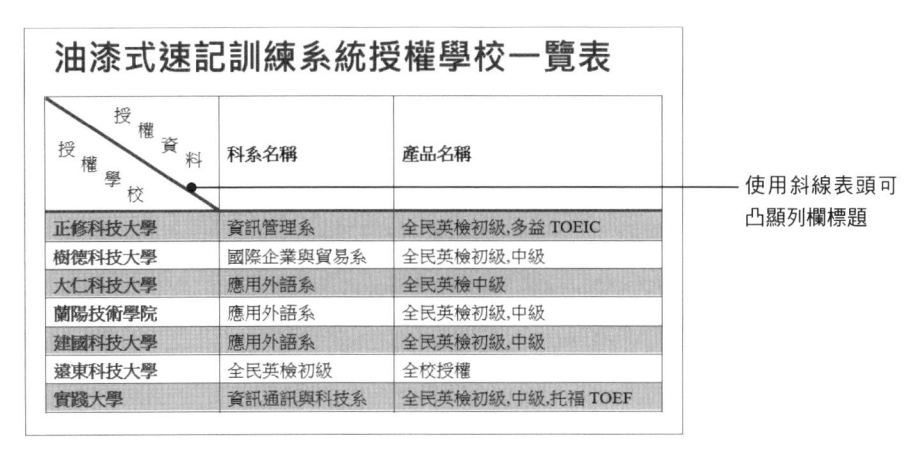

油漆式速記訓練系統授權學校一覽表

授權學校 \ 授權資料	科系名稱	產品名稱
正修科技大學	資訊管理系	全民英檢初級,多益 TOEIC
樹德科技大學	國際企業與貿易系	全民英檢初級,中級
大仁科技大學	應用外語系	全民英檢中級
蘭陽技術學院	應用外語系	全民英檢初級,中級
建國科技大學	應用外語系	全民英檢初級,中級
遠東科技大學	全民英檢初級	全校授權
實踐大學	資訊通訊與科技系	全民英檢初級,中級,托福 TOEF

使用斜線表頭可凸顯列欄標題

9.1.3 利用配色使表格內容更明確

當表格的內容較多時，為了讓表格資料更易於讀取，不妨將奇數欄／列與偶數欄／列的色彩區隔出來。如下圖所示：

175

除了以手動方式自行設定欄列的色彩外，Word 也貼心地提供表格樣式可供選擇套用，只要由「設計」標籤的「表格樣式選項」預先勾選「帶狀列」或「帶狀欄」，在套用表格樣式時就能自動加入。

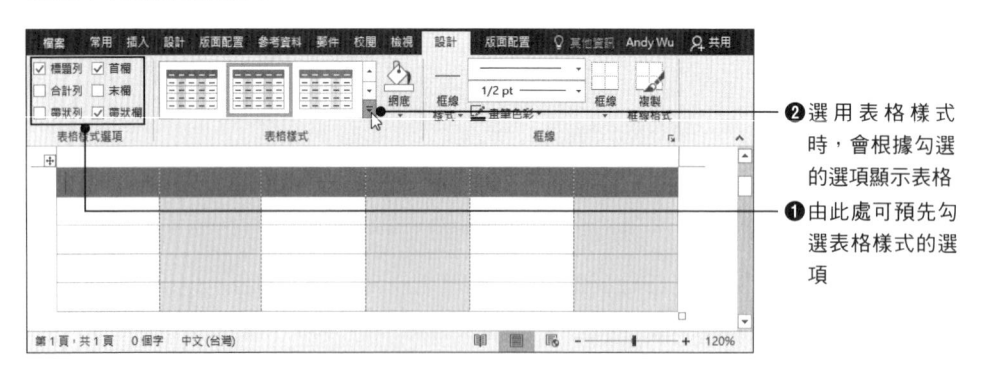

❷ 選用表格樣式時，會根據勾選的選項顯示表格

❶ 由此處可預先勾選表格樣式的選項

9.1.4 將數據資料視覺化

文件中如果有數據資料，利用表格雖然可以簡單易明，但是要讓使用者直接比較出數值的高低，還是沒有圖形來的清楚。如左下圖的表格資料，將它以直條圖的方式顯示，其視覺效果就一目了然。

商品名稱	銷售金額
炫彩唇蜜	$78,400
豐盈唇線筆	$69,875
完美唇彩	$77,600
霓虹晶蜜粉	$35,600
柔紫潤色霜	$163,672
3D 睫毛膏	$33,750
持久眼線筆	$10,400

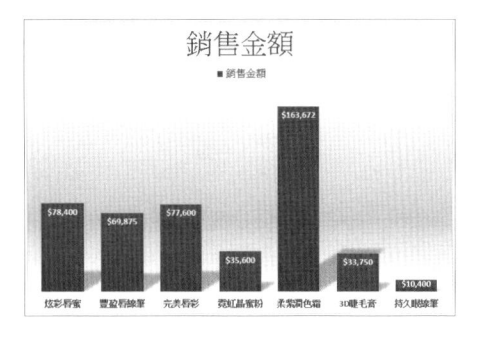

9.1.5 重複標題與防止跨頁斷列

對於跨頁的大表格，經常會出現以下兩個狀況：一個是從第二頁開始就看不到標題列的內容，另一個就是儲存格無法將資料完全顯現時而跨越到下一頁，使表格出現斷列跨頁的情形，這兩種情況都會造成讀者不易對照資料。如下圖所示：

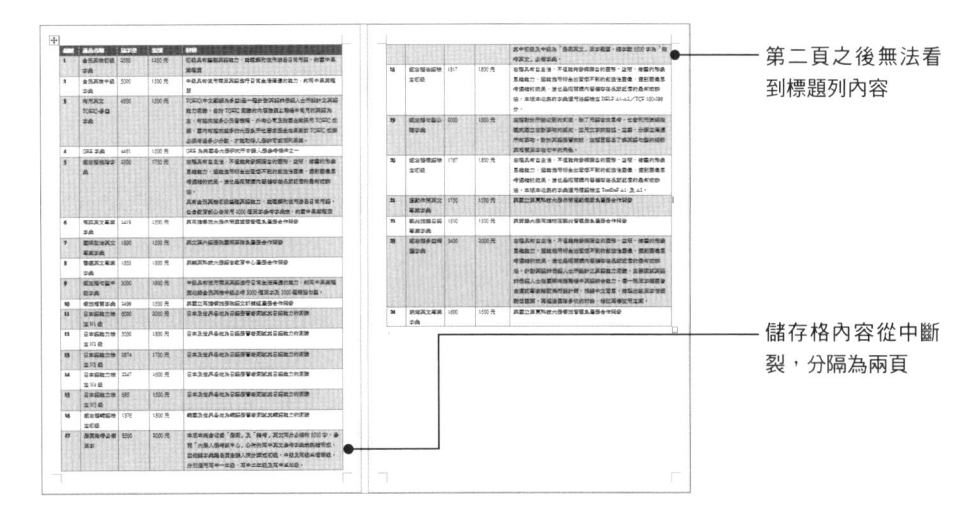

第二頁之後無法看到標題列內容

儲存格內容從中斷裂，分隔為兩頁

要解決這樣的表格困擾其實很簡單。只要滑鼠指標放在標題列上，由「版面配置」標籤中按下「重複標題列」鈕，那麼第二頁開始就會自動顯示標題列。

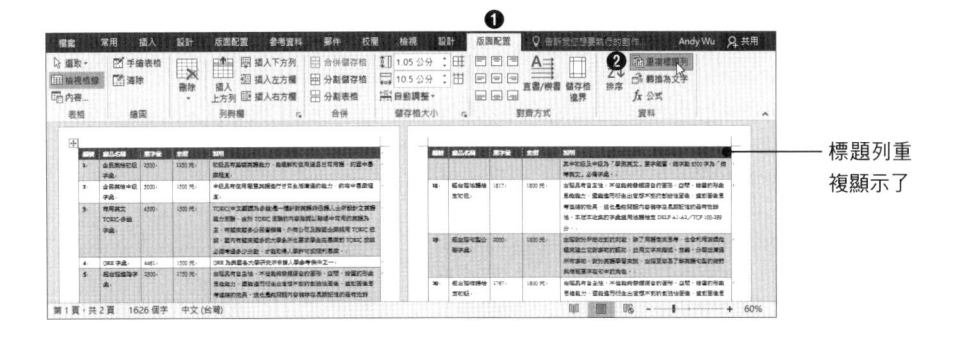

標題列重複顯示了

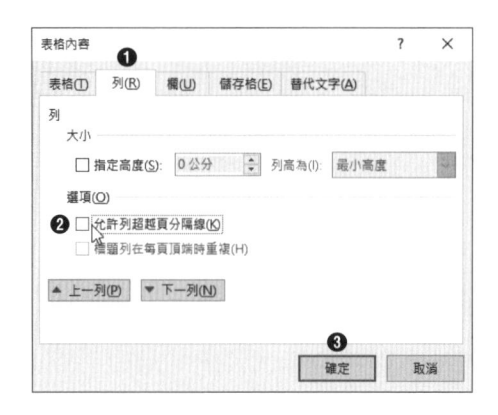

至於斷列跨行的情形，請在「版面配置」標籤按下「內容」鈕，進入「表格內容」視窗後，在「列」標籤中取消「允許列超越分隔線」的選項就能搞定。

9.2 表格建立與結構調整

前面小節已經針對表格與圖表使用技巧做了簡要說明，接著就要進入主題，讓各位熟悉表格的建立方式，同時學會表格結構的調整。

9.2.1 插入表格

在文件中插入基本表格，可從「插入」標籤按下「表格」鈕，然後拖曳出所要的欄列數，就可以在文件中看到表格。

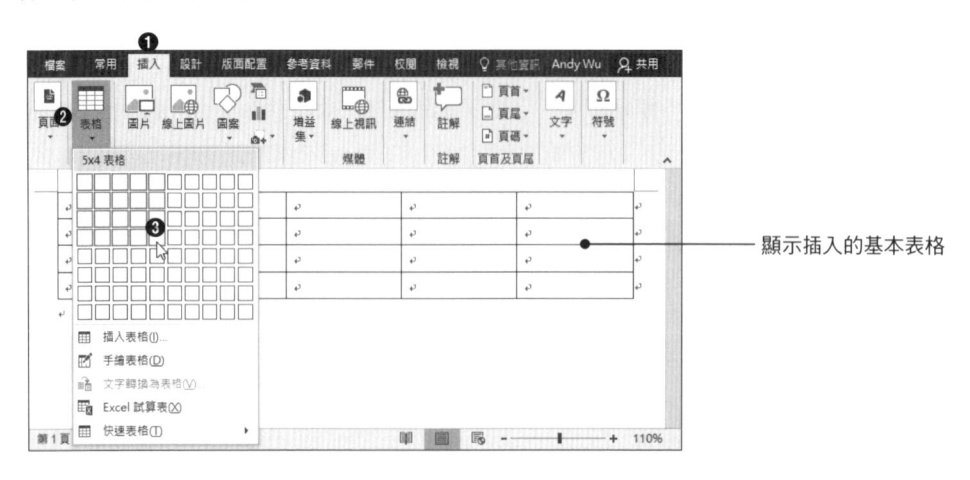

顯示插入的基本表格

各位也可以在按下「表格」鈕後，選取「插入表格」指令，就會顯示如圖視窗，除了輸入表格的欄與列數外，還可以設定表格自動調整方式。

基本表格建立後，利用增／減欄列、合併／分割儲存格等處理，就能將表格調整成所需的各種型態，這部分稍後再跟各位做說明。

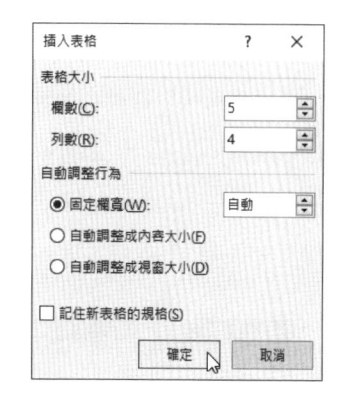

9.2.2 手繪表格

如果想要以手繪方式製作表格，在 Word 中也可以做得到。製作方式和用手畫表格一樣，先利用滑鼠拖曳出表格外框，再來就可以在表格範圍內畫出直線、橫線或斜線。

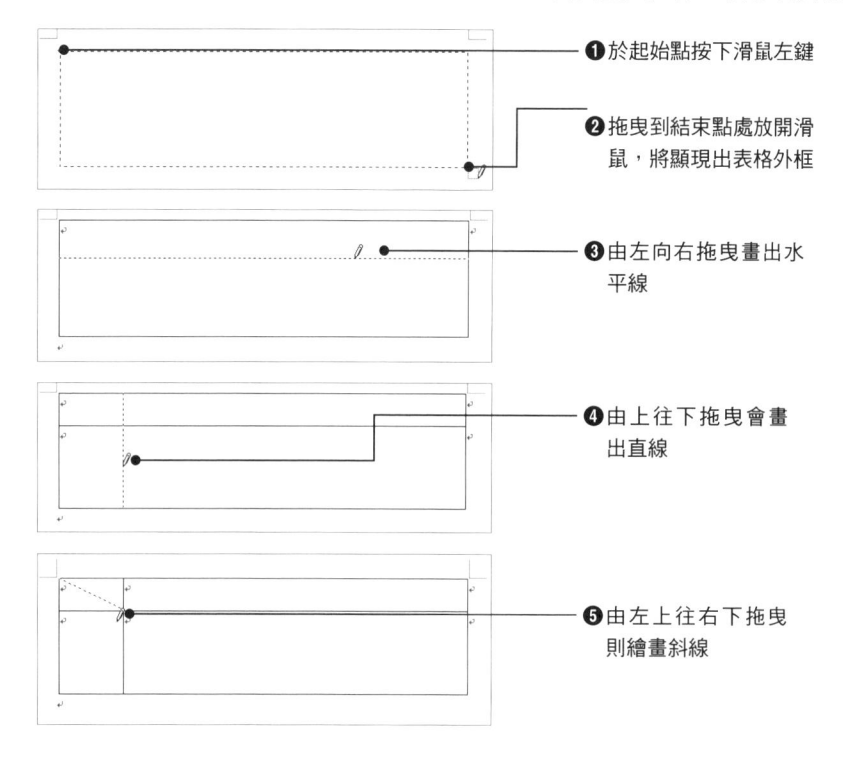

❶ 於起始點按下滑鼠左鍵

❷ 拖曳到結束點處放開滑鼠，將顯現出表格外框

❸ 由左向右拖曳畫出水平線

❹ 由上往下拖曳會畫出直線

❺ 由左上往右下拖曳則繪畫斜線

如果要結束手繪工作，請在表格外按滑鼠兩下。

9.2.3 文字 / 表格相互轉換

除了從無到有慢慢繪製表格外，若有現成的文字內容，只要以段落標記、逗點或定位點做區隔，也可以快速將資料轉換成形式。

下面是以 Tab 鍵作為文字的分隔，選取文字後由「插入」標籤的「表格」鈕下拉，選擇「文字轉換為表格」指令，接著設定「定位點」做分隔，即可將文字內容轉換為表格。

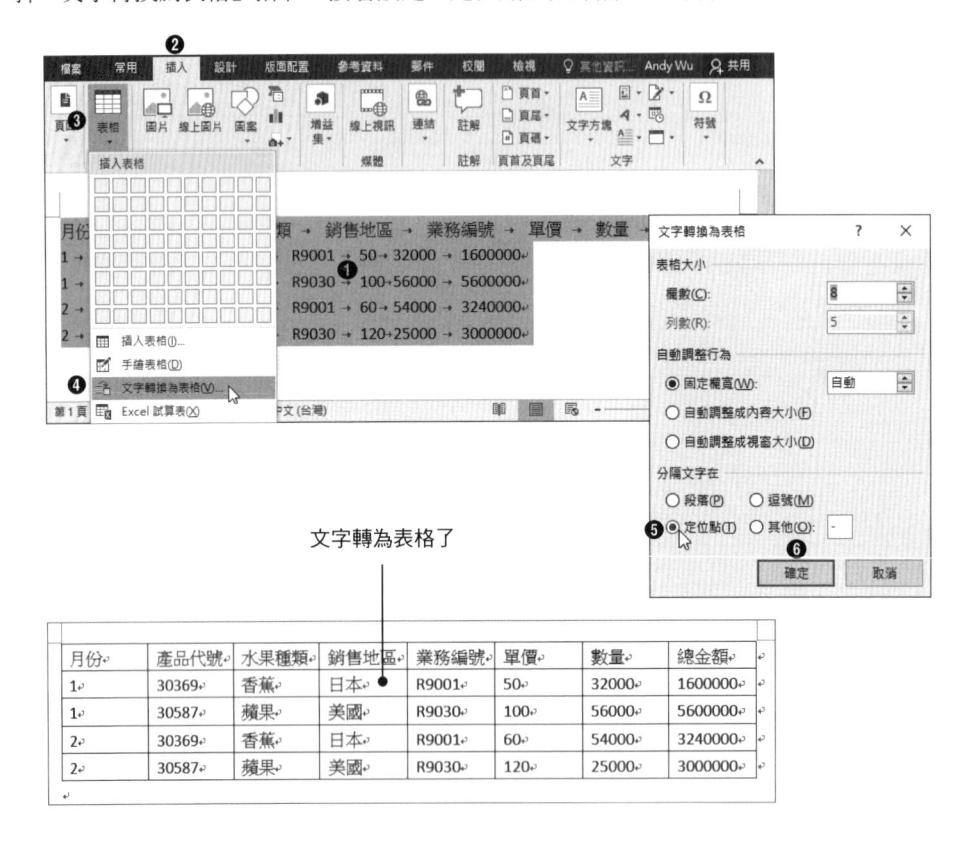

文字轉為表格了

月份	產品代號	水果種類	銷售地區	業務編號	單價	數量	總金額
1	30369	香蕉	日本	R9001	50	32000	1600000
1	30587	蘋果	美國	R9030	100	56000	5600000
2	30369	香蕉	日本	R9001	60	54000	3240000
2	30587	蘋果	美國	R9030	120	25000	3000000

說明　表格轉換為文字

表格內容也可以將它轉換為文字，只要點選表格後切換到「版面配置」標籤，按下「轉換為文字」鈕再設定要以何種符號來區隔文字就行了。

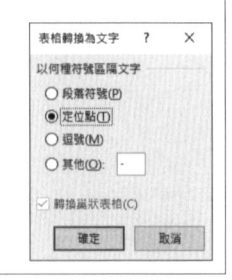

9.2.4 插入 Excel 試算表

Word 文件若要將 Excel 試算表插入進來，可以從「表格」鈕中執行「Excel 試算表」指令，利用「複製」、「貼上」指令將 Excel 表格插入，如此一來，還能在 Word 程式中做複雜的公式計算。

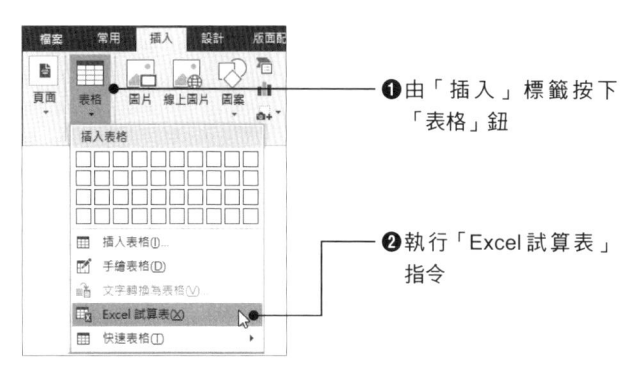

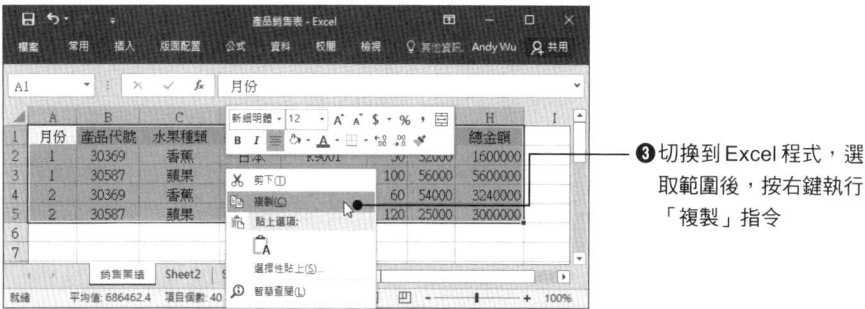

❶ 由「插入」標籤按下「表格」鈕

❷ 執行「Excel 試算表」指令

❸ 切換到 Excel 程式，選取範圍後，按右鍵執行「複製」指令

❹ 回到此視窗，按右鍵執行「貼上」指令

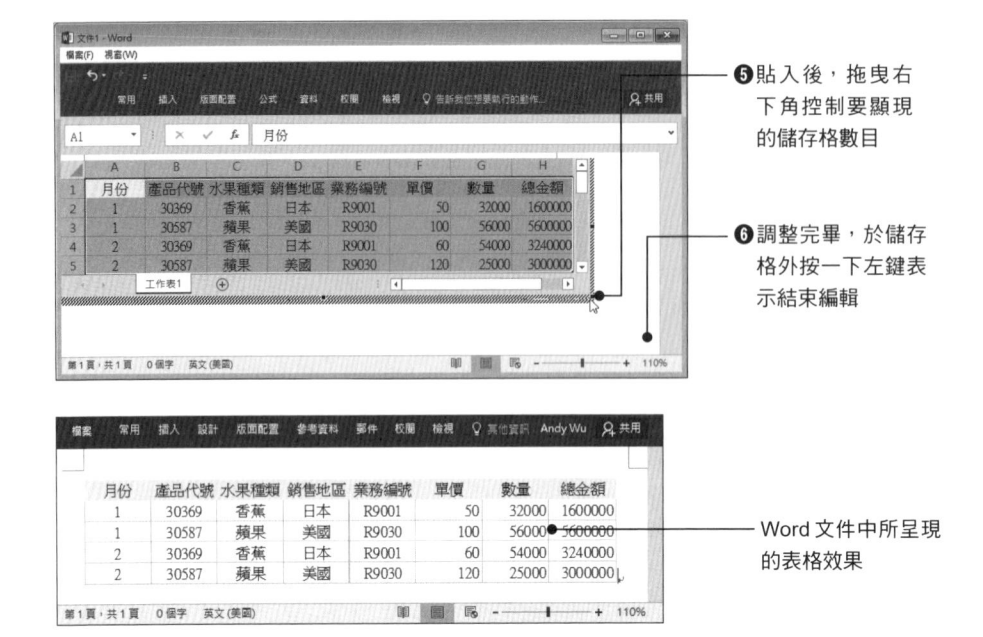

❺ 貼入後，拖曳右下角控制要顯現的儲存格數目

❻ 調整完畢，於儲存格外按一下左鍵表示結束編輯

Word 文件中所呈現的表格效果

對於剛剛所加入的試算表內容，如果需要作加總或其他計算處理，只要按滑鼠兩下於表格上使回到前一步驟，就可以利用「公式」標籤進行運算。

9.2.5 新增與刪除欄列

在 Word 文件中繪製表格後，萬一原先的表格不敷使用，可以先將滑鼠放在想要插入點的位置，再從「版面配置」標籤的「列與欄」群組中選擇要插入的列／欄或位置。

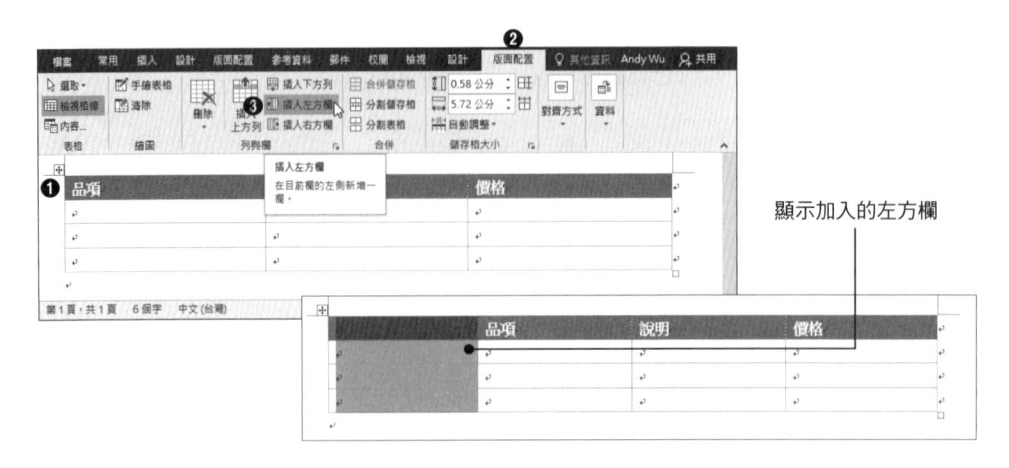

顯示加入的左方欄

如果要刪除欄、列、儲存格或表格，在「版面配置」標籤下按下「刪除」鈕，再選擇要刪除的項目即可。

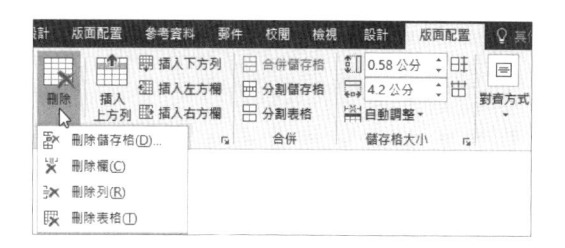

9.2.6 合併與分割儲存格

多個儲存格如果要合併成一個儲存格,可在選取範圍後由「版面配置」標籤按下「合併儲存格」鈕。

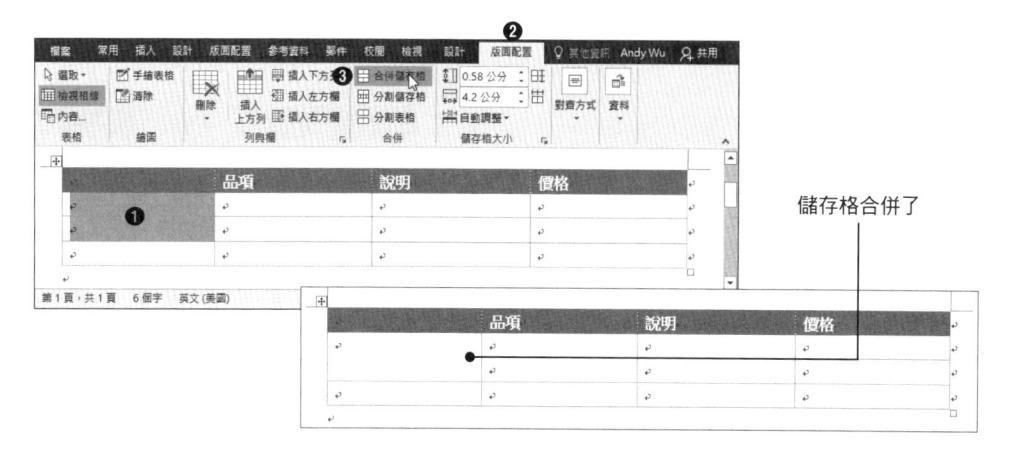

若是點選儲存格後按下「分割儲存格」鈕,將會顯示如圖視窗,請直接輸入要分割的欄列數目,該儲存格就會被分割成指定的的數目了。

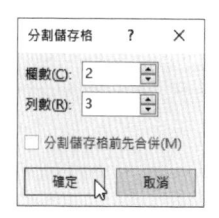

9.2.7 列高／欄寬的調整與均分

要想任意調整表格的列高與欄寬,可將滑鼠游標移到欄／列的邊界上,當滑鼠游標變成雙箭頭時,按下滑鼠左鍵並拖曳,即可改變列高度或欄寬度。若要精確設定儲存格的大小,可在「版面配置」標籤的「儲存格大小」群組中設定。另外,按下 鈕可平均分配列高,按下 鈕則是平均分配欄寬。

設定儲存格高度
設定儲存格寬度

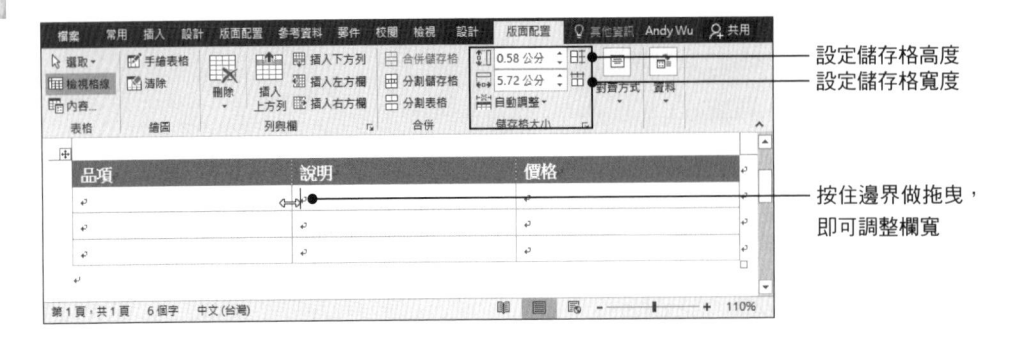

按住邊界做拖曳，即可調整欄寬

9.2.8 自動調整表格大小

在表格上按右鍵執行「自動調整」指令，能選擇自動讓 Word 調整內容大小、視窗大小，或固定欄寬。也可以從「版面配置」標籤的「自動調整」鈕下拉進行選擇。

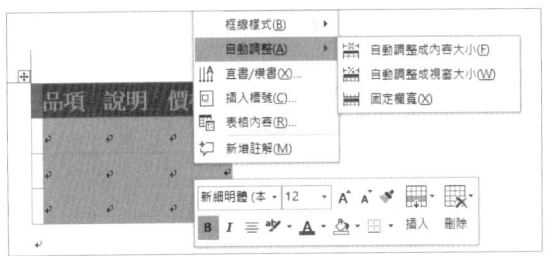

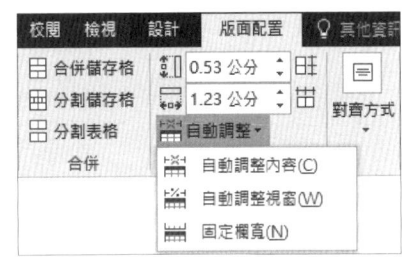

9.2.9 上下或左右分割表格

表格製作後，如果需要將原表格一分為二，那麼可將輸入點放在要分割為第二個表格的首列內，再按下「版面配置」標籤中的「分割表格」鈕。分割後如果第二個表格需要加入標題列，請再執行「插入上方列」指令即可。

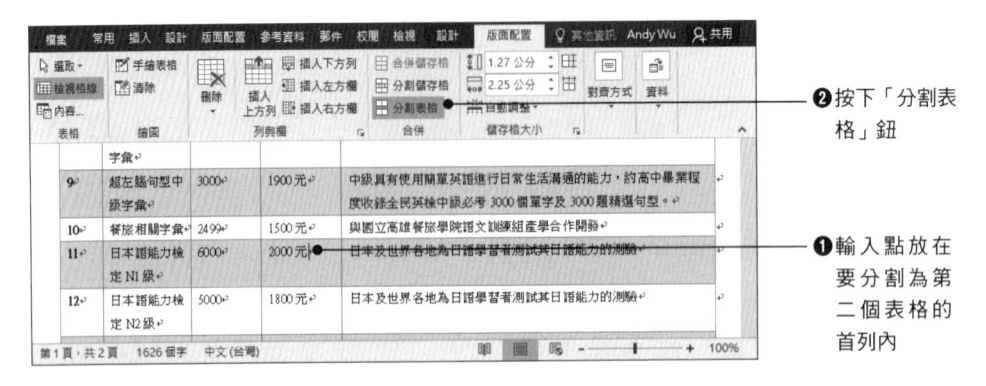

❷ 按下「分割表格」鈕

❶ 輸入點放在要分割為第二個表格的首列內

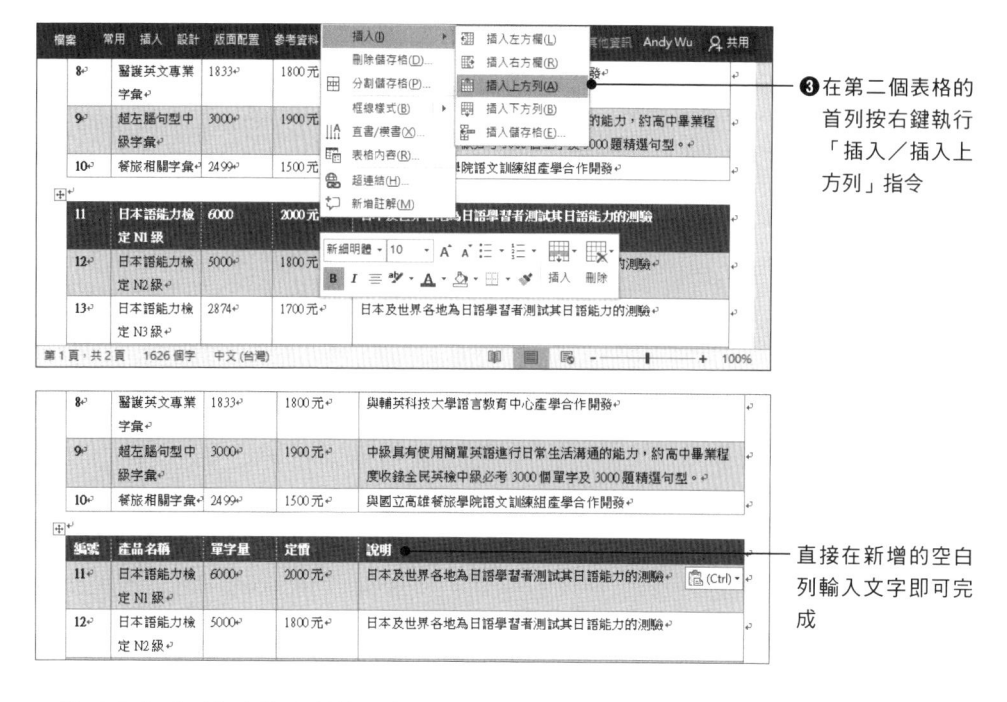

❸ 在第二個表格的首列按右鍵執行「插入/插入上方列」指令

直接在新增的空白列輸入文字即可完成

除了由上／下作表格分割外，也可以左右分割表格。如下圖所示，選取並以滑鼠按住要分割的右半部表格後，直接拖曳到下方的段落標記處，就可以完成表格的分割。

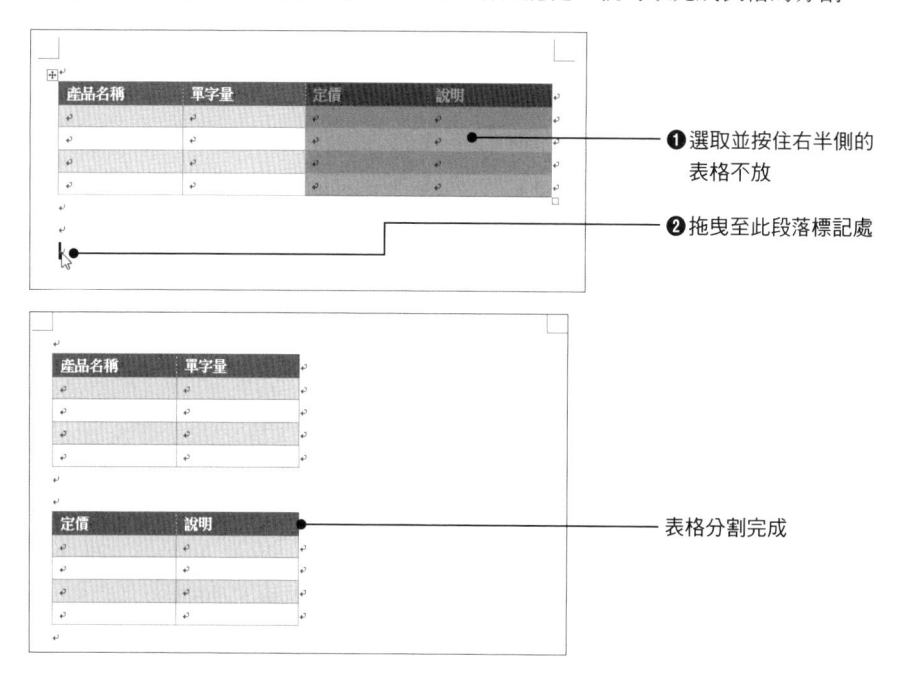

❶ 選取並按住右半側的表格不放

❷ 拖曳至此段落標記處

表格分割完成

9.3 表格內容設定與美化

學會基礎表格建立方式後,接著介紹的是表格的內容設定與美化。因為表格中可以放入文字或圖片,表格也可以和文字一起做排列組合,而單純的表格也可以讓它穿上美美的衣裳,這些都會在這一小節中做說明。

9.3.1 表格文字的輸入與對齊設定

在表格中輸入文字很簡單,只要點選儲存格就可輸入文字。如要移到下一個儲存格可按「Tab」鍵切換,或是上／下／左／右的方向鍵移至其他儲存格。儲存格中輸入過多文字時,若一列中無法完全顯現,Word 會自動將多餘文字換列顯示,如要顯示在同一列上,只要拖曳邊框即可調整儲存格大小。

> 儲存格中輸入過多文字時,若一列中無法完全顯現,Word 會自動將多餘文字換列顯示

水平對齊設定

輸入文字後若要做水平方向的對齊設定,可在選取範圍後,由「常用」標籤的「段落」群組選擇「靠左對齊」、「置中」、「靠右對齊」、「左右對齊」、「分散對齊」等四種方式。

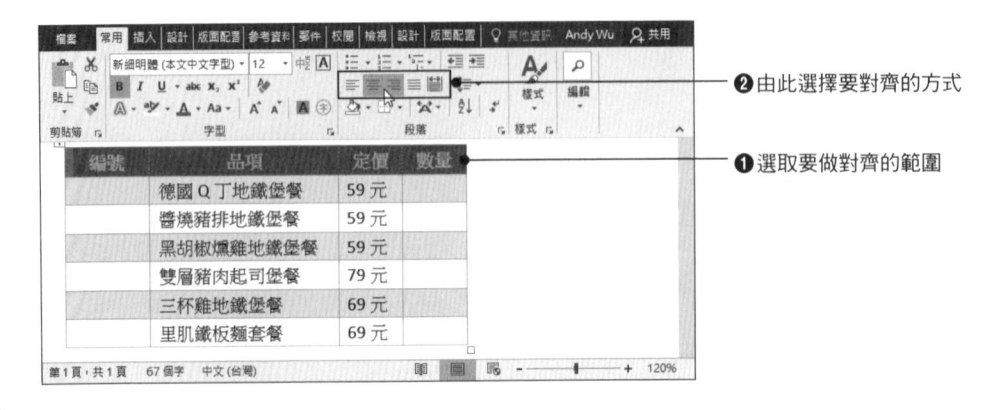

❶ 選取要做對齊的範圍
❷ 由此選擇要對齊的方式

垂直對齊設定

在預設狀態下，儲存格中的文字是靠上對齊，所以當儲存格的高度設的比較大時，就會到如下的情形。

編號	品項	定價	數量
	德國Q丁地鐵堡餐	59元	
	醬燒豬排地鐵堡餐	59元	
	黑胡椒燻雞地鐵堡餐	59元	
	雙層豬肉起司堡餐	79元	
	三杯雞地鐵堡餐	69元	
	里肌鐵板麵套餐	69元	

← 預設的表格文字是靠上對齊

若要變更文字垂直的對齊方式，請在「版面配置」標籤中按下「內容」鈕，進入「表格內容」視窗後，在「儲存格」標籤中也可以設定垂直對齊方式。

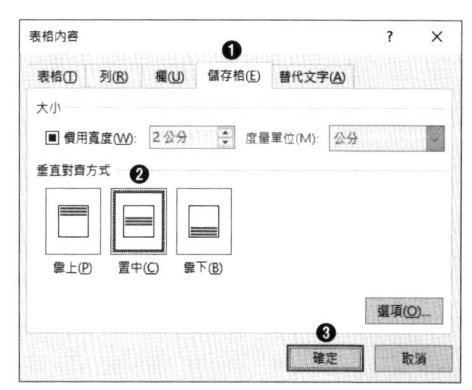

文字垂直對齊中央

編號	品項	定價	數量
	德國Q丁地鐵堡餐	59元	
	醬燒豬排地鐵堡餐	59元	
	黑胡椒燻雞地鐵堡餐	59元	
	雙層豬肉起司堡餐	79元	
	三杯雞地鐵堡餐	69元	
	里肌鐵板麵套餐	69元	

187

若要同時做水平與垂直的對齊設定，可以直接在「版面配置」的「對齊方式」群組中進行選擇。如下圖所示：

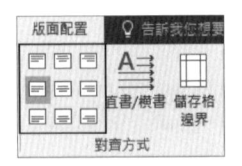

9.3.2 表格內容自動編號

表格中如果需要輸入有順序編號的數字，可在選取範圍後，利用「常用」標籤的「編號」功能來快速加入。

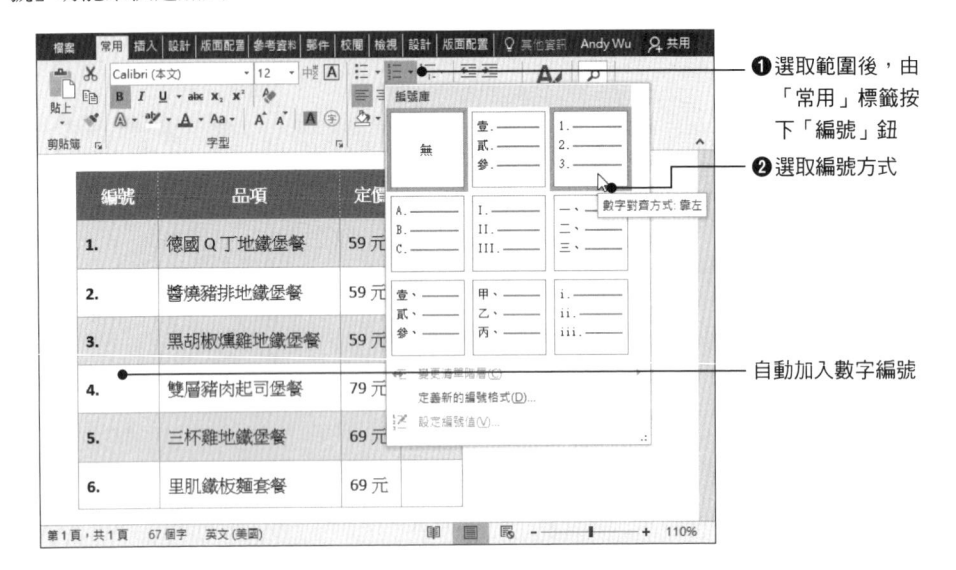

❶ 選取範圍後，由「常用」標籤按下「編號」鈕

❷ 選取編號方式

自動加入數字編號

9.3.3 表格中插入圖片

儲存格中要插入圖片，由「插入」標籤按下「圖片」鈕即可插入電腦上的圖檔。若插入較大的圖片時，儲存格會自動被撐大，可利用「格式」標籤的「寬度」或「高度」來設定圖片大小。

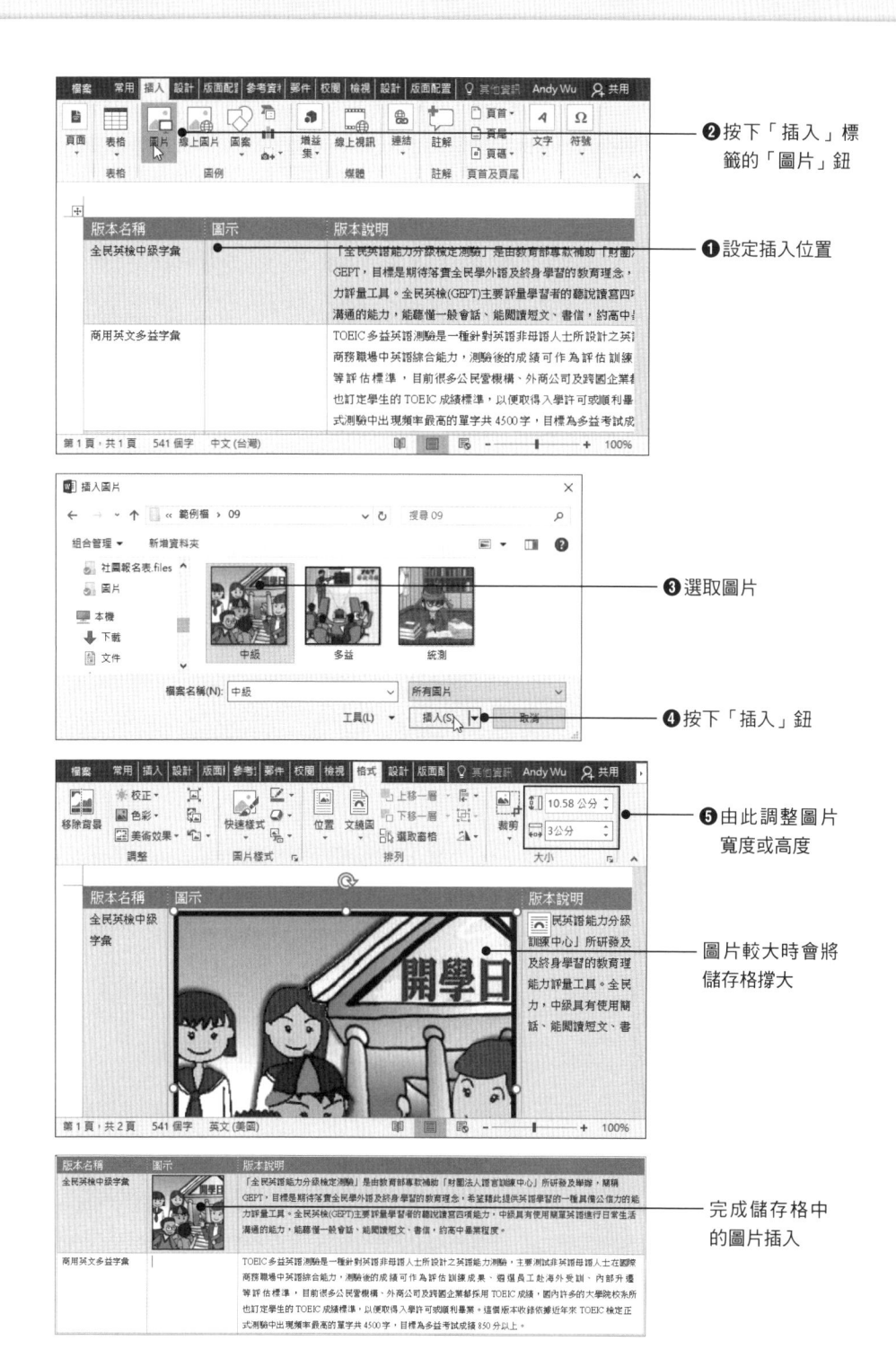

CHAPTER 09 表格與圖表的排版技巧

❷ 按下「插入」標籤的「圖片」鈕

❶ 設定插入位置

❸ 選取圖片

❹ 按下「插入」鈕

❺ 由此調整圖片寬度或高度

圖片較大時會將儲存格撐大

完成儲存格中的圖片插入

189

9.3.4 圖片自動調整成儲存格大小

　　剛剛加入圖片時，儲存格會自動調整成內容物的大小，所以圖片較大時會自動將儲存格撐大。如果希望圖片插入時能夠自動調整成已設定的儲存格大小，那麼可在「版面設計」標籤按下「內容」鈕，進入「表格內容」視窗後切換到「表格」標籤，按下「選項」鈕後取消「自動調整成內容大小」的選項就可搞定。

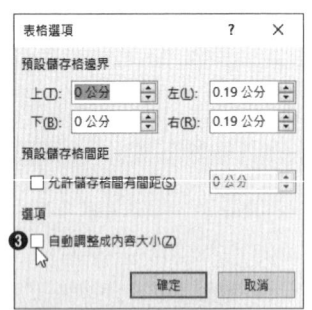

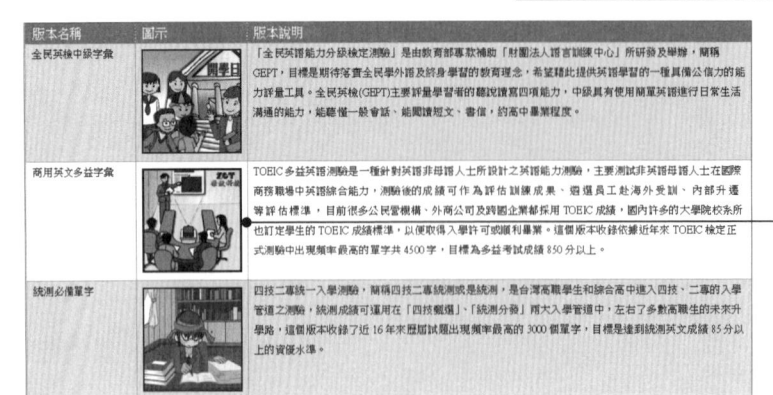

插入的圖片自動符合儲存格大小，不需要再調整圖片的尺寸

9.3.5 套用表格樣式

繪製表格後，Word 也有提供各種表格樣式可以套用，只要由「設計」標籤的「表格樣式選項」預先勾選「帶狀列」或「帶狀欄」，在套用表格樣式時就能自動加入帶狀的網底，另外，標題列、首欄、末欄、合計列等，也可以輕鬆套用到表格中。

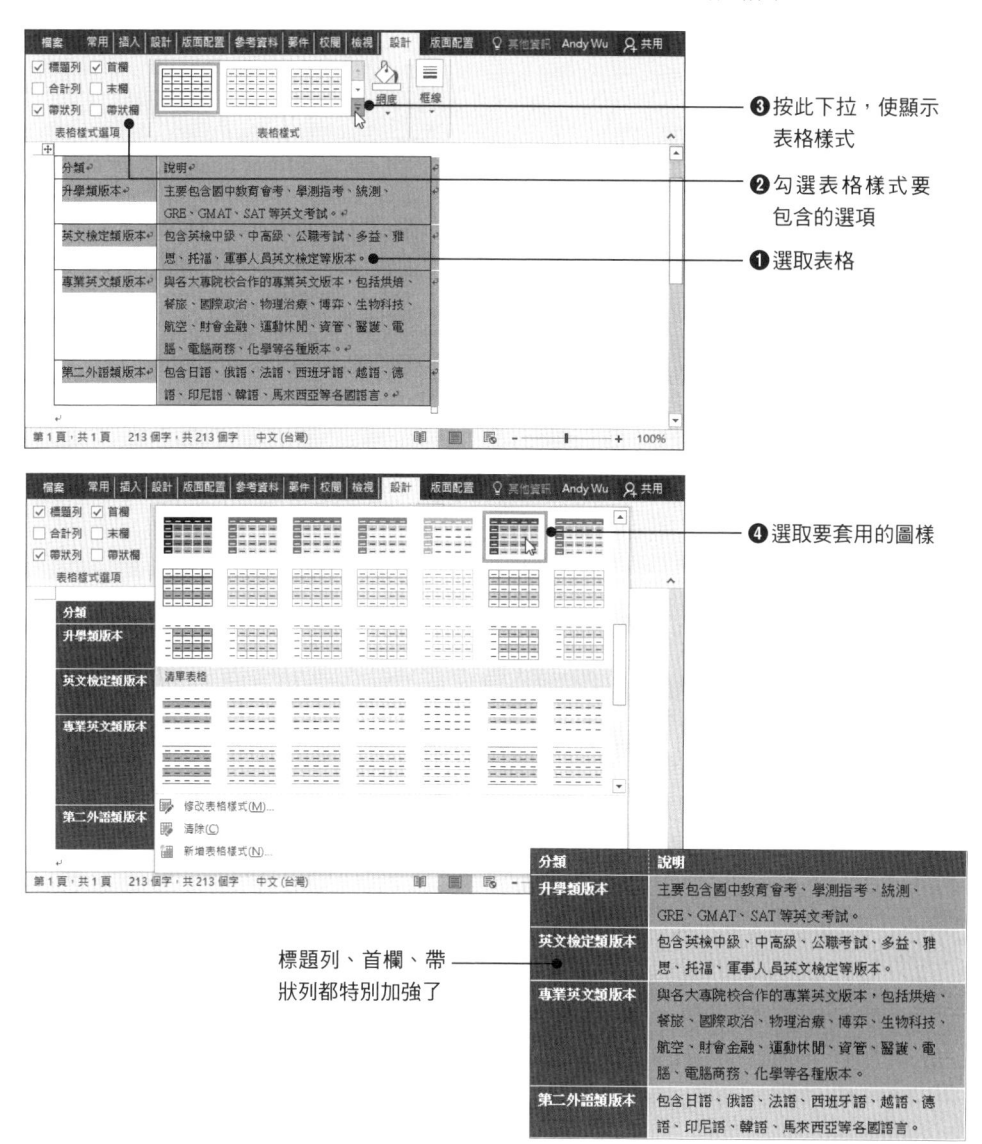

❸ 按此下拉，使顯示表格樣式

❷ 勾選表格樣式要包含的選項

❶ 選取表格

❹ 選取要套用的圖樣

標題列、首欄、帶狀列都特別加強了

9.3.6 自訂表格框線

表格的美化除了直接套用表格樣式外，也可以自訂表格框線，讓表格呈現不同的粗細效果。要設定框線，請由「設計」標籤的「框線」群組做設定，或是由「框線」鈕下拉選擇「框線及網底」指令進行進階設定。這裡我們先為表格的上下加入較粗的線條。

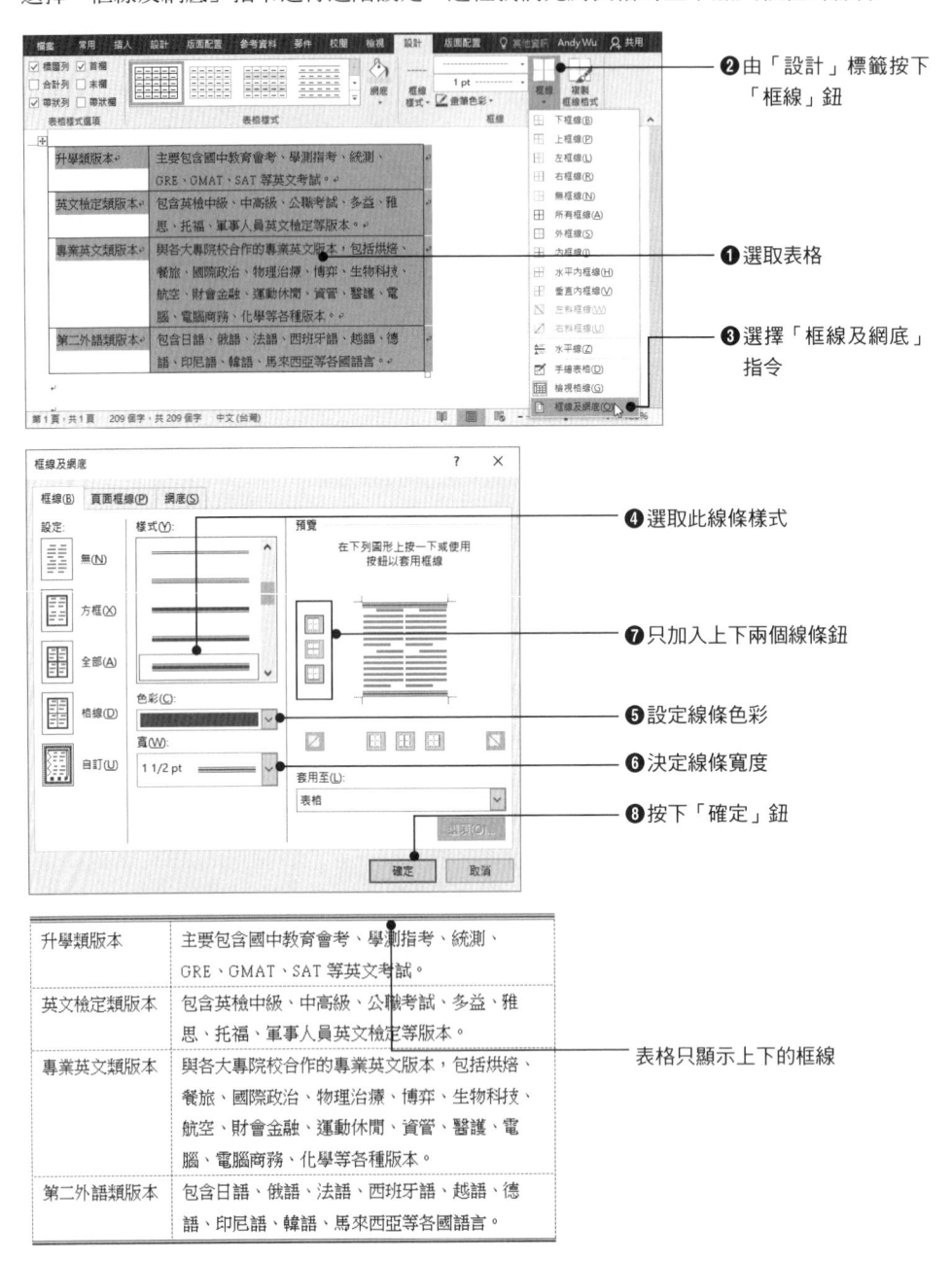

❷ 由「設計」標籤按下「框線」鈕

❶ 選取表格

❸ 選擇「框線及網底」指令

❹ 選取此線條樣式

❼ 只加入上下兩個線條鈕

❺ 設定線條色彩

❻ 決定線條寬度

❽ 按下「確定」鈕

升學類版本	主要包含國中教育會考、學測指考、統測、GRE、GMAT、SAT 等英文考試。
英文檢定類版本	包含英檢中級、中高級、公職考試、多益、雅思、托福、軍事人員英文檢定等版本。
專業英文類版本	與各大專院校合作的專業英文版本，包括烘焙、餐旅、國際政治、物理治療、博弈、生物科技、航空、財會金融、運動休閒、資管、醫護、電腦、電腦商務、化學等各種版本。
第二外語類版本	包含日語、俄語、法語、西班牙語、越語、德語、印尼語、韓語、馬來西亞等各國語言。

表格只顯示上下的框線

另外，由「設計」標籤先設定好框線樣式與框線粗細，也可以快速指定要加入的框線位置。方式如下：

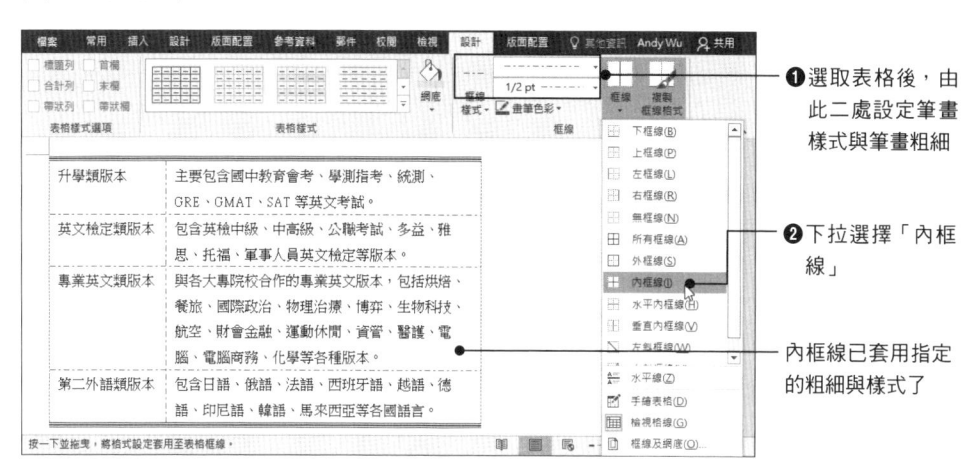

❶ 選取表格後，由此二處設定筆畫樣式與筆畫粗細

❷ 下拉選擇「內框線」

內框線已套用指定的粗細與樣式了

9.3.7 文字環繞表格

表格和文字同時排列時，也可做出文字繞表格的效果喔！選取表格後，由「版面配置」標籤按下「內容」鈕，進入「表格內容」視窗後，由「表格」標籤選取「文繞圖」方式就可搞定。

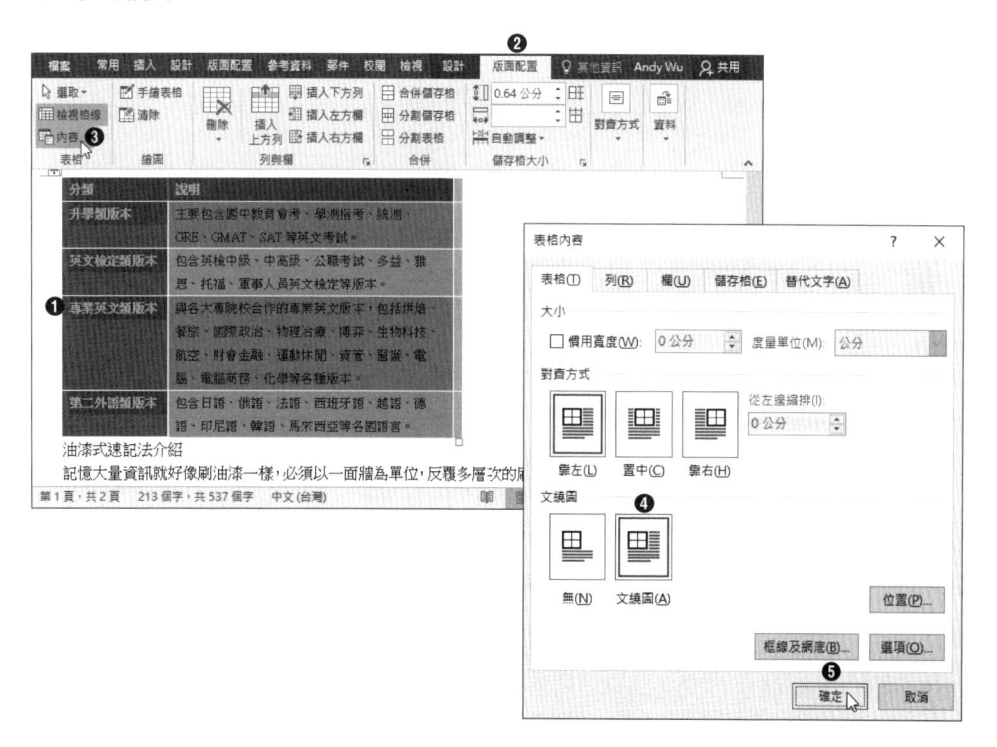

193

文字環繞於表格右側

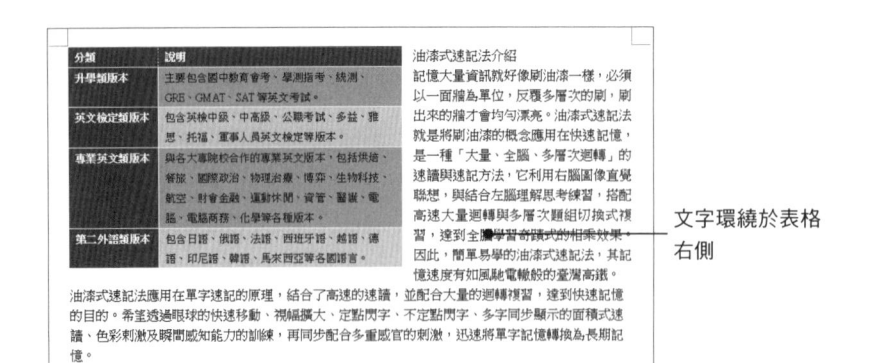

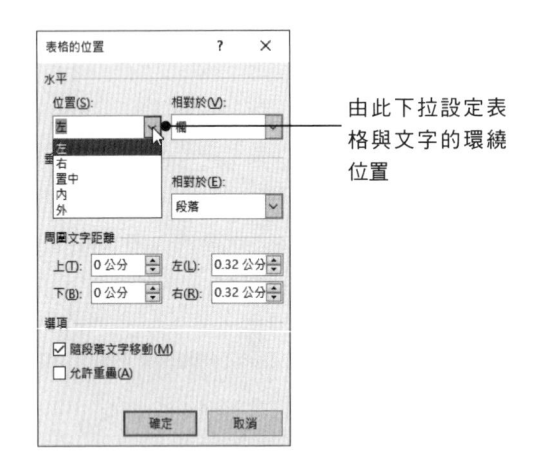

在選定「文繞圖」效果後，若繼續在「表格」標籤中按下 位置(P)... 鈕，還會進入下圖視窗，可設定表格置中或靠右，另外還可以設定表格與周圍文字的距離。

由此下拉設定表格與文字的環繞位置

說明　若是單純設定表格在文件中的對齊位置，則是由「常用」標籤的「段落」群組來設定靠右對齊或置中對齊。

9.4 使用與編輯圖表

文件中假如要加入與營業銷售或數據有關的資料，以便做說明或比較時，通常都是透過「插入」標籤的「圖表」功能來做處理，因為將複雜的統計數據以簡單的圖表呈現，不但易於將抽象資料具體化，也能讓觀賞者一目了然。

9.4.1 插入圖表

要在文件中插入圖表,請由「插入」標籤按下「圖表」鈕,接著根據圖表用途選擇適切的圖表類型與樣式,諸如:圓形圖、橫條圖、直線圖、折線圖…等,即可進入圖表的編輯狀態。

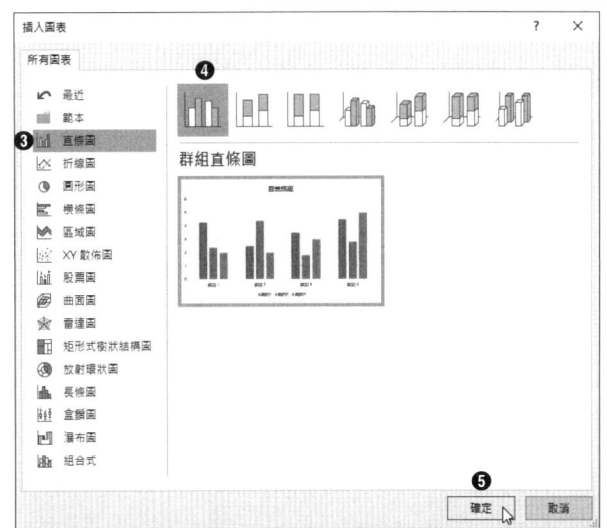

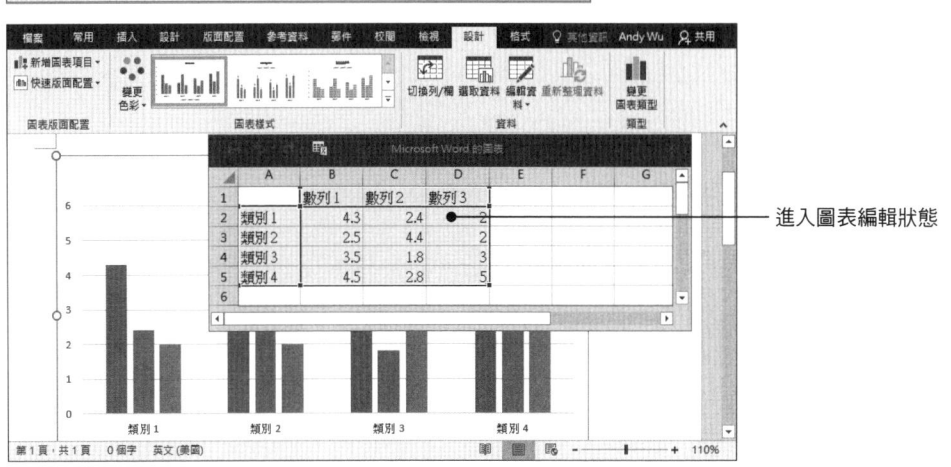

進入圖表編輯狀態

9.4.2 編輯圖表資料

進入圖表編輯狀態後，請在顯現的工作表上輸入資料，就可以在後方看到變更後的圖表。

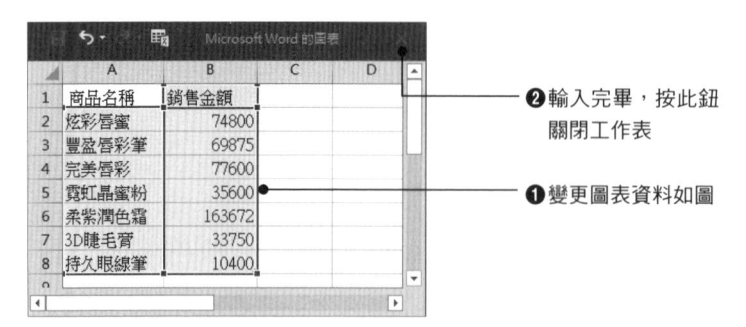

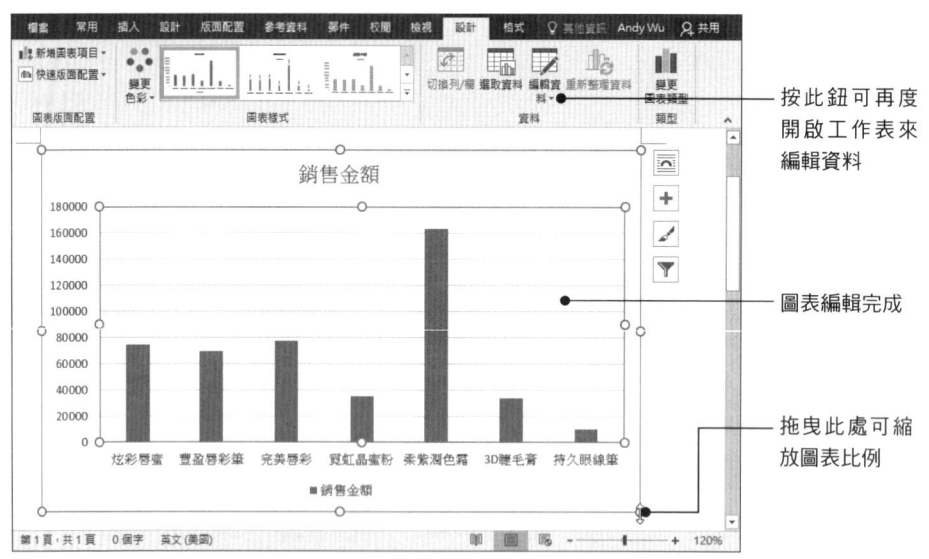

❷ 輸入完畢，按此鈕關閉工作表

❶ 變更圖表資料如圖

按此鈕可再度開啟工作表來編輯資料

圖表編輯完成

拖曳此處可縮放圖表比例

9.4.3 變更圖表版面配置

對於預設的圖表版面配置如果不滿意，由「設計」標籤的「圖表版面配置」群組，即可快速套用版面配置，也可以自行新增圖表項目。

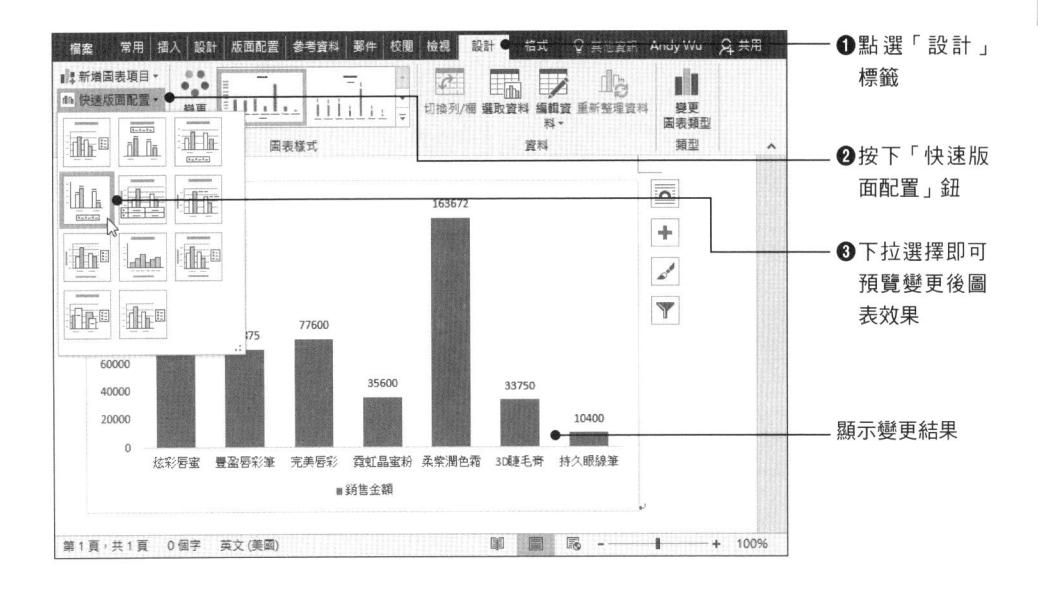

❶ 點選「設計」標籤

❷ 按下「快速版面配置」鈕

❸ 下拉選擇即可預覽變更後圖表效果

顯示變更結果

> **說明**
> 「設計」標籤下的「新增圖表項目」鈕，提供座標軸、座標軸標題、圖表標題、資料標籤、運算列表、格線、圖例…等選擇，下拉選擇即可看到變更效果。

9.4.4 變更圖表樣式與色彩

圖表建立後，「設計」標籤提供各種的圖表樣式可供套用，另外，按下「變更色彩」鈕也可以變更圖表顏色。

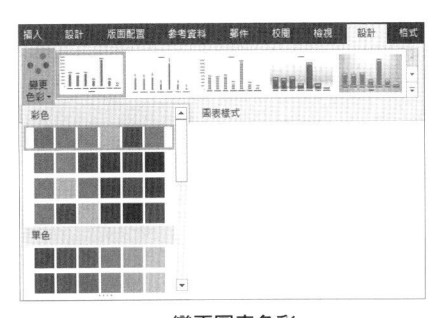

變更圖表色彩 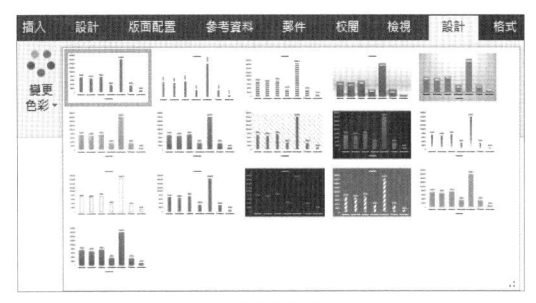　　　　　　　　　　　圖表樣式

如果需要針對其中某一圖形作顏色的變更或強調，只要在該圖形上分 2 次點選滑鼠左鍵，該圖形即可被選取，再由「格式」標籤的「圖案填滿」 鈕下拉變更顏色。如下圖所示：

197

❷ 切換到「格式」標籤

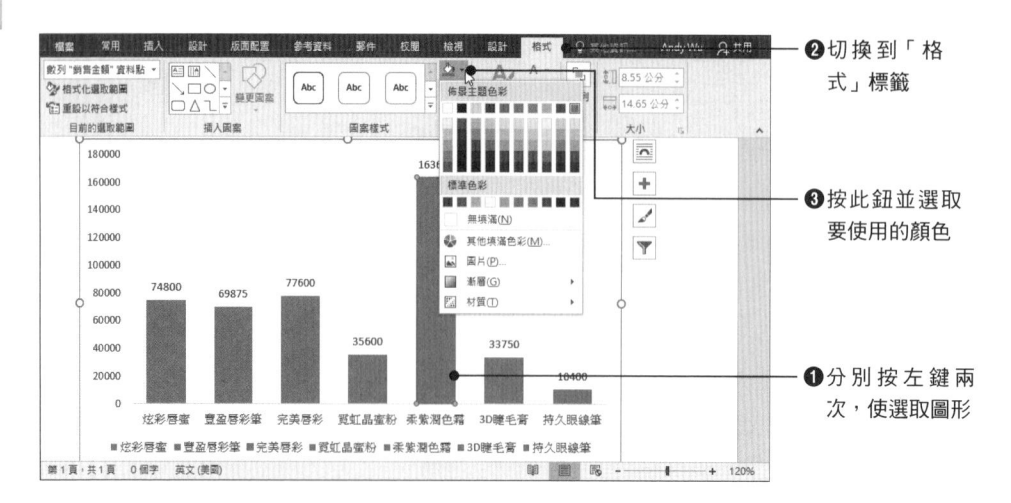

❸ 按此鈕並選取要使用的顏色

❶ 分別按左鍵兩次,使選取圖形

9.4.5 變更圖表類型

雖然開始已經選定要使用的圖表類型,但是圖表資料製作完成後卻想要變更其他的圖表類型,那麼只要從「設計」標籤中按下「變更圖表類型」鈕,就能在「變更圖表類型」的視窗中重新選擇圖表類型與樣式。

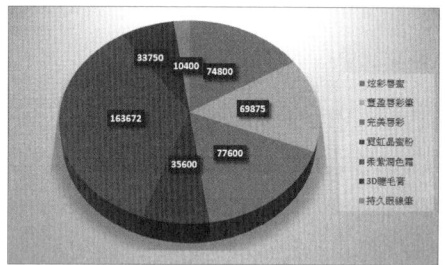

9.5
實作－文字轉表格與表格美化

這個小節中,我們將把文字轉換成適切的表格,同時加入表格樣式的設定,讓表格顯示豐富的色彩。請開啟「實作」資料夾中的「02 聯想力的魔術.docx」文件檔,由「檢視」標籤勾選「功能窗格」,並由「導覽」窗格切換到 2.3 節處。

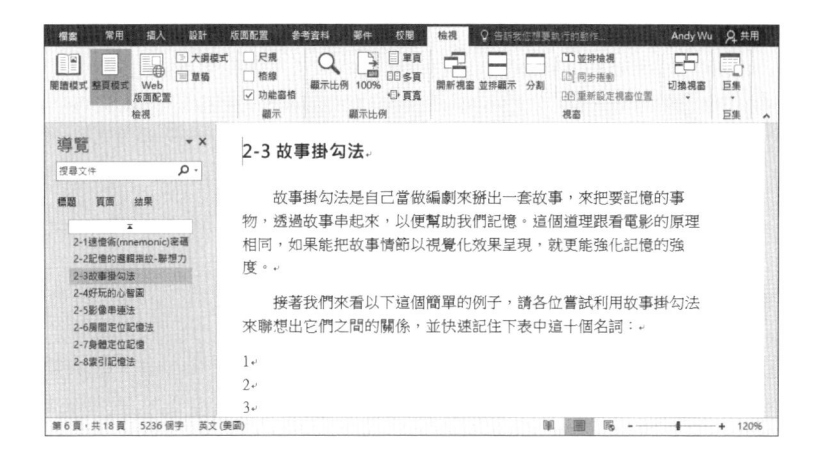

9.5.1 文字轉換為表格

1. **以逗號分隔文字**：先將1至10的數字以逗號作分隔，使排成一列。同樣地，由「熊貓」到「警察」的段落也以逗號分隔，並排成第二列，使文字顯現如圖。

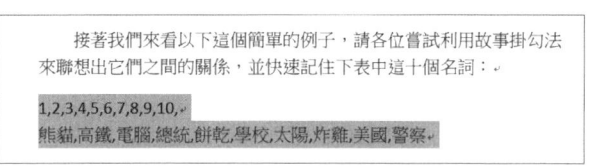

2. **文字轉換為表格**：選取兩段文字後，由「插入」標籤按下「表格」鈕，並下拉執行「文字轉換為表格」指令，設定分隔文字在「逗號」的選項，按下「確定」鈕離開，基本表格就建立完成。

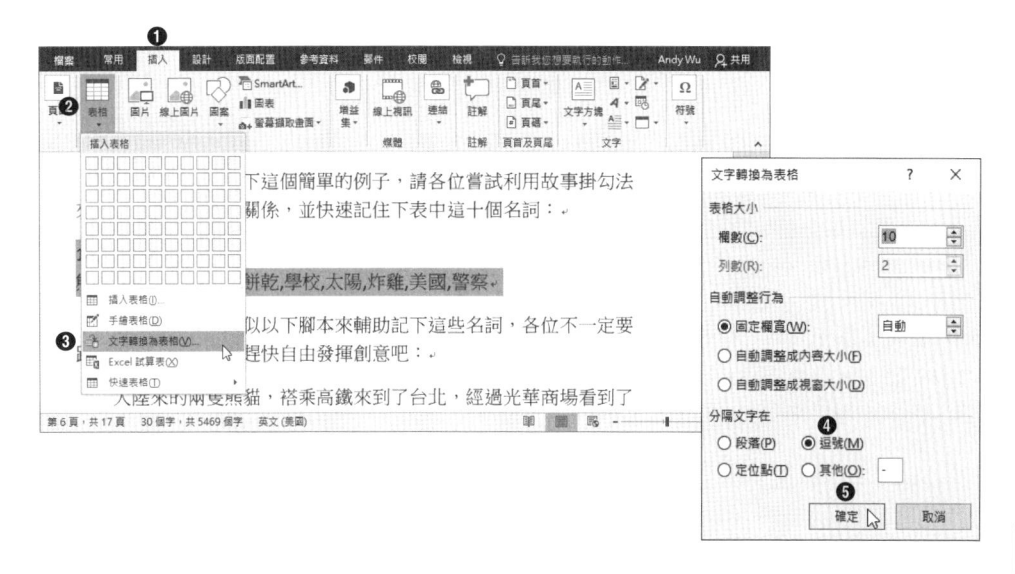

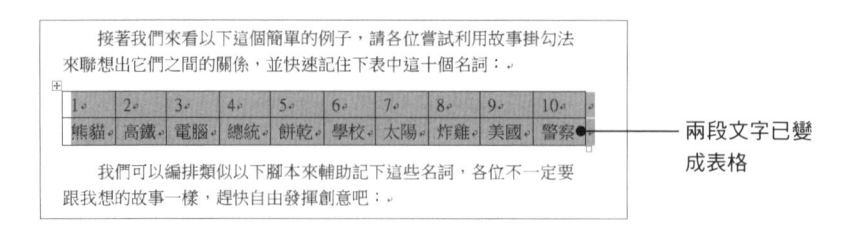

接著我們來看以下這個簡單的例子，請各位嘗試利用故事掛勾法來聯想出它們之間的關係，並快速記住下表中這十個名詞：

1.	2.	3.	4.	5.	6.	7.	8.	9.	10.
熊貓	高鐵	電腦	總統	餅乾	學校	太陽	炸雞	美國	警察

──── 兩段文字已變成表格

我們可以編排類似以下腳本來輔助記下這些名詞，各位不一定要跟我想的故事一樣，趕快自由發揮創意吧：

9.5.2 表格與文字置中對齊

1. **自動調整儲存格大小**：在表格左上方按下 ⊞ 鈕使選取整個表格，由「版面配置」標籤的「自動調整」鈕下拉選擇「自動調整內容」指令，可將欄寬度設為與內容寬度相同。

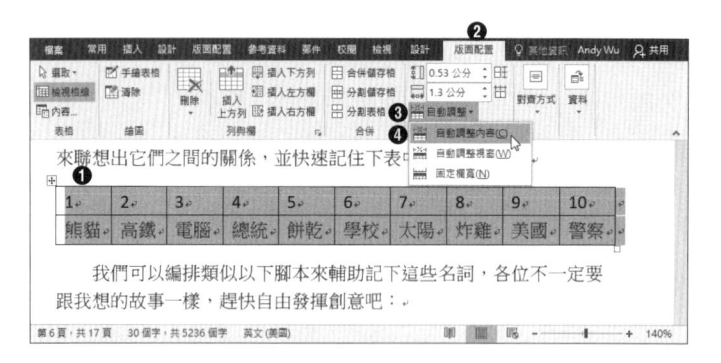

2. **表格對齊頁面中央**：由「常用」標籤的「段落」群組中按下「置中」鈕，可將表格對齊頁面的中央。

──── 顯示對齊頁面中央

3. **表格文字置中對齊**：只選取表格中的文字，由「常用」標籤的「段落」群組中按下「置中」鈕，可將表格中的文字作置中對齊。

9.5.3 套用表格樣式

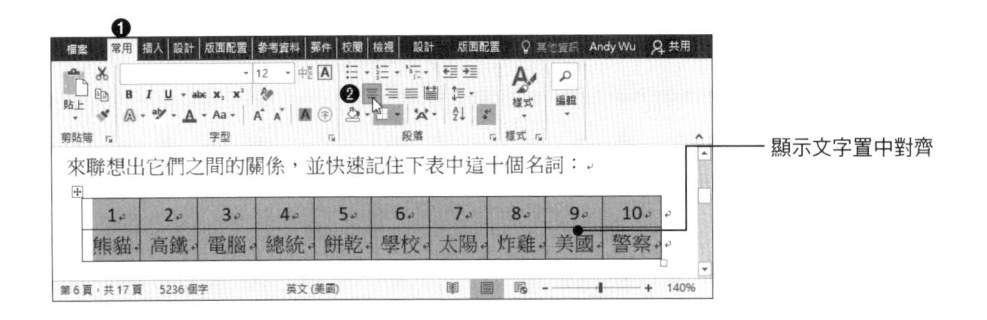

1. **設定表格樣式選項**：選取表格後，由「設計」標籤的「表格樣式選項」群組中，勾選「標題列」與「帶狀欄」的選項。

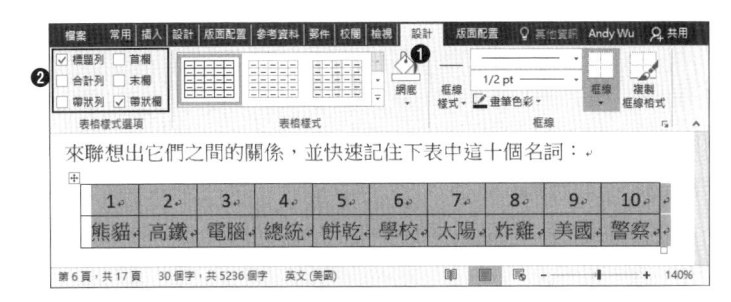

2. **選擇表格樣式**：由「設計」標籤的「表格樣式」下拉，選定想要套用的色彩與效果。

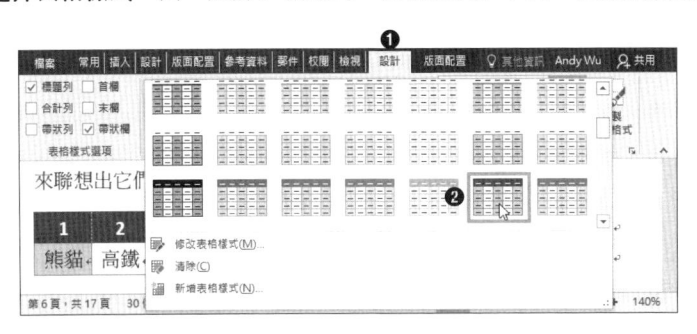

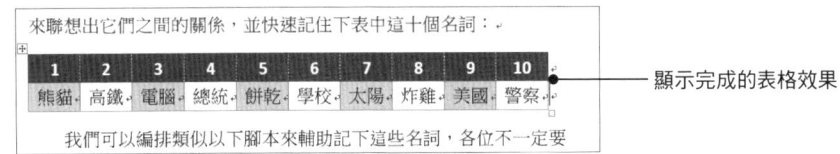

依此方式即可完成表格的製作。接下來以同樣方式完成 2-3 節後方的表格，如下圖所示：

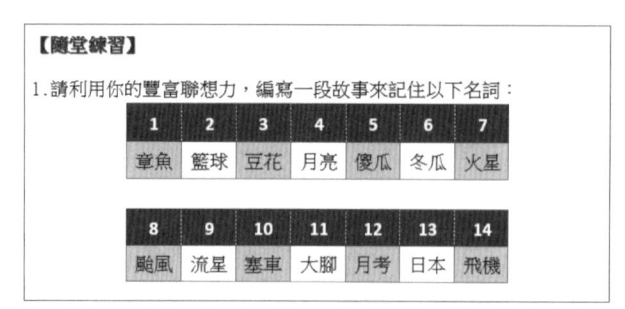

【隨堂練習】

1.請利用你的豐富聯想力，編寫一段故事來記住以下名詞：

1	2	3	4	5	6	7
章魚	籃球	豆花	月亮	傻瓜	冬瓜	火星

8	9	10	11	12	13	14
颱風	流星	塞車	大腳	月考	日本	飛機

CHAPTER

10

長文件的排版技巧

- 10.1 長文件編排注意事項
- 10.2 頁碼與頁首／頁尾設定
- 10.3 自動標號功能
- 10.4 參考資料設定
- 10.5 建立目錄
- 10.6 封面製作
- 10.7 主控文件應用
- 10.8 實作－章名頁／書名頁／推薦序言／目錄／主控文件設定

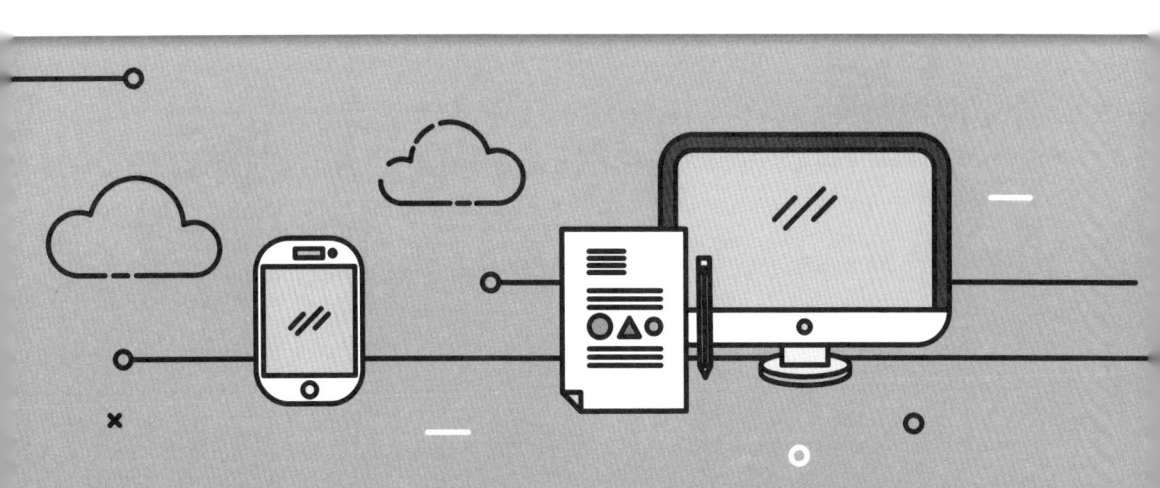

在學術界或出版界，利用 Word 進行長文件編排是常有的事，少則數十頁，多則數百頁，想要加快編排的速度，目錄、頁首頁尾、註腳、參考資料、封面…等事項都必須考量進去，如果能多花一些時間來瞭解，就能讓排版的路變得簡單容易。

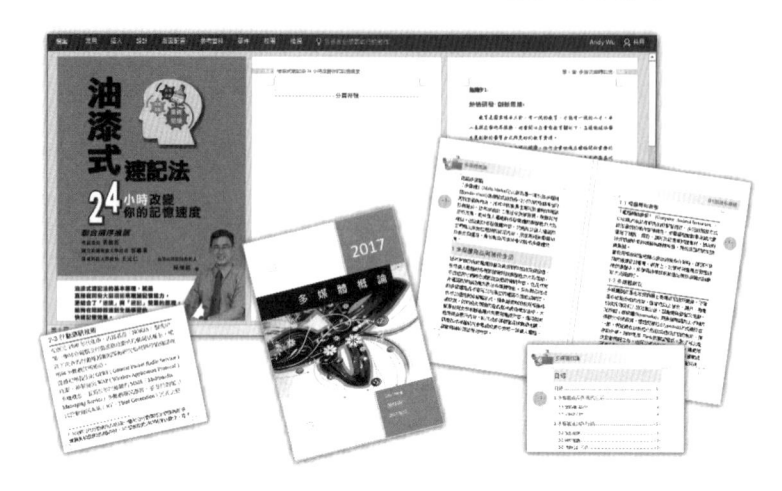

10.1 長文件編排注意事項

想要讓讀者在長篇文件中快速找到所需的資訊，提高文件的易讀性，在編排長篇文件時就必須為讀者們多加考慮，這裡提供幾個注意事項供各位參考。

10.1.1 使用目錄速查資料

目錄對於長篇文件來說，是不可或缺的一部分，其作用是在指導讀者快速找到想要閱讀的內容。在 Word 中可以透過大綱來自動產生目錄，所以就不用透過複製/貼上功能一一抄錄章節標題。

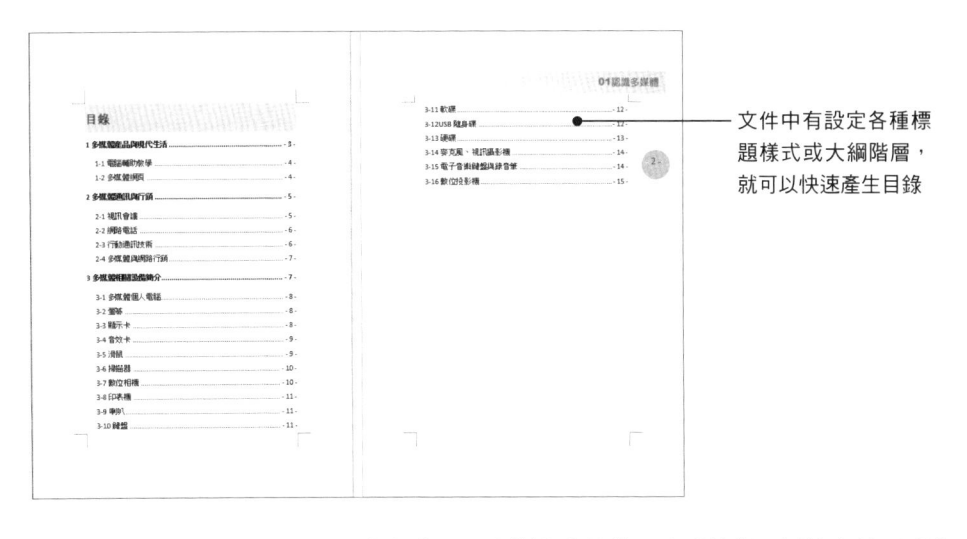

文件中有設定各種標題樣式或大綱階層，就可以快速產生目錄

要查看文件中是否有大綱階層的設定，可在開啟文件後，由「檢視」標籤中按下「大綱模式」鈕，就可以進入「大綱」狀態進行瀏覽。

按此鈕會展開選取的項目

顯示文件的大綱階層

階層展開狀態

另外，由「檢視」標籤勾選「功能窗格」，也可以由「導覽」標籤看到所設定標題情況與文件結構，這些都是設定目錄的基礎。

導覽窗格顯示文件標題與結構

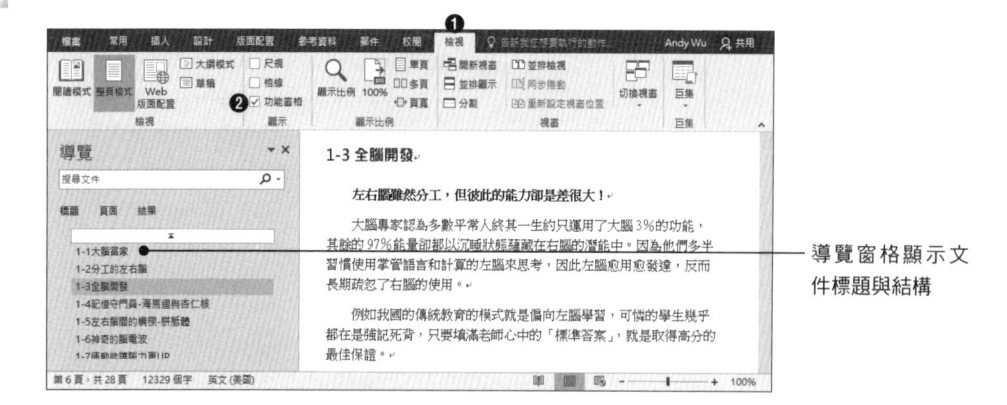

10.1.2 以頁首頁尾增加文件的易讀性

頁首頁尾的基本功能就是導覽讀者，所以文件名稱、章節名稱、頁碼、文件建立日期等資訊都會顯示在此。尤其是長篇文件，頁首頁尾資訊對於導覽的功用就越顯重要，而且設計一次後即可套用到整個文件或書冊當中。此部分在一開始頁面佈局時就已教導各位如何設定，相信大家都很熟悉。

10.1.3 加入頁碼顯示目前頁數

頁碼用來標示頁面的號碼，也可以作為書籍頁面總數的統計。頁碼方便讀者做檢索，以便快速翻閱到想要閱讀的主題。

頁碼除了放置在頁首或頁尾處，也可以根據設計者的版面設計而放置在頁面的左邊界或右邊界。頁碼可以加入裝飾的圖樣，或是使用線條圖案來與內文做視覺的區隔，讓讀者能夠清楚辨識。

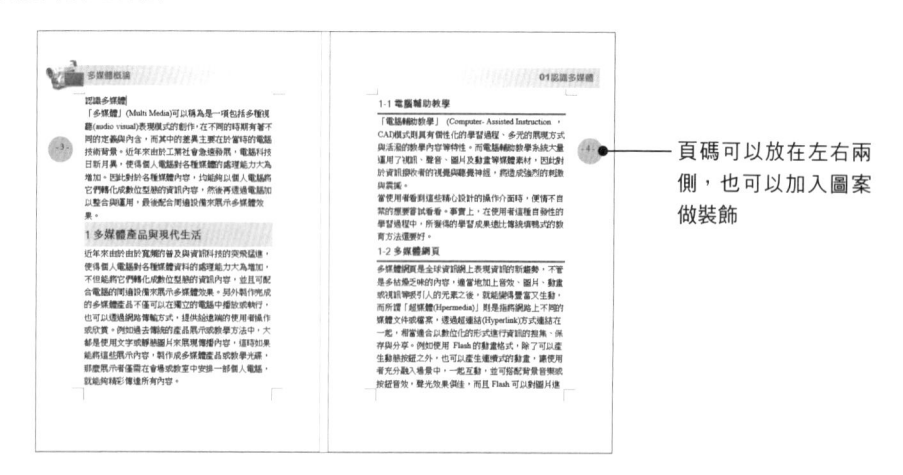

頁碼可以放在左右兩側，也可以加入圖案做裝飾

在 Word 程式中,由「插入」標籤按下「頁碼」鈕,就可以選擇頁碼要放置的位置。如果文件中有分章節,想要調整頁碼的顯示格式,則請下拉選取「頁碼格式」指令再進行設定。

10.1.4 以註腳和附註增加文件可讀性

「註腳」與「附註」是文件內文的補充說明,常用來解釋或註解某個專有名詞或詞語,算是正文的參考資料,用以說明資料來源或補充,以便增強文件的可讀性,一般多在研究報告中出現。

「註腳」的特點是文字之後會出現一個上標的符號或編號,而說明文字會顯示在該頁的下端處,同時會以註腳分隔線作區隔,並在左側顯示註腳參照編號。如圖示:

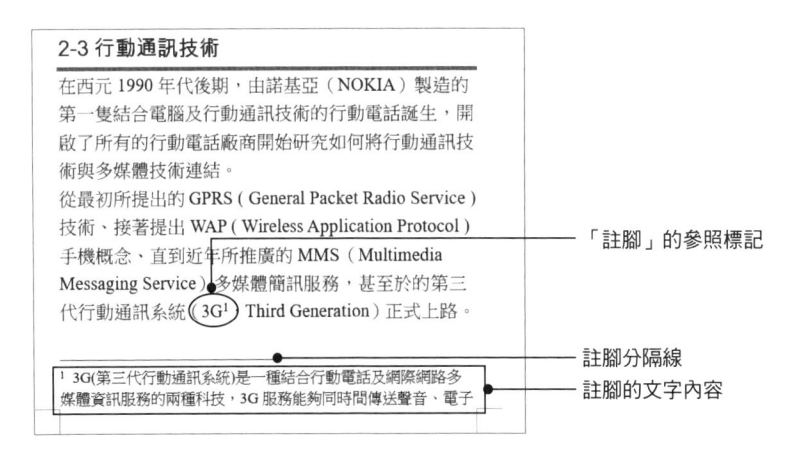

當各位將滑鼠指標移到註腳所標示的符號上時,Word 也會自動以小方塊顯示該註腳內容,如下圖所示:

「附註」的作用與「註腳」雷同,所不同的是,章節附註會放在文件的最後或是小節的最後,通常是按順序來編號。

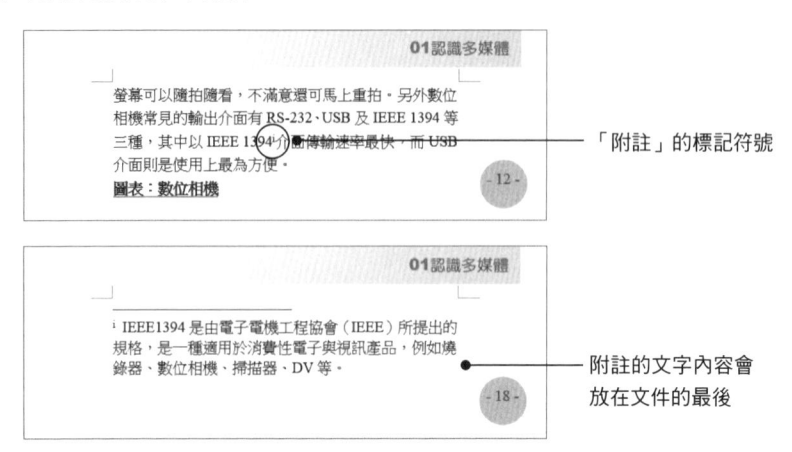

> 「附註」的標記符號

> 附註的文字內容會放在文件的最後

10.1.5 以標號增強圖／表的可讀性

在文件編排時,經常會將表格或圖例以數字加以編號,然而在文件的創作過程中,經常會反覆挪動章節的內容,增減圖表,所以當圖／表順序有做更動後,若要手動重新編號,就會相當耗費時間。

Word 所提供的「標號」功能,只要在圖表的位置上插入一個標號位置,一旦變更圖表位置時,系統就會自動將其重新編號,這樣一來作者就不必擔心圖表的增減,而能夠專心在文字的編寫和創作中。

10.2 頁碼與頁首／頁尾設定

頁首／頁尾與頁碼的設定,相信各位都已經熟悉,早在第二章頁面佈局時就已經學會基本的設定技巧,只要在文件的頁首或頁尾處按滑鼠兩下,就能進入它的編輯狀態,要新增頁碼則由「設計」標籤的「頁碼」鈕下拉,即可選擇要新增的位置。這裡將針對頁首／頁尾與頁碼的部分再做補充說明,讓各位對它有更深一層的認識。

10.2.1 變更頁首 / 頁尾大小

當各位按滑鼠兩下於頁首 / 頁尾處並進入其編輯狀態下，由「設計」標籤可看到「位置」群組，修改「頁面頂端至頁首」或「頁面底端至頁尾」的數值，即可變更頁首 / 頁尾的大小。

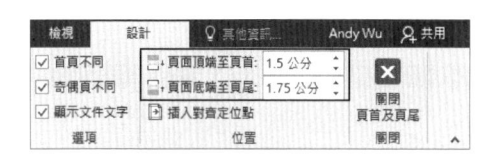

10.2.2 讓頁首 / 頁尾資訊靠右對齊

在編輯頁首 / 頁尾資訊時，最簡單的方式是使用「常用」標籤的「段落」群組來設定文字靠左對齊、置中、靠右對齊或左右對齊。除此之外，在進入頁首頁尾編輯模式時，按下「設計」標籤的「插入對齊定位點」鈕也可以插入定位停駐點來協助頁首 / 頁尾資訊的對齊。

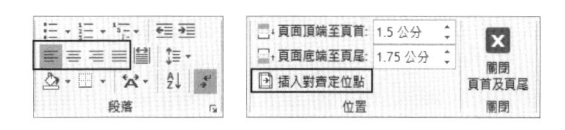

如下所示，設定「靠右」對齊「邊界」，再選擇「前置字元」，就可以在文字之前加入指定的字元。

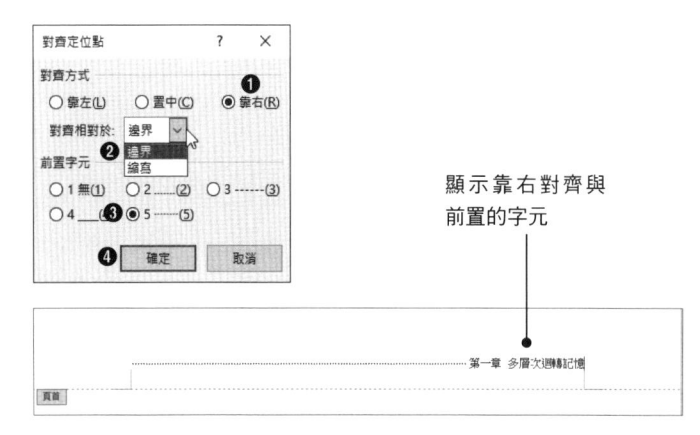

顯示靠右對齊與前置的字元

10.2.3 快速新增頁首頁尾的內容組件

在新增頁首 / 頁尾內容時，Word 也為使用者提供許多的快速組件可以加入，像是日期、標題、公司 作者…等文件摘要資訊。請在頁首 / 頁尾編輯狀態下，由「設計」標籤的「快速組件」鈕下拉，接著選擇「文件摘要資訊」指令，再由選單中選取要加入組件名稱即可。插入快速組件後，使用者只需在區域欄位內輸入資訊即可。

顯示加入的「標題」組件，直接在欄位中輸入文字即可

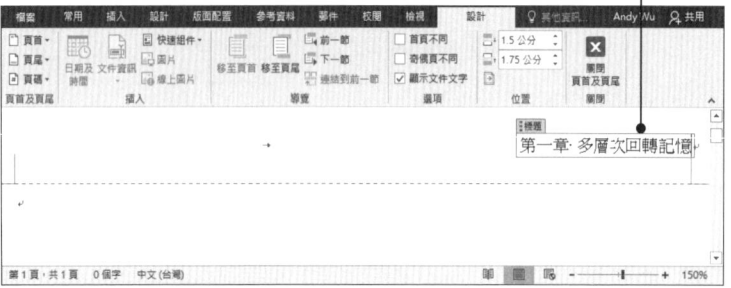

10.2.4 同份文件的不同頁碼格式

在同一份文件中頁碼格式基本上是相同的，頁碼也是連續的，但是有時候也會在同一份文件中採用不同的編碼格式。像是書籍的目錄、前言、序言等，此時的頁碼編號往往與正文的頁碼格式不同。想要在同一份文件中套用不同的格式，最簡單的方式就是依照章節內容將文件劃分成不同的節，然後在不同的節中新增不同的頁碼格式即可。

要做分隔的設定，請先將插入點放在要分頁或分節的位置上，由「版面配置」標籤的「分隔符號」鈕下拉，選擇「下一頁」的分節符號，這樣就可以將游標以後的文字顯示到下一頁中。

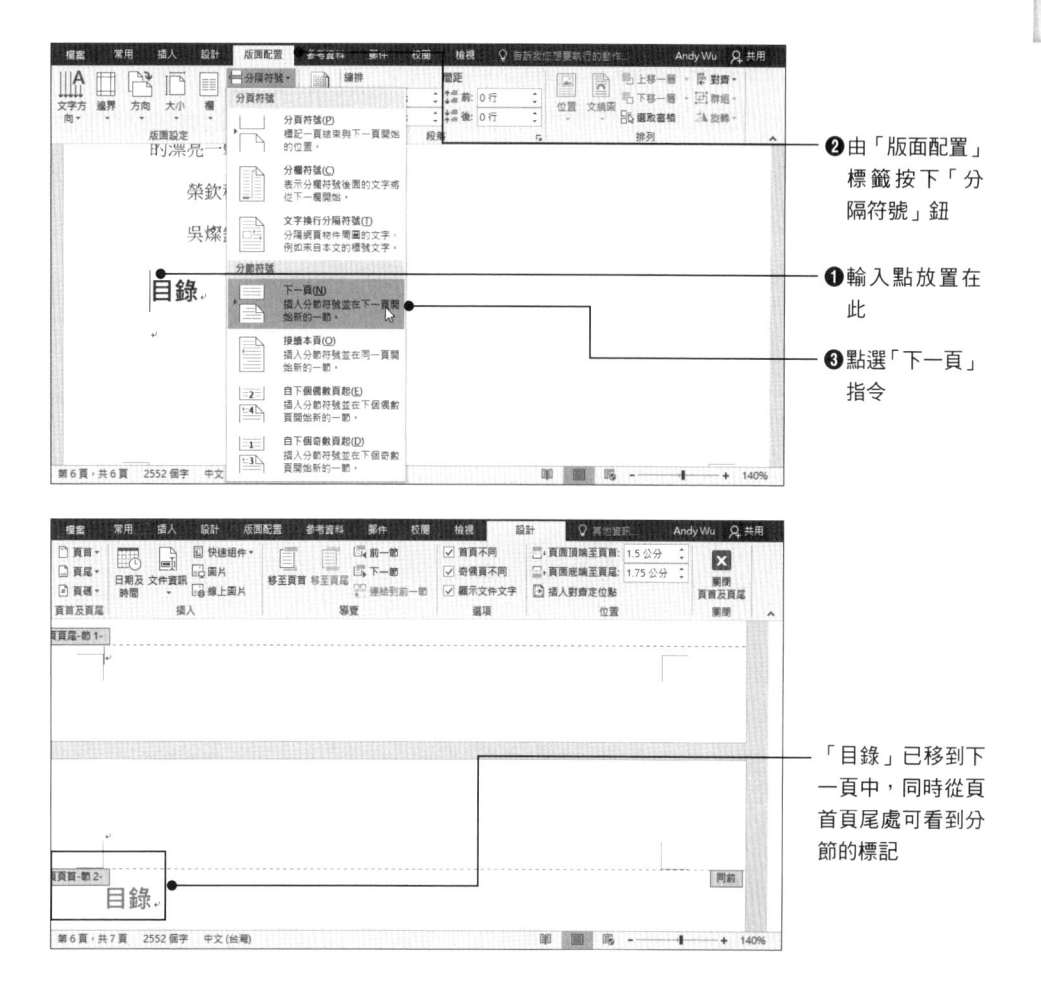

❷ 由「版面配置」標籤按下「分隔符號」鈕

❶ 輸入點放置在此

❸ 點選「下一頁」指令

「目錄」已移到下一頁中,同時從頁首頁尾處可看到分節的標記

在分節以後,就可以在每節新增不同的格式頁碼。請由「設計」標籤按下「頁碼」鈕,下拉選擇「頁碼格式」使顯示如下視窗,即可選擇新的數字格式。另外,要讓不同小節的頁碼從 1 或指定的數值開始排列,可點選「起始頁碼」的選項,再設定起始的編號即可。

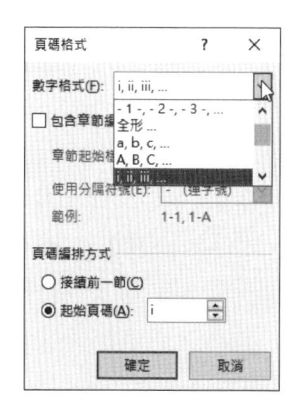

10.2.5 讓每頁的頁首及頁尾內容都不同

有時候我們會希望文件每一頁的頁首及頁尾的內容都不一樣,那麼可以由「設計」標籤中將「導覽」群組中的「連結到前一節」的按鈕取消,讓它斷開頁與頁之間的連結關係。如此一來就可以再最後的的頁首或頁尾新增所需的內容。

關閉此項可能,可為目前的節建立不同的頁首或頁尾資訊

10.3 自動標號功能

Word 的「標號」功能可為文件增強圖、表的可讀性,它會針對選定的圖表、表格或方程式進行編號,標號的結構包含「標籤」、「標號數值」、「標號文字」三部分。如圖示:

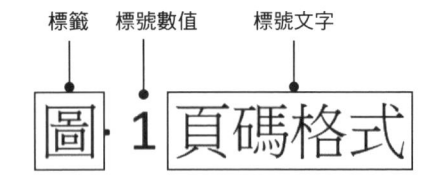

標籤　標號數值　標號文字

圖-1 頁碼格式

10.3.1 以標號功能為圖片自動編號

要為圖形插入標號,請點選該物件後,按右鍵執行「插入標號」指令,或是由「參考資料」標籤按下「插入標號」鈕,就會看到「標號」的視窗。

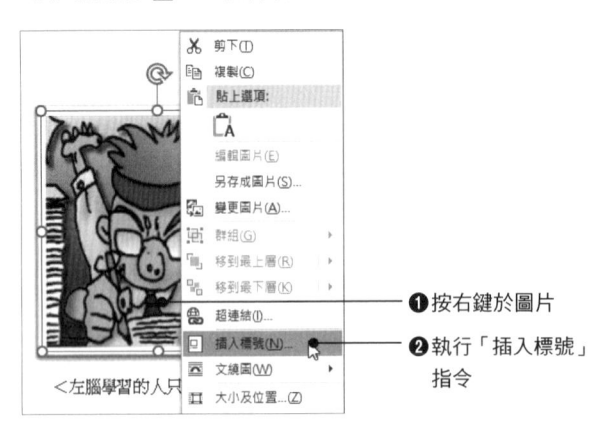

❶ 按右鍵於圖片
❷ 執行「插入標號」指令

←這裡顯示預設的標籤

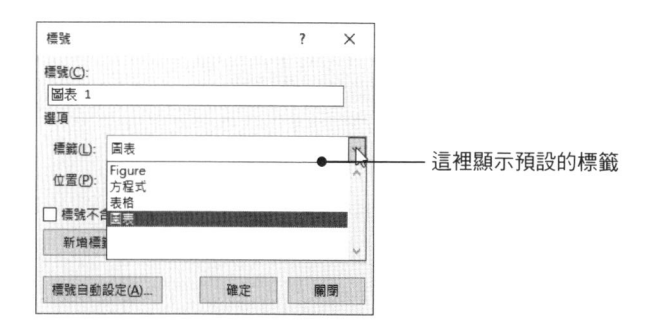

預設的標籤有如上四種，使用者也可以自訂標號的標籤。要新增標籤請依照下面的方式進行設定，這裡以「圖」標籤為各位作為示範說明：

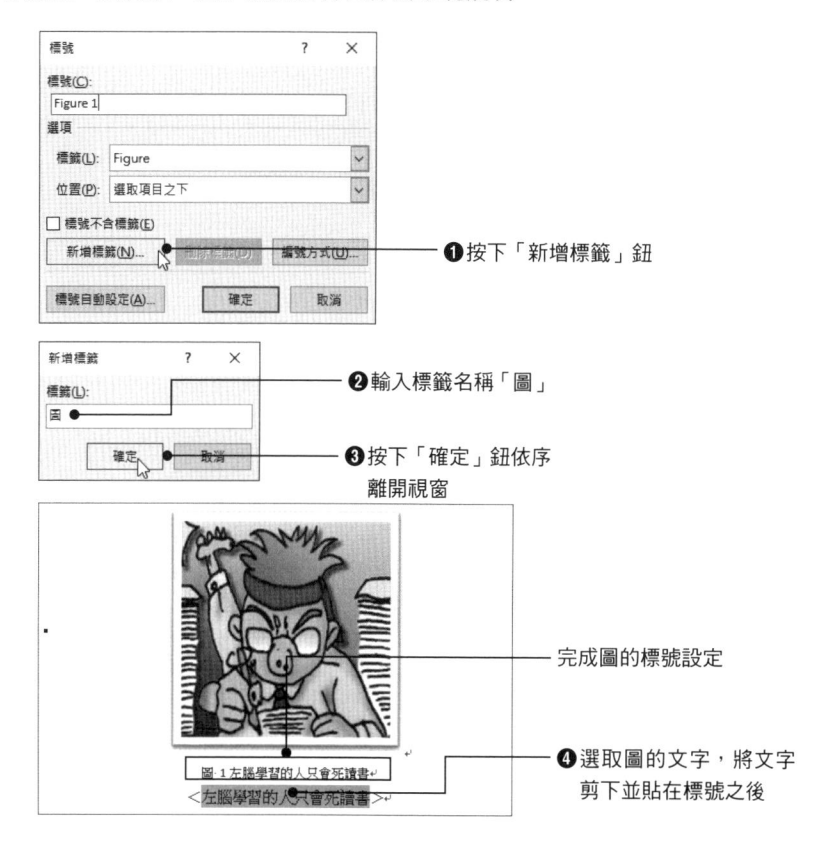

❶按下「新增標籤」鈕

❷輸入標籤名稱「圖」

❸按下「確定」鈕依序離開視窗

完成圖的標號設定

❹選取圖的文字，將文字剪下並貼在標號之後

標號的編號方式一般是以阿拉伯數字 1、2、3…等編碼格式呈現，如要設定其他編號格式，可按下「編號方式」鈕進入下圖視窗進行格式的選擇。另外，如果希望標號中可以顯現章節號，那麼請勾選「包含章節編號」的選項，然後再設定章節的起始樣式和分隔符號即可。但是使用包含有章節號的標號時，必須使用「多層次清單」功能對標號進行編號才行。

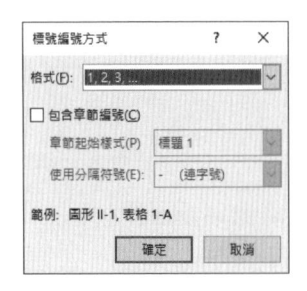

10.3.2 以標號功能為表格自動編號

要為表格插入標號,一樣是點選表格後,按右鍵執行「插入標號」指令,標籤選擇「表格」。

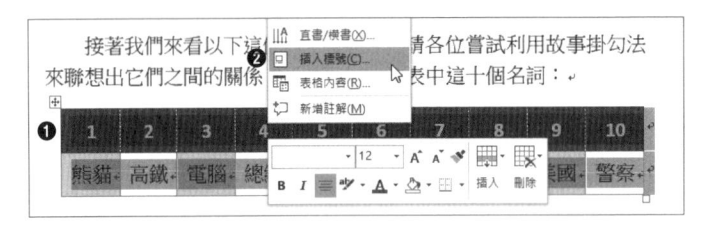

表格標號顯示在表格之上

10.3.3 標號自動設定

利用「插入標號」的功能,各位就可以依序將表格或圖表插入標號。萬一表格或圖表的位置有更動,或是在編排圖表時有所遺漏,只要在未加入標號的物件上執行「插入標號」指令,文件中的所有標號順序就會自動更新順序。另外,選取標號數值並按右鍵,再點選「更新功能變數」指令,也可以快速更新表格的編號順序。

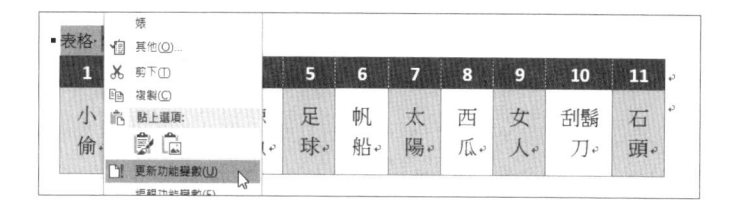

10.4 參考資料設定

大專學生、研究生、或從事學術工作的人，經常需要寫研究報告或論文，而大多數人都會使用 Word 來製作這些報告。這些學術論文或研究報告的撰寫都有一定的寫作格式，而且要求也非常嚴格，這裡先將論文與研究報告應該包含的部分列表於下：

論文

篇前	包含標題頁、簽名頁、摘要、序言、誌謝、目錄、圖目錄、表目錄。
本文	包含章、節、項、註腳。
篇後	包含參考文獻、附錄、索引。

研究報告

前言	說明研究動機與背景。
本文	包含章、節、項、註腳。
結論	包含參考文獻、附錄、索引。

在編輯研究報告或論文時，有些額外的專有名詞或內容，通常都需加入引文或註解，讓觀看文件者能夠更清楚了解該內容的意義。這些項目對一般的讀者來說可能不太熟悉，所以此處針對「註腳」、「參考文獻」、「附錄」、「索引」等項目做進一步的說明：

註腳

註腳是當文件內容有需要進一步說明，或提及他人的句子或觀念時，可運用註腳輔助說明。註腳通常會出現在一頁的下端、本文的左邊，也有些著作會將所有附註放在一章結束或全書正文結束之後。註腳的標示數字會依照整篇報告的註腳出現的順序作編號。

參考文獻

　　參考文獻一般是指作者在撰寫內容，所參考或引用的書目或期刊論文。論文中若引用他人的文獻，不但要註明出處，還要符合引文格式的規定，依照順序寫出這些參考的資料，使讀者容易查詢或深入研究，也是對參考對象的一個尊重。

附錄

　　附錄通常是放置文件的重要相關資料，只因其內容不適合放在本文中，故置於附錄之中供讀者查詢。附錄若有兩個以上，通常會以附錄 A、附錄 B…之順序依序陳列。

索引

　　索引是將文件中所有的詞句、主題、或重要資料如人名、概念等一併列出，同時註明出現在文中的頁次，方便讀者查閱。索引通常以 2 欄方式排列，中文是按照字體筆畫的多寡決定先後順序，英文則按照字母的順序排列，作為查詢資料的線索。

10.4.1 插入註腳或章節附註

　　要插入註腳，請先將插入點放在要插入註腳的位置，於「參考資料」標籤中按下「插入註腳」鈕，接著滑鼠會自動跳到該頁的尾端，同時顯示註腳分隔線及註腳參照編號，此時直接輸入註腳參照文字。

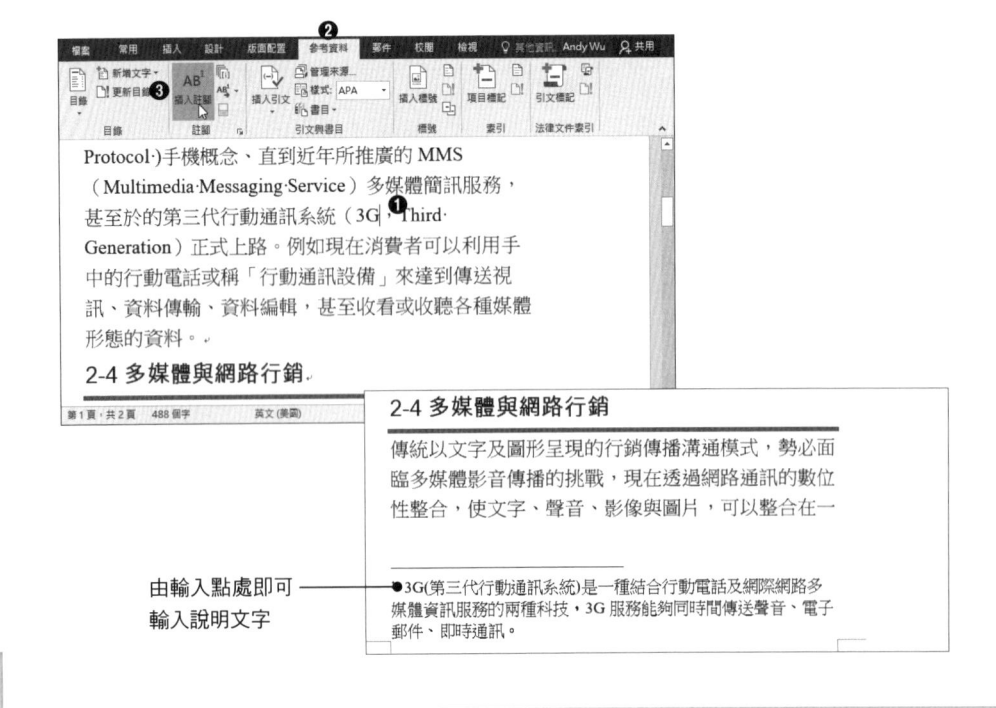

「章節附註」的作用與「註腳」雷同，所不同的是新增的章節附註會放在文件的最後或是小節的最後。請將輸入點放在要加入的地方，由「參考資訊」標籤按下「插入章節附註」鈕，就會自動切換到文件的最後一頁，直接輸入文字內容即可。

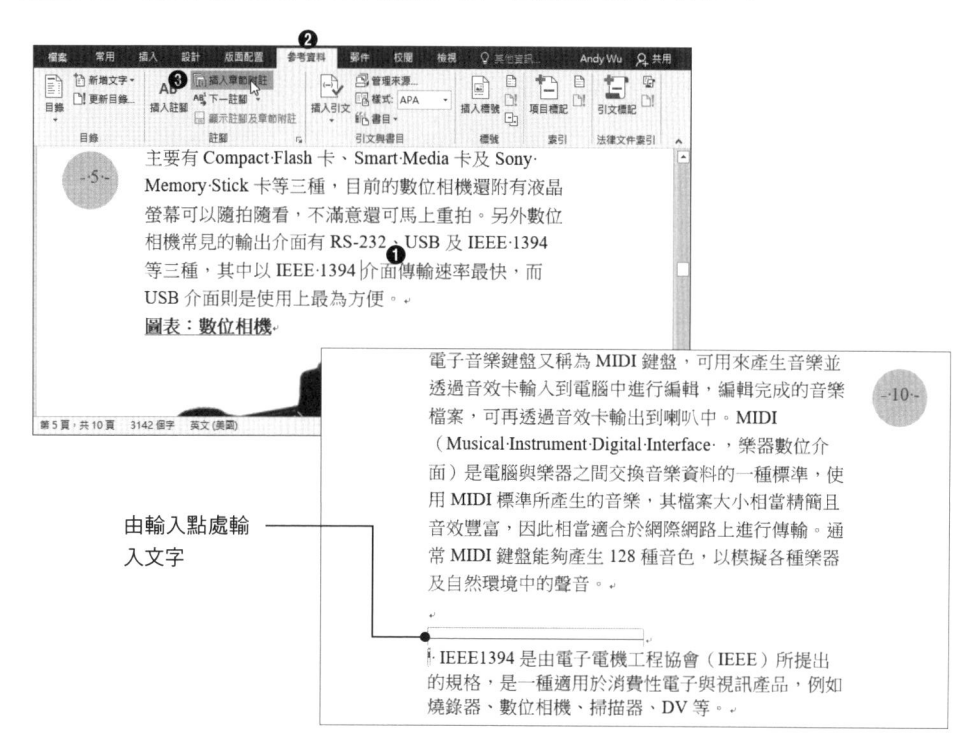

由輸入點處輸入文字

10.4.2 調整註腳／章節附註的位置與編碼格式

當文件中插入大量的註腳或章節附註後，如要查看註腳或章節附註的內容，可由「參考資料」標籤按下「下一個註腳」鈕，再下拉選擇所要查看的項目。

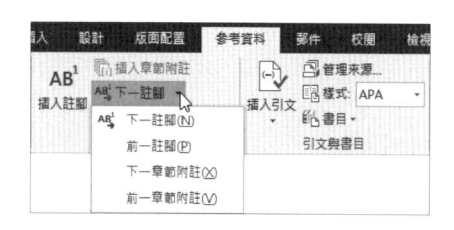

按下「註腳」群組旁的鈕，可針對註腳或章節附註的位置進行設定。例如註腳可放在本頁下緣或文字下方，而章節附註可設定再章節結束或文件結尾處。如要調整編號的數字格式，請由「數字格式」下拉進行變更。

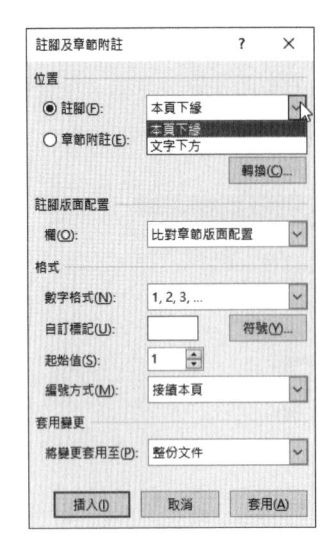

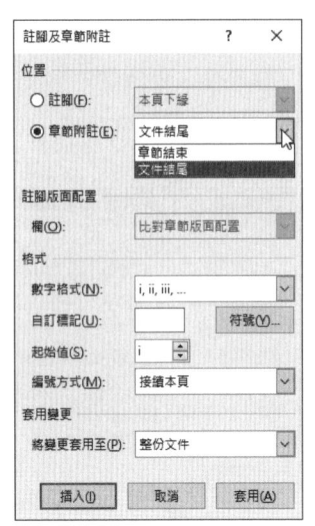

10.4.3 轉換註腳與章節附註

所加入的章節附註或註腳，彼此之間也可以互相轉換喔！在上圖的視窗中按下 轉換(C)... 鈕，即可在如下的視窗中選擇轉換的方式。

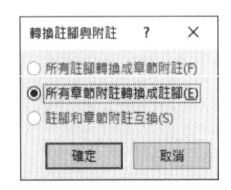

> **說明** 刪除註腳與章節附註
> 文件中所加入的註腳或章節附註若要刪除，只需點選內文中的註腳或章節附註的參照標記，按下 Delete 鍵，就可以將其參照文字一併刪除。

10.4.4 插入引文

文件中有時為了佐證個人的觀點，會在文件中引用其他書籍、期刊文章、研討會論文集…等文章內容，而所有的引文都必須註明資料的來源。使用「插入引文」功能時，會根據所選擇的「來源類型」的不同而顯示不同的欄位來讓編著者輸入來源資訊，引文的來源可為圖書、雜誌文章、期刊文章、研討會論文集、報告、網站、網站文件、電子資料來源、畫作、錄音、表演、影片、採訪、專刊、案例、甚至是其他，可引用的範圍相當廣闊，不一定只限於書籍或期刊雜誌。

要插入引文,請將輸入點放在引文處,由「參考資料」標籤按下「插入引文」鈕,下拉選擇「新增來源」指令,在「建立來源」的視窗中輸入相關資料即可。

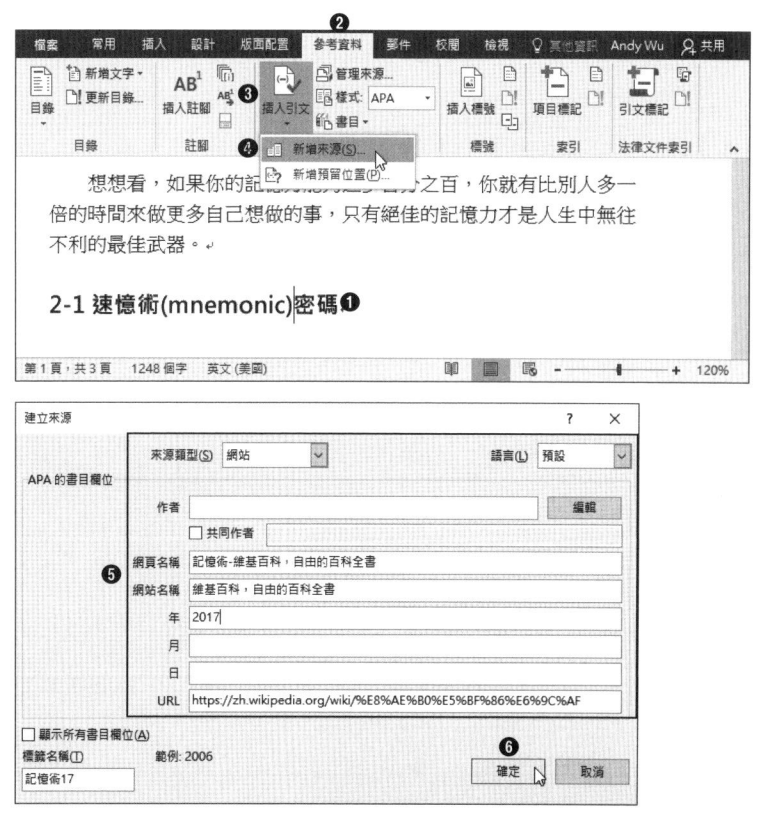

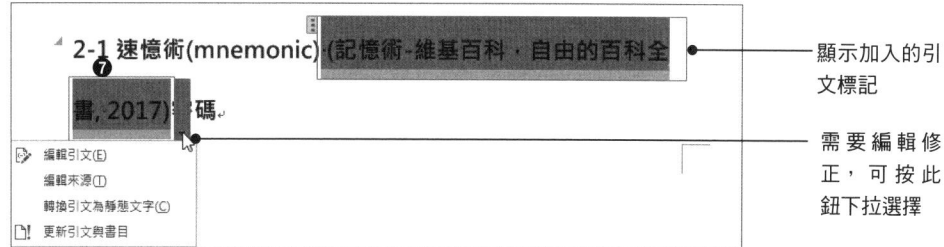

10.4.5 插入書目

文件中依序插入引文後,還可以根據所建立的引文資訊來自動產生書目。請將輸入點放在書目要插入的位置,由「參考資料」標籤按下「書目」鈕,並下拉選擇「插入書目」指令,就能加入參考的書目資料了。

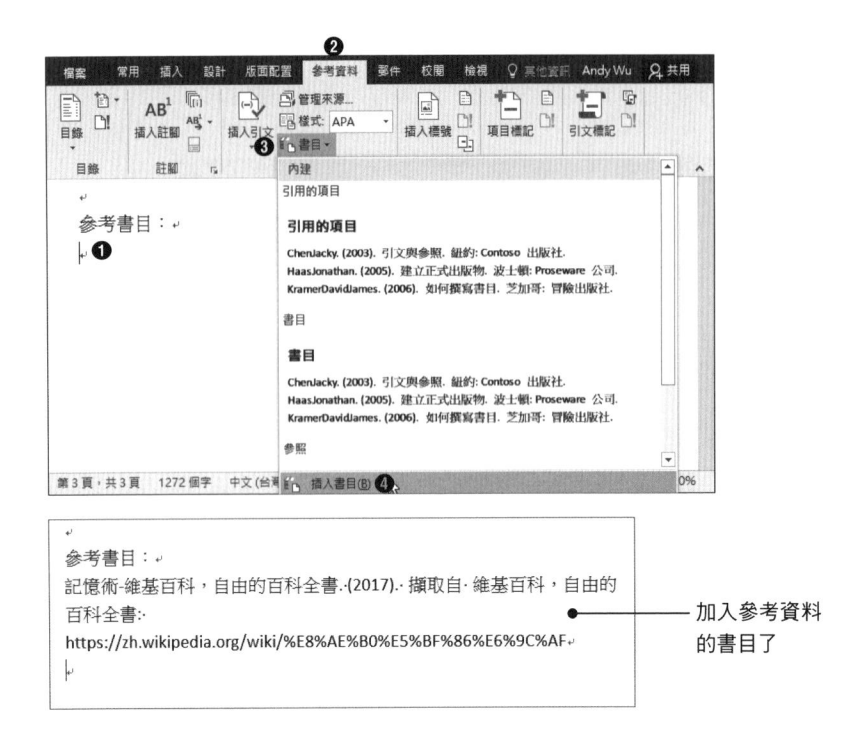

參考書目：
記憶術-維基百科，自由的百科全書 .(2017). 擷取自 維基百科，自由的百科全書:
https://zh.wikipedia.org/wiki/%E8%AE%B0%E5%BF%86%E6%9C%AF

加入參考資料的書目了

在編寫論文時，也可以一併組織所有參考的圖書、期刊、雜誌..等資料，方便書目的編輯與管理。請由「參考資料」標籤按下「管理來源」鈕，進入如下的「來源管理員」視窗，即可做來源的編輯、刪除，或是新增其他參考資料。

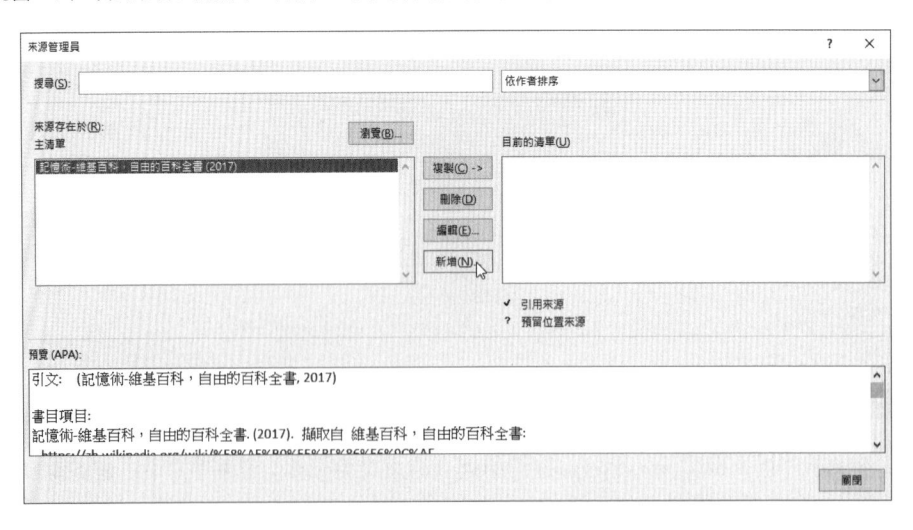

10.5 建立目錄

要製作目錄，最有效率的方式就是利用 Word 所提供的「目錄」製作功能，不但建立容易，更新也易如反掌。不像土法煉鋼的手動製作目錄，除了要不斷往返複製／貼上標題與頁碼外，一旦內容有所更動，要修正和確認標題、頁碼就得花費不少時間。

不過，使用「目錄」功能得配合「樣式」設定才能完成，也就是說，當您利用「樣式」功能將各標題與副標題都加入了樣式的設定，這樣才能使用「參考資料」標籤下的「目錄」功能。

10.5.1 以標題樣式自動建立目錄

要以標題樣式來自動建立目錄，請將輸入點放在要加入目錄的地方，由「參考資料」標籤按下「目錄」鈕，下拉選擇「自訂目錄」指令，在「目錄」視窗中按下「選項」鈕，以數字 1、2 設定文件中所設定的主／副標題樣式，再選擇套用的格式，離開視窗後就能完成目錄的加入。

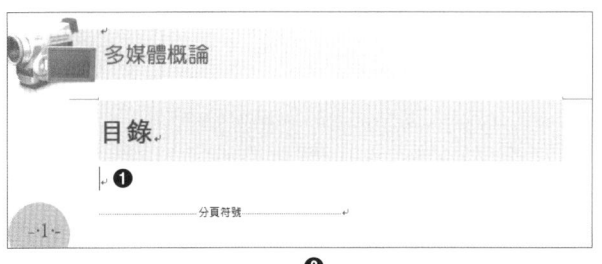

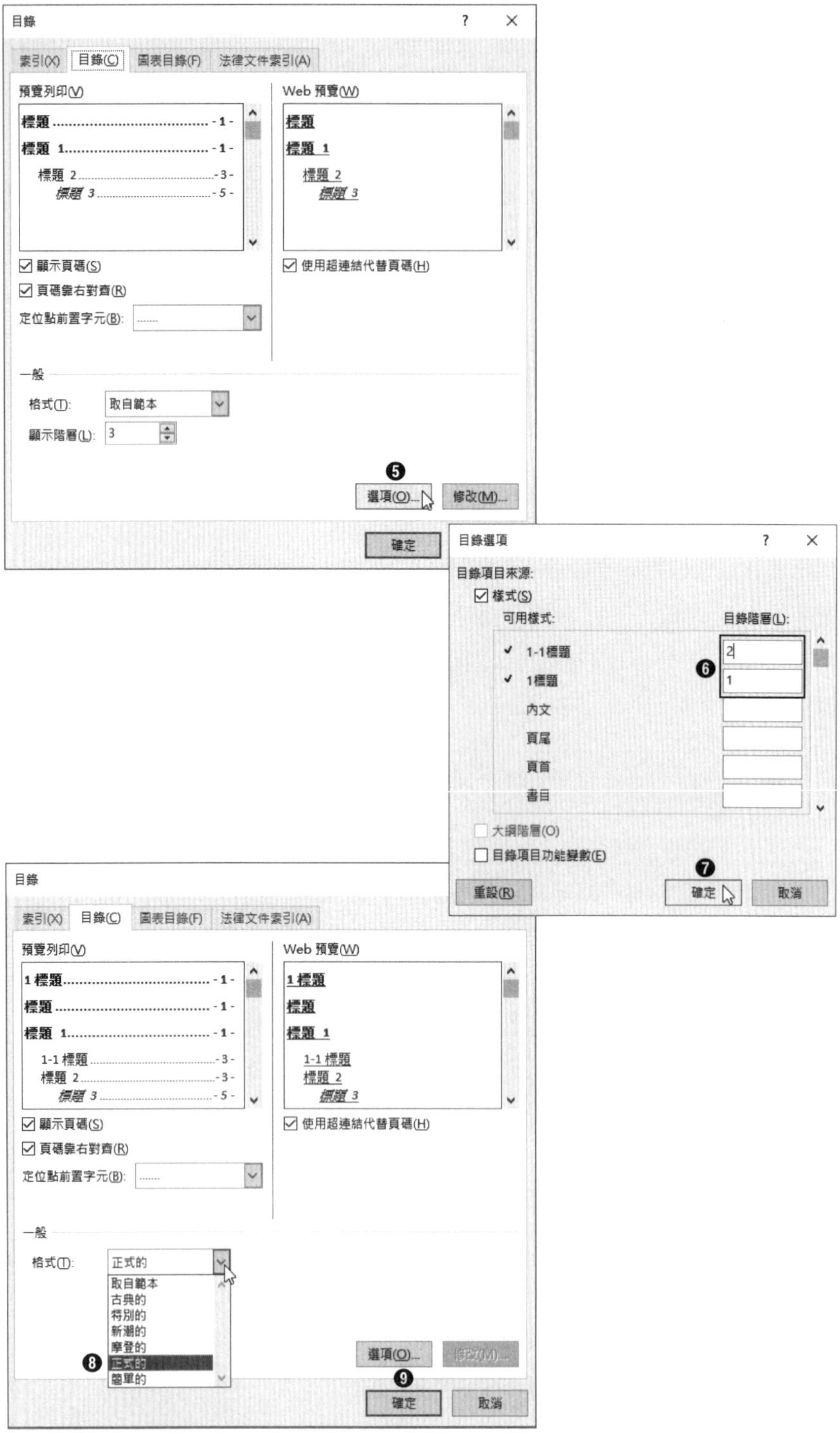
目錄
索引(X)
目錄(C)
圖表目錄(F)
法律文件索引(A)
預覽列印(V)
Web 預覽(W)
標題 1
標題 2
標題 3
顯示頁碼(S)
頁碼靠右對齊(R)
定位點前置字元(B):
使用超連結代替頁碼(H)
一般
格式(T):
取自範本
顯示階層(L):
3
5
選項(O)...
修改(M)...
確定
目錄選項
目錄項目來源:
樣式(S)
可用樣式:
目錄階層(L):
1-1標題
2
1標題
1
6
內文
頁尾
頁首
書目
大綱階層(O)
目錄項目功能變數(E)
重設(R)
7
確定
取消
1 標題
1-1 標題
正式的
古典的
特別的
新潮的
摩登的
簡單的
8
9
取消

完成目錄的加入

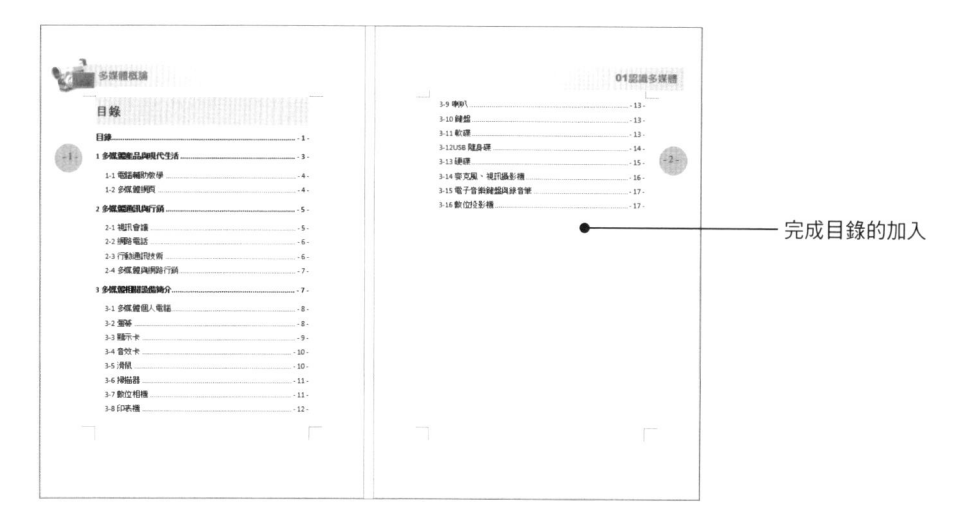

目錄建立完成後，以滑鼠按一下目錄範圍內的任意位置，會自動顯示灰色的網底。此時若按Ctrl鍵在目錄中的標題，它就會自動跳到文件中與標題對應的位置。如圖示：

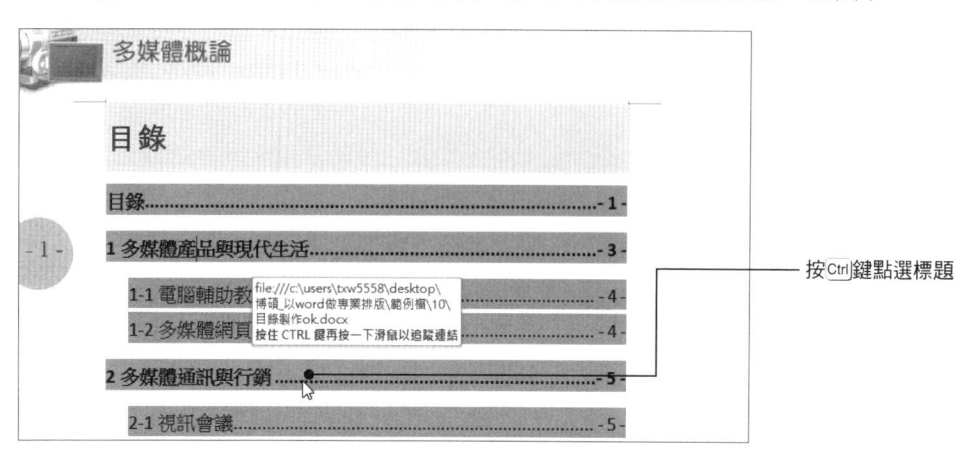

按Ctrl鍵點選標題

文件直接跳到標題對應的位置

223

10.5.2 更新目錄

文件的內容如有更動,想要更新目錄的資料,只要從「參考資料」標籤按下「更新目錄」鈕,就可以在如下視窗中選擇更新頁碼或整個目錄。

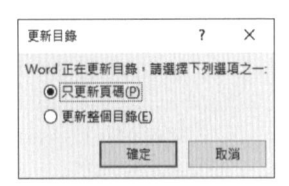

10.5.3 使用標號樣式建立圖表目錄

排版的文件中如果有為圖表、表格或方程式等加入標號的設定,那麼也可以將這些圖表製作成目錄。請由「參考資料」標籤按下「插入圖表目錄」鈕,在開啟視窗中將「標題標籤」設為要加入的標號類型,接著按下「選項」鈕,勾選「樣式」後並下拉選擇圖表,依序離開後就完成圖表目錄的加入。

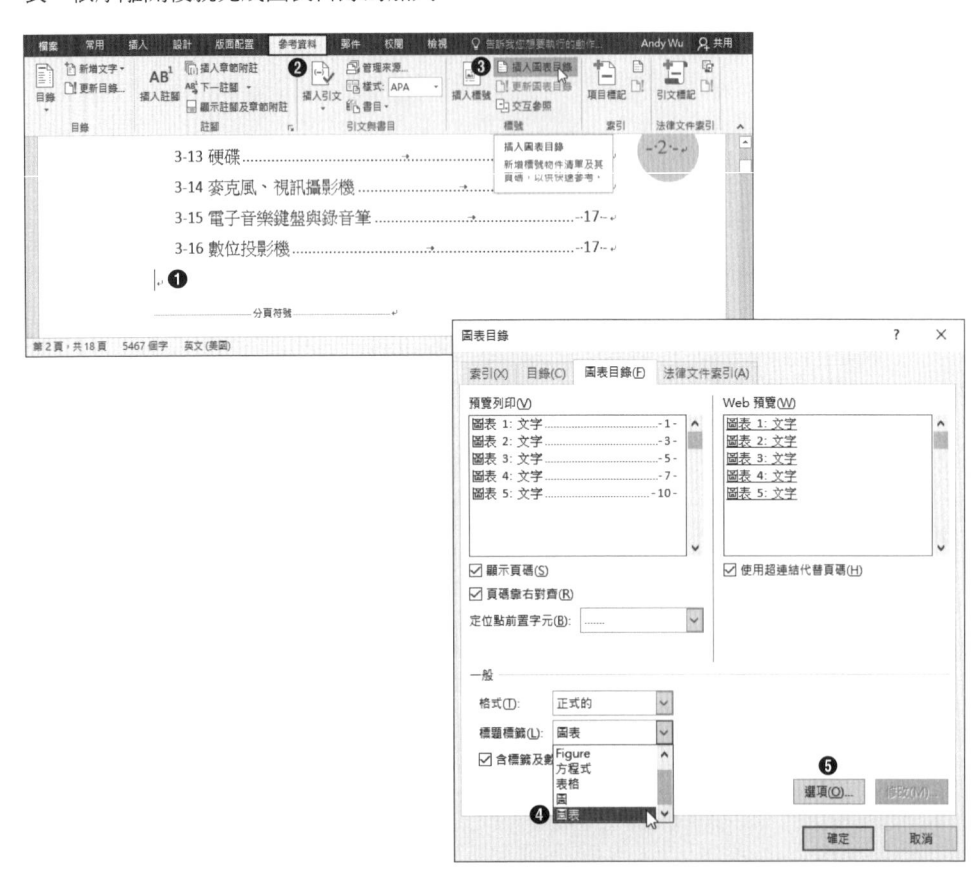

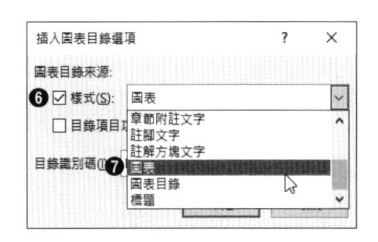

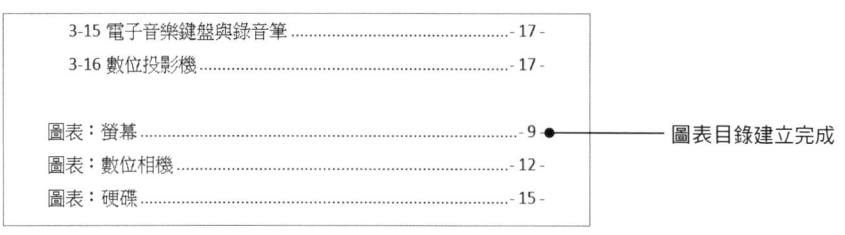

```
    3-15 電子音樂鍵盤與錄音筆 ...................................... - 17 -
    3-16 數位投影機 ........................................................ - 17 -

    圖表：螢幕 ................................................................. - 9 -  ← 圖表目錄建立完成
    圖表：數位相機 ......................................................... - 12 -
    圖表：硬碟 ................................................................. - 15 -
```

> **說明／更新圖表目錄**
> 如果圖表目錄有需要做更新，可直接在「參考資料」標籤中按下「更新圖表目錄」鈕來更新頁碼或整個目錄。

10.5.4 設定目錄格式

在建立目錄時，也可以一併為目錄的文字建立格式。其方法就是當各位按下「目錄」鈕並選擇「自訂目錄」後，先按「選項」鈕指定目錄來源，接著將「格式」設為「取自範本」，再按「修改」鈕進行目錄格式的設定。

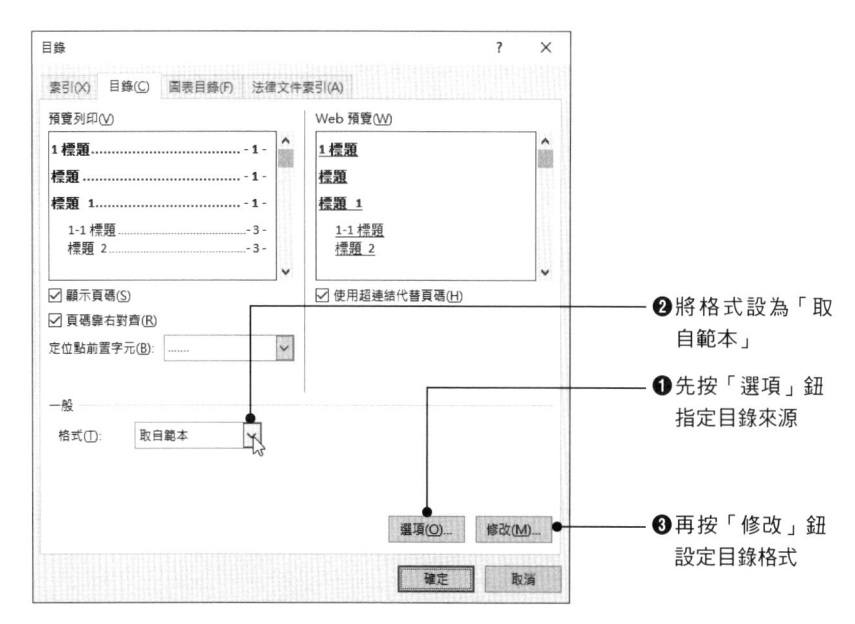

❶ 先按「選項」鈕指定目錄來源
❷ 將格式設為「取自範本」
❸ 再按「修改」鈕設定目錄格式

請分別點選「目錄1」和「目錄2」的選項，按下「修改」鈕變更目錄1與目錄2的樣式。

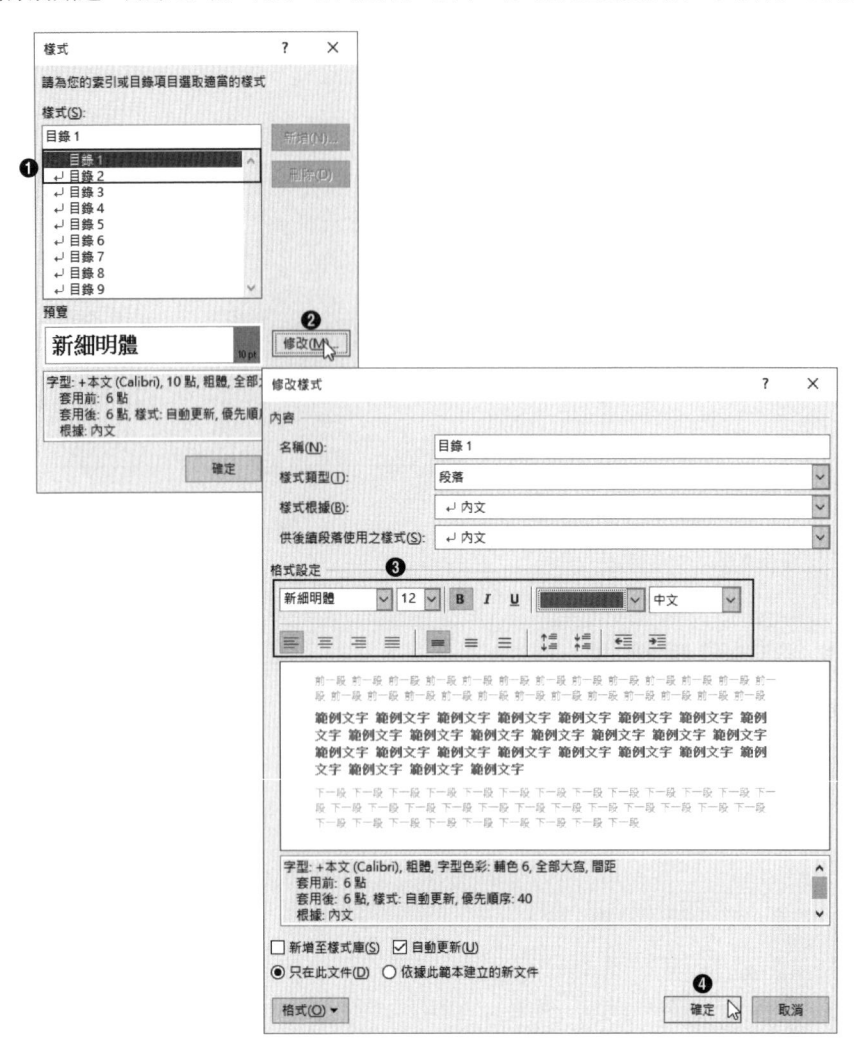

變更完成時，可從「預覽列印」處看到變更的效果，離開「目錄」視窗即可看到美美的目錄外觀。

目錄格式一
併設定完成

> **說明** 將目錄文字轉換成普通文字
> 目錄製作完成後如果確定不會再做變更，可以考慮將目錄轉換成普通文字，請同時按 `Ctrl` + `Shift` + `F9` 鍵 3 次就可以辦到喔！

10.6 封面製作

文件排版大致底定後，最後還必須加入封面，讓文件有個美美的外觀，一方面能夠表達文件的主題和製作者的資訊，也能透過封面的設計來吸引觀看者的目光。

10.6.1 插入與修改內建的封面頁

Word 軟體內建各種不同風格的封面頁,使用者可以加以套用與修改。要插入封面頁,請將輸入點放在文件的最前端,由「插入」標籤按下「封面頁」鈕,再由內建的縮圖中選取想要套用的封面效果。

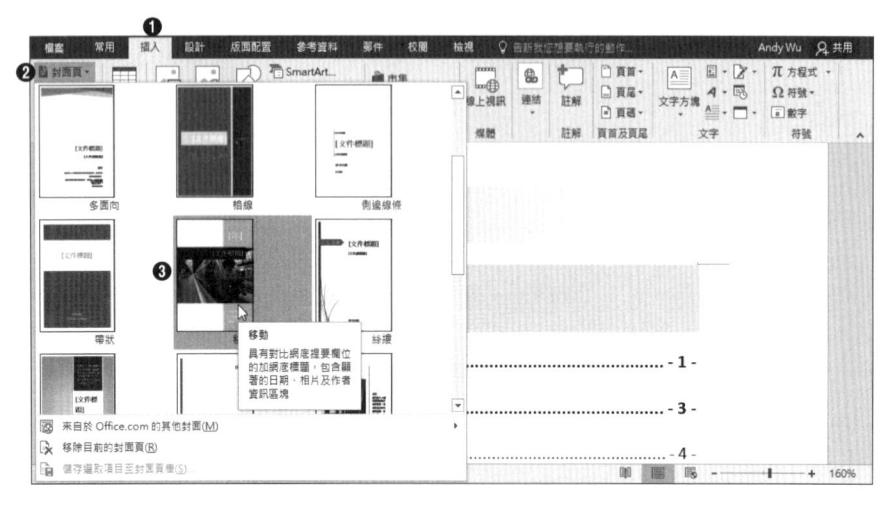

輕鬆在目錄之前插入封面頁

套用封面頁後,由於頁面中的欄位都是由快速組件所構成,所以選取組件預設格式的文字,就可以變更文字內容,也可以更改字體的樣式,或是變更圖案的色彩。

封面上的文字都是由快速組件所組合而成，點選即可變更文字內容

如要變更文件中的預設相片，請按右鍵執行「變更圖片」鈕，接著「從檔案」找到要替換的圖片檔，再調整圖案的比例大小即可。

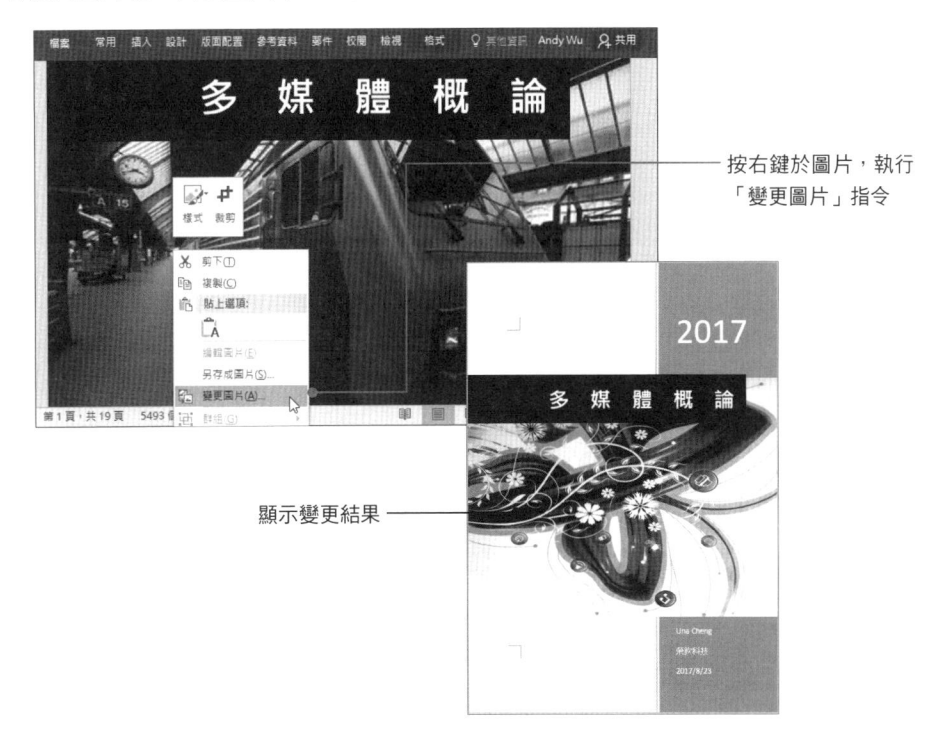

按右鍵於圖片，執行「變更圖片」指令

顯示變更結果

10.6.2 插入空白頁或分頁符號

除了使用內建的封面頁外，想要在目錄之前插入封面圖檔，那麼就要先插入一個空白頁或分頁符號才行。請先將輸入點放在文件最前面，由「插入」標籤按下「空白頁」鈕或是「分頁符號」鈕。

加入空白頁面後，由「插入」標籤按下「圖片」鈕將圖檔插入後，變更「文繞圖」方式為「文字在前」，然後將圖片縮放成與文件同大小就可以搞定。

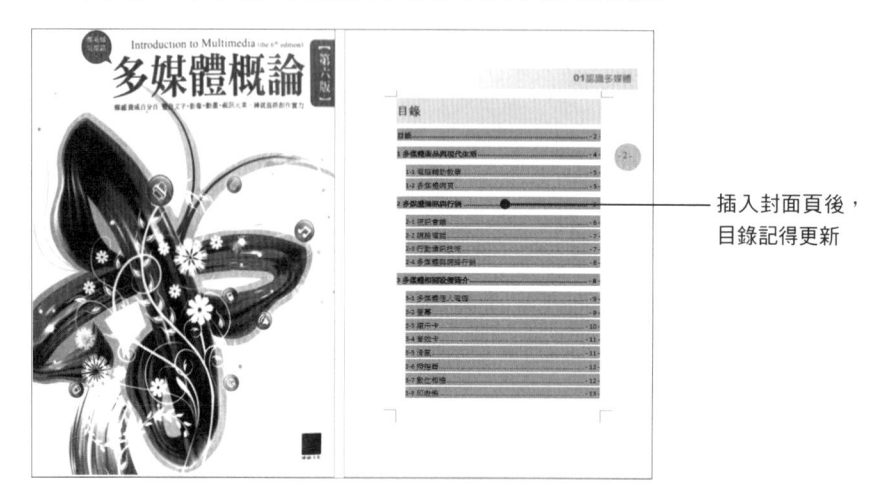

插入封面頁後，目錄記得更新

10.7 主控文件應用

通常 Word 文件如果包含數十頁或數百頁，在開啓檔案或編輯文件時都會較耗損時間，尤其是圖片資料較多時，有時還會出現程式無法回應的窘境。對於書冊的排版，如果將各章分散儲存，當需要為這些文件建立統一的頁碼和目錄就會變得比較複雜些，而主控文件的目的就是在解決這些問題。主控文件並不會包含各個獨立的文件內容，而是透過超連結來指向這些子文件。

10.7.1 將多份文件合併至主控文件

要將多份的子文件合併到主控文件中，首先必須確保主控文件的頁面配置與子文件相同，同時主控文件中所使用的樣式與範本與子文件相同，這樣才能做合併的動作。

各位可以利用範本檔開啓空白文件後，刪除所有文件內容後，由「檢視」標籤中按下「大綱模式」鈕。

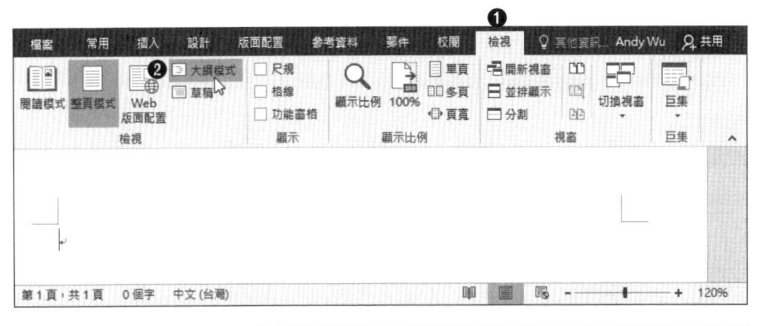

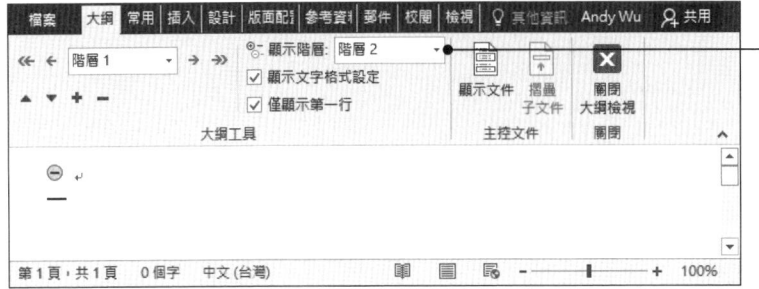

請在「大綱」標籤中按下「顯示文件」鈕,於「主控文件」群組中按下「插入」鈕,在「插入子文件」視窗中依照書冊的編排順序,依序將子文件開啟到主控文件中。

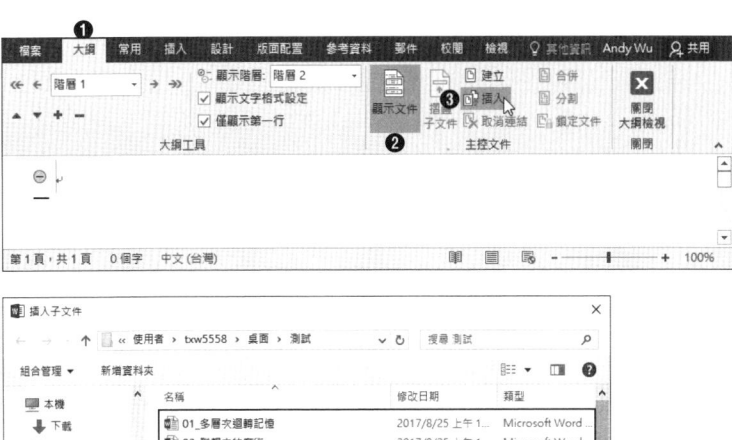

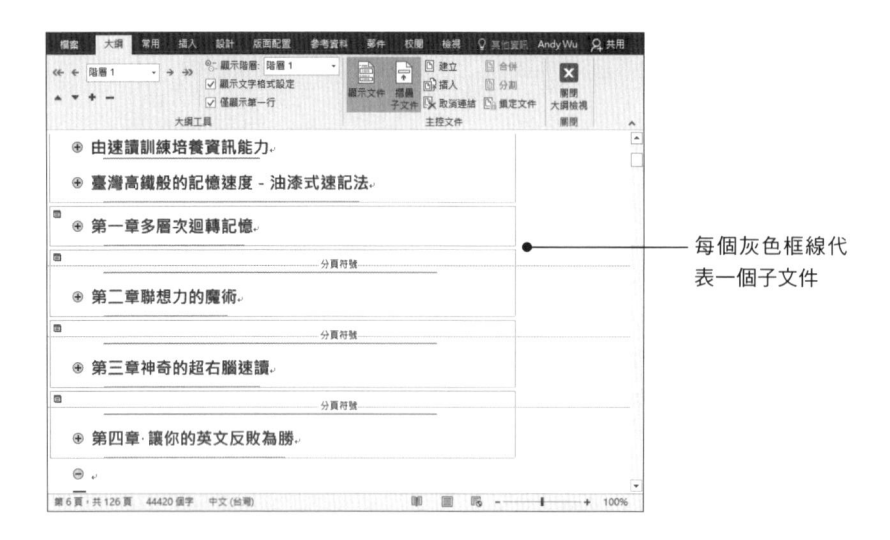

各位可以看到，階層1的標題就代表一個子文件，同時四周會有個灰色框線圍繞，表示子文件的範圍。框線左上角還有一個圖示，按滑鼠兩下於該圖示上，可以快速開啟對應的子文件內容。

另外，在插入子文件時，有時候會顯示如下的詢問視窗，這是因為所插入的文件與主控文件具有相同的樣式，這裡建議各位按下「以上皆非」鈕，不要讓樣式重新命名，以確保子文件內容的完整性。

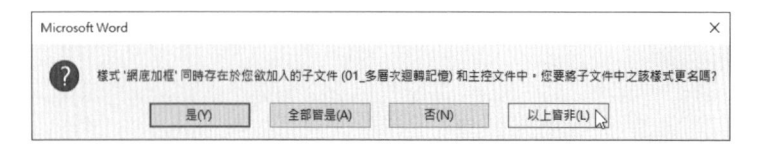

文件都插入後，由「大綱」標籤按下「關閉大綱檢視」鈕，將會回到「整頁模式」，此時可瀏覽所有文件合併之後的效果，請檢查一下各章頁碼、頁首頁尾相關資訊，看看是否有錯誤，如果有誤就要回到子文件中進行修正。若確定沒問題，請將檔案命名為「主控文件.docx」。

10.7.2 調整子文件先後順序

在插入子文件的過程中，如果發現文件的順序有誤，可利用滑鼠按住文件標題左側的 ⊕ 鈕不放，然後拖曳到正確的位置上使出現黑色的三角形，放開滑鼠後，子文件的順序就變更完成。

❶ 按住圓形的十字按鈕不放

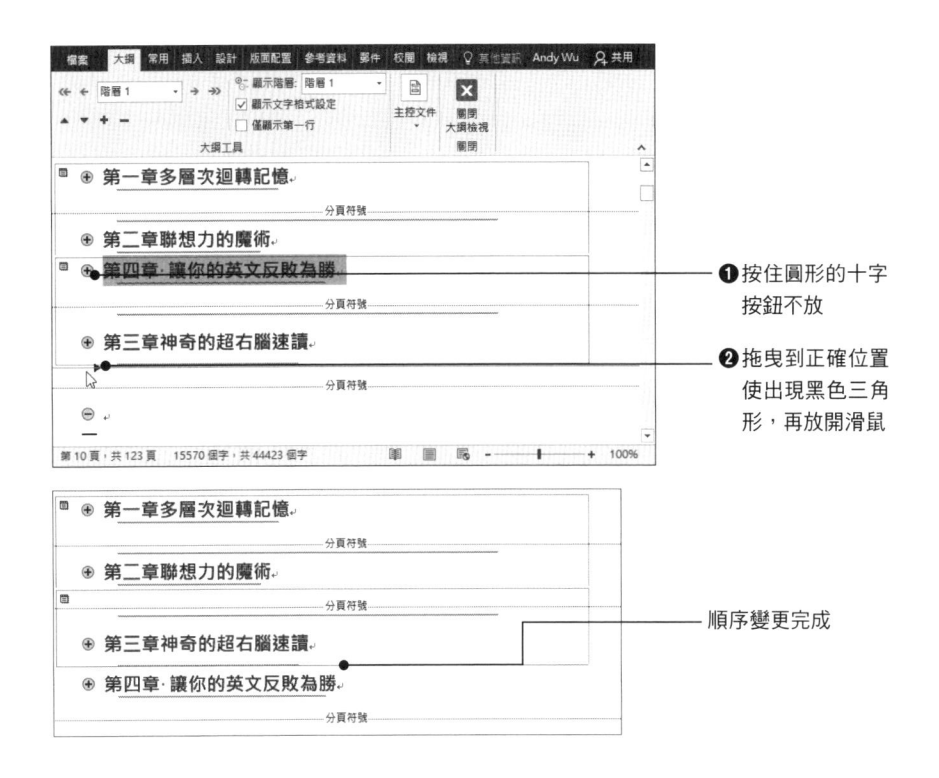

❷ 拖曳到正確位置使出現黑色三角形，再放開滑鼠

順序變更完成

10.7.3 鎖定子文件防止修改

想要避免因為操作過程的不小心而導致子文件被修改的情況，可以指定將子文件設定為鎖定狀態。請先將輸入點放在要鎖定的子文件範圍內，由「大綱」標籤中按下「鎖定文件」鈕，就會在子文件標題左側出現🔒圖示。

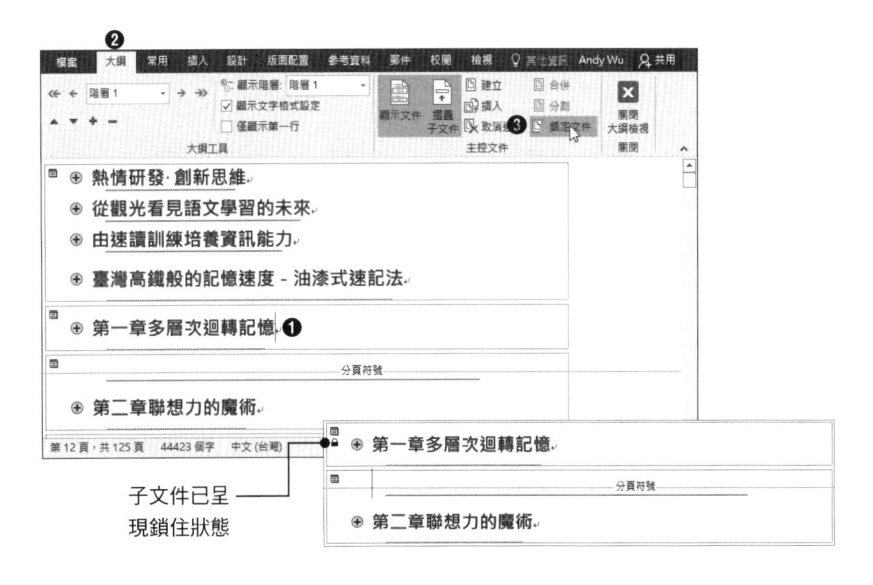

子文件已呈現鎖住狀態

233

子文件被鎖住後,在「大綱」模式或「整頁」模式中,就無法修改文件內容。

> **說明** 解除子文件鎖住狀態
> 想要解除子文件被鎖住的狀態,只要在「大綱」模式中再次按下「鎖定文件」鈕就可搞定。

10.7.4 在主控文件中編輯子文件

建立主控文件以後,下次在開啟「主控文件」的檔案時,只會顯示如下圖所示的超連結,而直接按 Ctrl 鍵 + 超連結文字,即可開啟子文件。

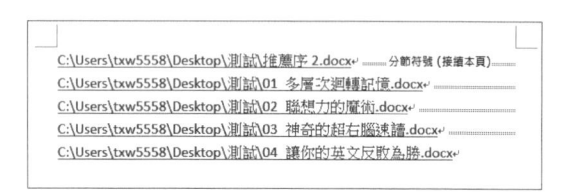

```
C:\Users\txw5558\Desktop\測試\推薦序 2.docx    分節符號 (接續本頁)
C:\Users\txw5558\Desktop\測試\01 多層次迴轉記憶.docx
C:\Users\txw5558\Desktop\測試\02 聯想力的魔術.docx
C:\Users\txw5558\Desktop\測試\03 神奇的超右腦連讀.docx
C:\Users\txw5558\Desktop\測試\04 讓你的英文反敗為勝.docx
```

10.7.5 將子文件內容寫入主控文件中

在預設的狀態下,所建立的主控文件只是包含超連結,用以指向所連結的子文件。如果想要將子文件內容都寫入主控文件中,以便讓主控文件包含所有編排的內容,那麼只需切斷主控文件與子文件的連結關係。請在主控文件中依序將輸入點放在個子文件的範圍內,在「大綱」標籤中按下「取消連結」鈕。

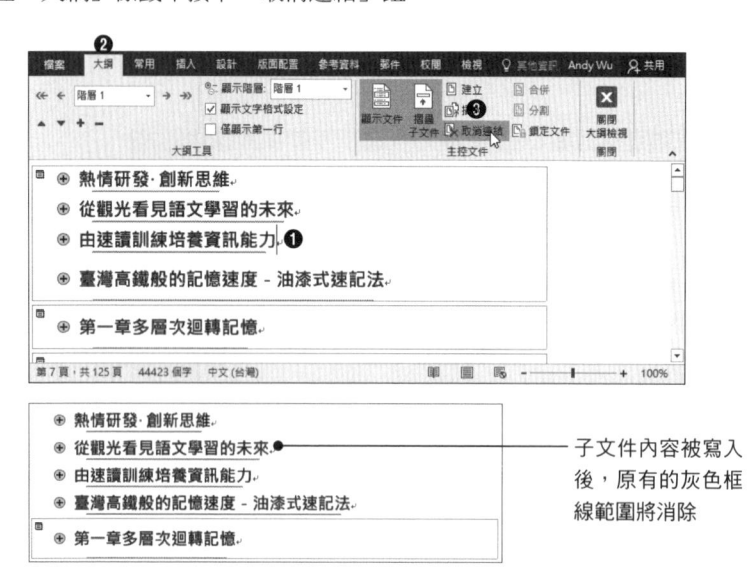

子文件內容被寫入後,原有的灰色框線範圍將消除

> **說明** 將一份文件分割成多份獨立文件
>
> 要將一個包含大量內容的文件分割成多個子文件，可以利用「大綱模式」來處理。在進入大綱模式後，將滑鼠游標放在由「大綱」標籤按下「建立」鈕就可辦到，但要注意的是，分割後的原文件將不包含任何實際內容，而只包含指向這些獨立子文件的超連結喔！

10.8 實作－章名頁 / 書名頁 / 推薦序言 / 目錄 / 主控文件設定

這個小節將針對章名頁、書名頁、推薦序言、目錄、主控文件等加入方式做說明，同時介紹如何在同一文件中，讓推薦序1、2、3與序言都能在頁首處標示出來，讓各位輕鬆完成長篇文件的編排與組合。相關範例檔都放在「10/實作」資料夾中，請依照指示進行開啟檔案練習。

10.8.1 各章加入章名頁

1. **以插入圖片方式插入章名頁**：先開啟「實作」資料夾中的「01_多層次還轉記憶.docx」文件檔，將輸入點放在第一頁的開始處，由「插入」標籤按下「圖片」鈕，將「01章名」圖檔插入。

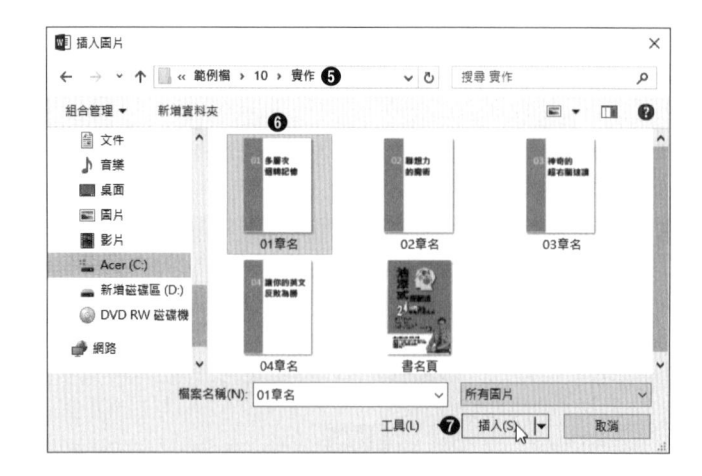

2. **變更文繞圖方式**：圖片選取情況下，由「格式」標籤按下「文繞圖」鈕，並下拉選擇「文字在前」的排列方式。

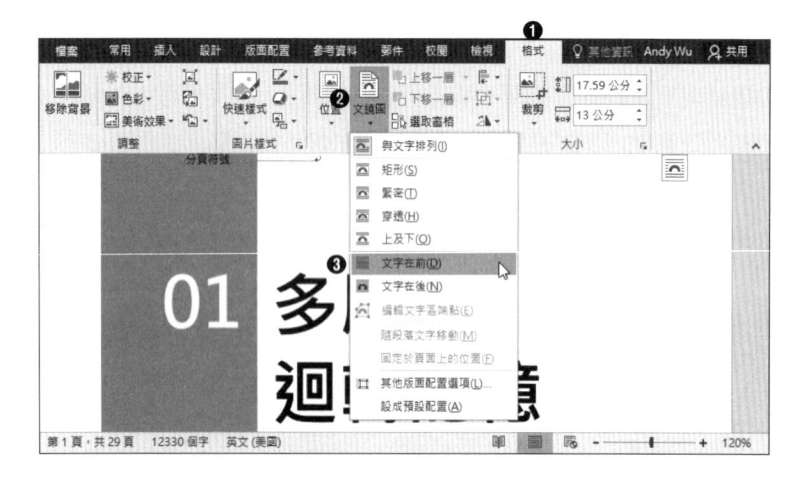

3. **調整圖片大小並儲存文件**：拖曳圖片四角的控制點，使圖片佈滿整個頁面，然後按下左上角的「儲存檔案」鈕使儲存文件。

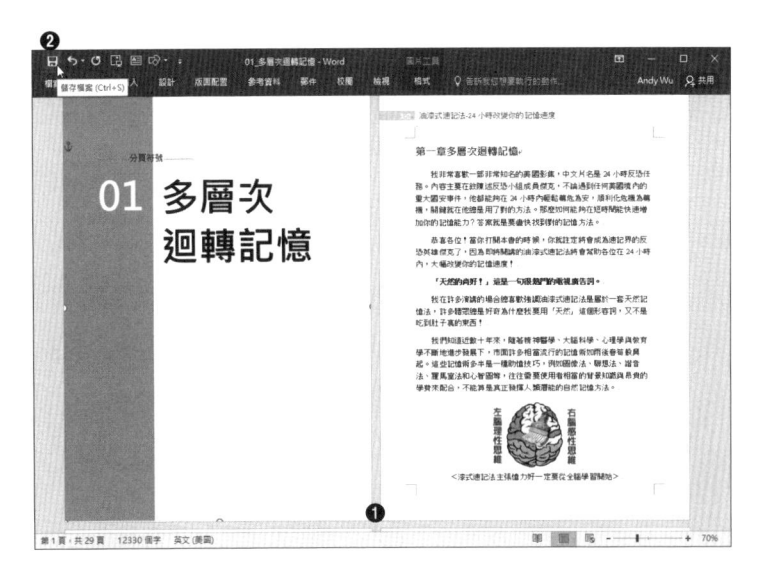

同上方式，依序完成 02、03、04 章的章名頁設定與檔案的儲存。

10.8.2 加入書名頁

請開啟「推薦序.docx」文件檔，這個檔案將同時放入書名頁、三篇推薦序、自序等內容，稍後還會加入目錄。

開啟該文件檔後，首先要在第一頁先加入書名頁，書名頁之後一般為空白頁，也可以加入版權聲明或是出版品的編目資料。此處我們以空白頁作為示範。

1. **插入空白頁**：開啟「推薦序.docx」文件檔，將輸入點放在第一頁的開始處，由「插入」標籤按下「空白頁」鈕使插入空白頁。

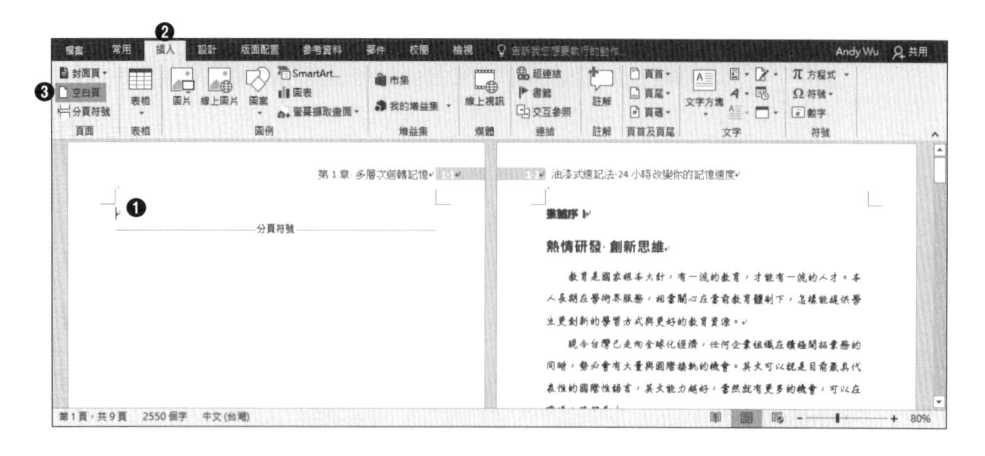

2. **以插入圖片方式插入書名頁**：將輸入點放在第一頁的開始處，由「插入」標籤按下「圖片」鈕，找到「書名頁」圖檔後，將它插入並調整大小使貼滿整個頁面。

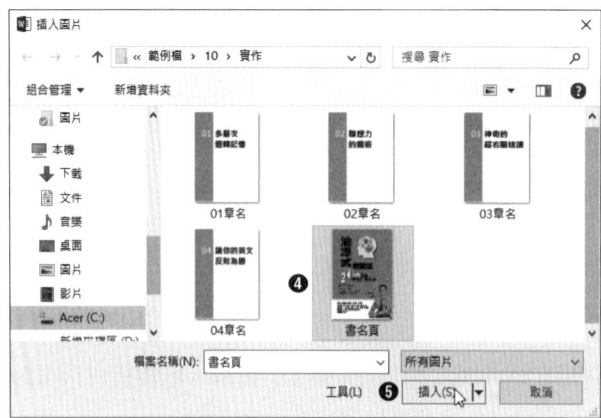

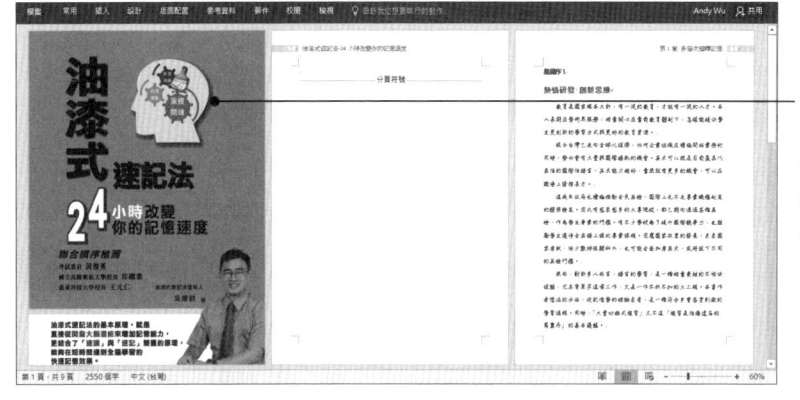

設定文繞圖方式，再調整寬高，使符合滿版，而第二頁為空白頁

第二頁因為會顯示頁首頁尾資訊，所以請自行以「圖案」鈕插入一白色矩形。

10.8.3 推薦序言與頁首資訊設定

從第三頁開始要放「推薦序1」，第五頁開始「推薦序2」，第七頁開始「推薦序3」，第九頁開始「自序」，同時從頁首處做設定，讓右側的頁首能分別顯示出推薦序與自序的不同。至於頁碼部分則改使用羅馬編號，同時由書名頁開始編碼。

1. **在推薦序1開始處插入分節符號**：滑鼠指標放在「推薦序1」文字前，由「版面配置」標籤中按下「分隔符號」鈕，並下拉選擇「下一頁」的分節符號。

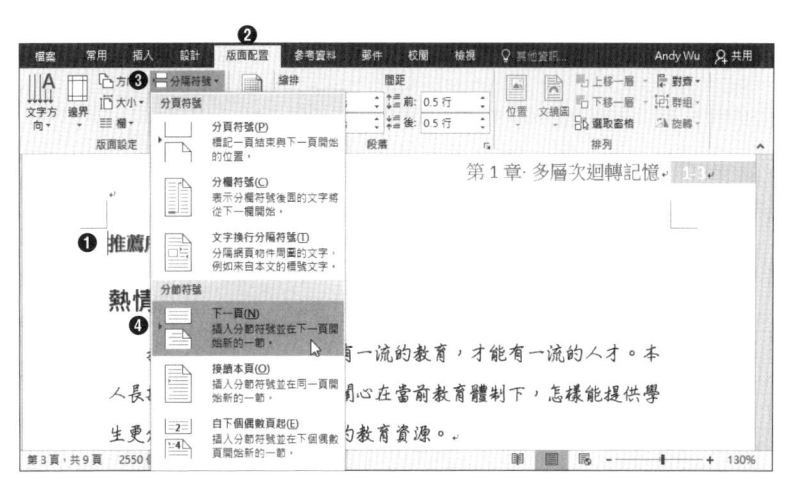

2. **設定推薦序1的頁首文字與頁碼格式**：在推薦序1的頁首處按滑鼠兩下，使進入頁首編輯狀態，將標題名稱變更為「推薦序1」，點選頁碼「1-3」，將前方的章名去除。接著由「設計」標籤按下「頁碼」鈕，點選「頁碼格式」指令，將「數字格式」設為

羅馬數字後,頁碼編排方式設為「接續前一節」,按下「確定」鈕離開就會看到變更結果。

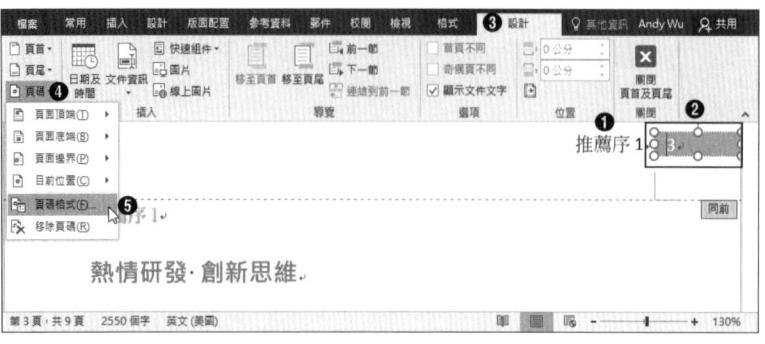

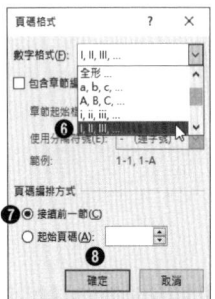

奇數頁的頁首設定完成後,請下移到下一頁,在偶數頁的頁首處,將頁碼編號的章名編號刪除,完成偶數頁頁碼的變更。

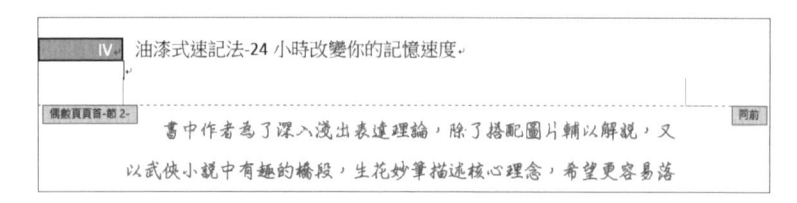

3. **設定推薦序 2 的頁首文字**：輸入點放在「推薦序 2」文字前，由「版面配置」標籤中按下「分隔符號」鈕，接著選擇「下一頁」的分節符號。進入頁首編輯狀態，先按下「設計」標籤中的「連結到前一節」鈕，使取消連結狀態，再將標題名稱變更為「推薦序 2」。如此一來，在觀看「推薦序 1」時，奇數頁會顯示「推薦序 1」的頁首資訊，觀看「推薦 2」時，頁首顯示的資訊為「推薦序 2」。

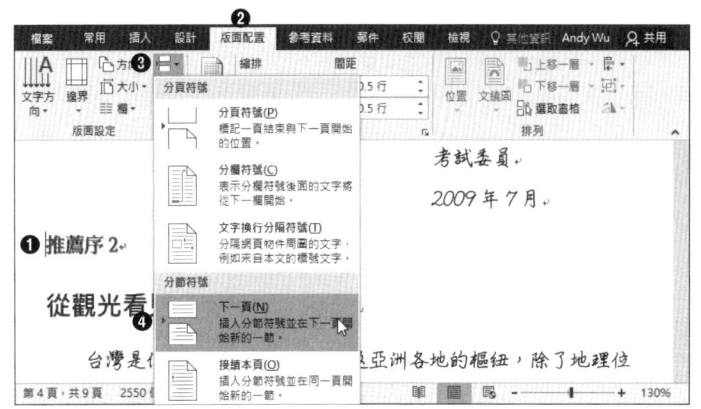

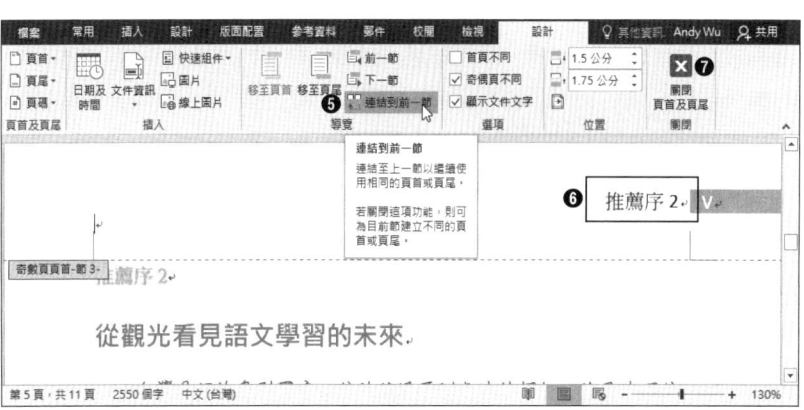

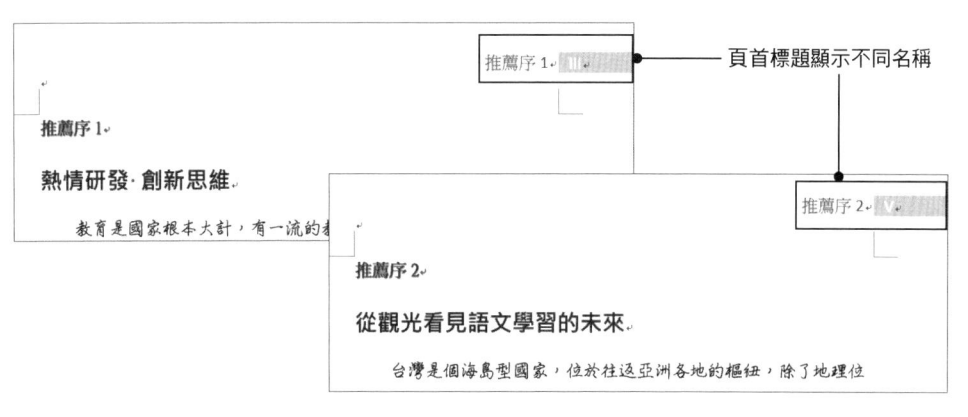

確認沒問題後，請自行以相同方式設定「推薦序 3」與「自序」的頁首標題。

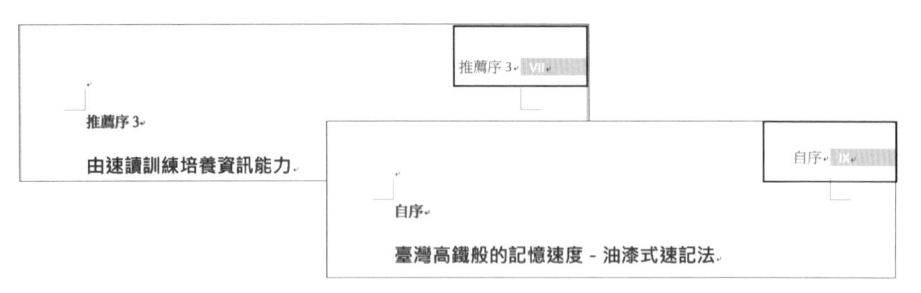

10.8.4 加入章節目錄

在「推薦序.docx」文件之後，我們要繼續加入章節目錄。章節目錄的設定，通常都是在一校稿確認之後，排版人員才會開始製作。由於各章都放置在不同的檔案當中，所以我們可以在加入目錄之後，再將它拷貝到「推薦序.docx」後面。

1. **自訂目錄**：先開啟「01_多層次迴轉記憶.docx」文件，將輸入點放在文件最後，由「參考資料」標籤按下「目錄」鈕，下拉選擇「自訂目錄」指令使進入「目錄」視窗。請取消「使用超連結代替頁碼」的選項，確認勾選「頁碼」和「頁碼靠右對齊」的選項，並設定定位點前置字元。格式設為「取自範本」，顯示階層設為「2」，再按下「選項」鈕確定目錄項目來源是否設定在「標題 1」與「標題 2」的位置上，按下「確定」鈕離開後，再按下「修改」鈕進入「樣式」視窗，把「目錄 1」修改成褐色粗體，依序離開視窗，就會看到建立完成的目錄。

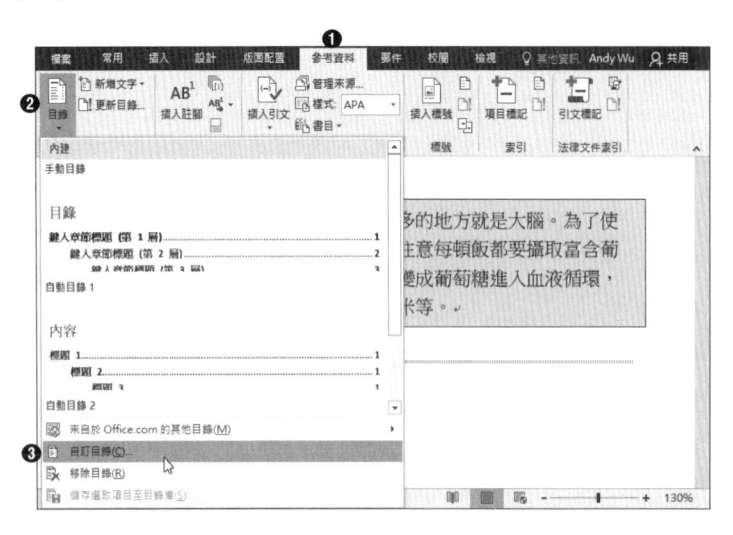

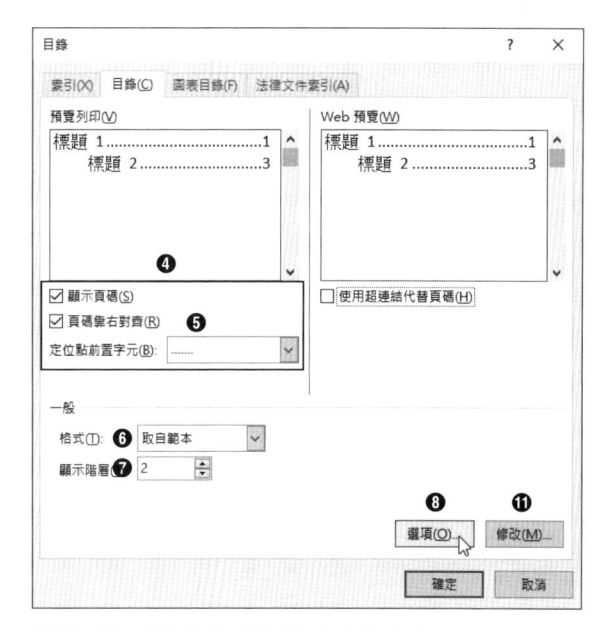

CHAPTER 10 長文件的排版技巧

目錄對話方塊

預覽列印(V)：
標題 1 1
　　標題 2 3

Web 預覽(W)：
標題 1 1
　　標題 2 3

❹

☑ 顯示頁碼(S)
☑ 頁碼靠右對齊(R) ❺
定位點前置字元(B)：------

☐ 使用超連結代替頁碼(H)

一般
格式(T)： ❻ 取自範本
顯示階層(L)： ❼ 2

❽ 選項(O)... ⓫ 修改(M)...

確定　取消

目錄選項

目錄項目來源：
☑ 樣式(S)
可用樣式：　　　目錄階層(L)：
　純文字
　網底加框
❾ ✓ 標題 1　　　　1
　✓ 標題 2　　　　2
　　標題 3
　　標題 4

☑ 大綱階層(O)
☐ 目錄項目功能變數(E)

重設(R)　　❿ 確定　取消

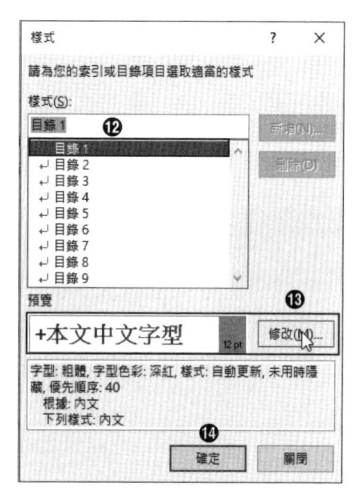

樣式

請為您的索引或目錄項目選取適當的樣式
樣式(S)：
目錄 1 ⓬
　目錄 1
　目錄 2
　目錄 3
　目錄 4
　目錄 5
　目錄 6
　目錄 7
　目錄 8
　目錄 9

預覽
+本文中文字型　12 pt　⓭ 修改(M)...

字型：粗體，字型色彩：深紅，樣式：自動更新，未用時隱藏，優先順序：40
根據：內文
下列樣式：內文

⓮ 確定　關閉

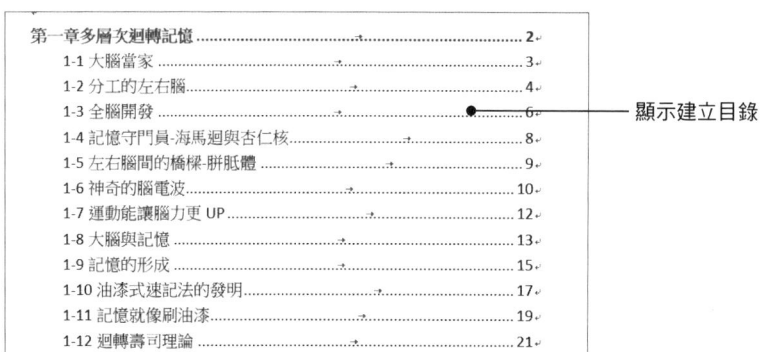

第一章 多層次迴轉記憶 2
　1-1 大腦當家 3
　1-2 分工的左右腦 4
　1-3 全腦開發 .... 6 ——— 顯示建立目錄
　1-4 記憶守門員-海馬迴與杏仁核 8
　1-5 左右腦間的橋樑-胼胝體 9
　1-6 神奇的腦電波 10
　1-7 運動能讓腦力更 UP 12
　1-8 大腦與記憶 13
　1-9 記憶的形成 15
　1-10 油漆式速記法的發明 17
　1-11 記憶就像刷油漆 19
　1-12 迴轉壽司理論 21

243

2. **手動方式加入章編號**：由於先前在設定版面時，是直接在頁碼前加入章的編號，所以現在需使用手動方式加入章。請直接將輸入點放在各頁碼之前，再輸入「1-」使目錄顯現如圖。

```
第一章多迴轉記憶 .................................................. 1-2
1-1 大腦當家 ........................................................ 1-3
1-2 分工的左右腦 .................................................. 1-4
1-3 全腦開發 ........................................................ 1-6
1-4 記憶守門員-海馬迴與杏仁核 ................................ 1-8
1-5 左右腦間的橋樑-胼胝體 ..................................... 1-9
1-6 神奇的腦波 ..................................................... 1-10
1-7 運動能讓腦力更 UP .......................................... 1-12
1-8 大腦與記憶 ..................................................... 1-13
1-9 記憶的形成 ..................................................... 1-15
1-10 油漆式速記法的發明 ....................................... 1-17
1-11 記憶就像刷油漆 ............................................. 1-19
1-12 迴轉壽司理論 ................................................ 1-21
1-13 記住就是忘記 ................................................ 1-23
1-15 固化記憶的秘訣 ............................................. 1-25
```

3. **剪下目錄貼入推薦序後方**：開啟「推薦序.docx」文件，在「自序」的最後一行處按下 Enter 鍵，並輸入「目錄」二字。於「目錄」文字前執行「下一節」的指令，使目錄移到下一頁。進入頁首編輯狀態後，先由「設計」標籤將「連結到前一節」的按鈕取消後，再將標題變更為「目錄」。離開頁編輯狀態後，選取剛剛修改好的目錄，按 Ctrl + X 鍵剪下目錄，然後按 Ctrl + V 鍵貼入。

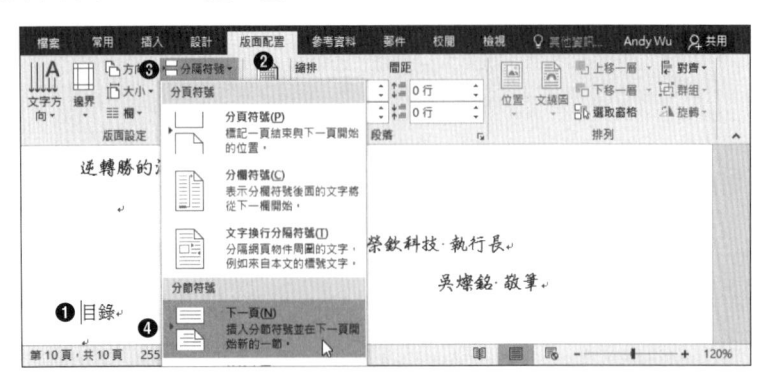

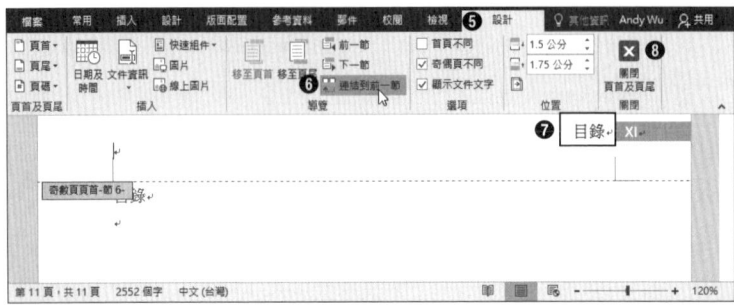

顯示第一章目錄貼入的效果

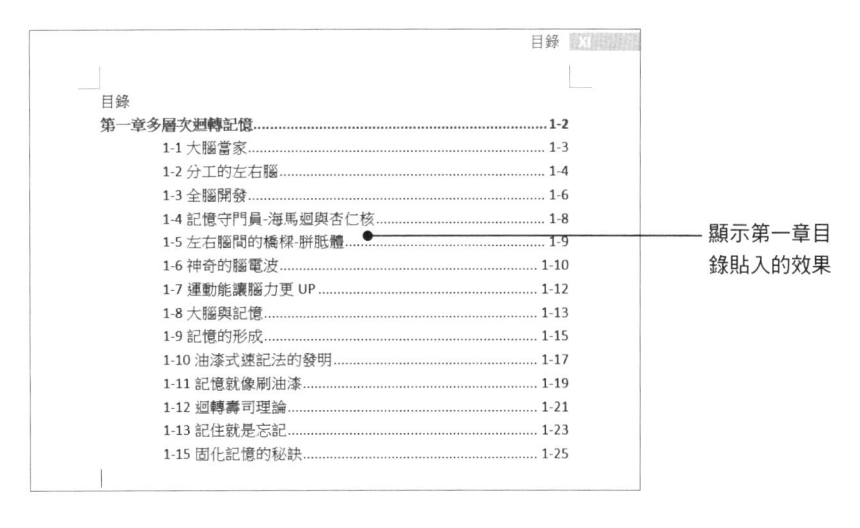

接下來請依相同方式，依序將第 2 章、第 3 章、第 4 章的目錄貼入到「推薦序.docx」文件後方。

10.8.5 主控文件設定

1. **插入子文件至主控文件**：先利用範本檔開啟空白文件後，刪除所有文件內容後，由「檢視」標籤中按下「大綱模式」鈕，在「大綱」標籤中按下「顯示文件」鈕，接著按下「插入」鈕，在「插入子文件」視窗中依照書冊的編排順序，依序將推薦序、01、02、03、04 等子文件開啟到主控文件中。（最前方多餘的分節符號請選取後，按 Delete 鍵刪除）

245

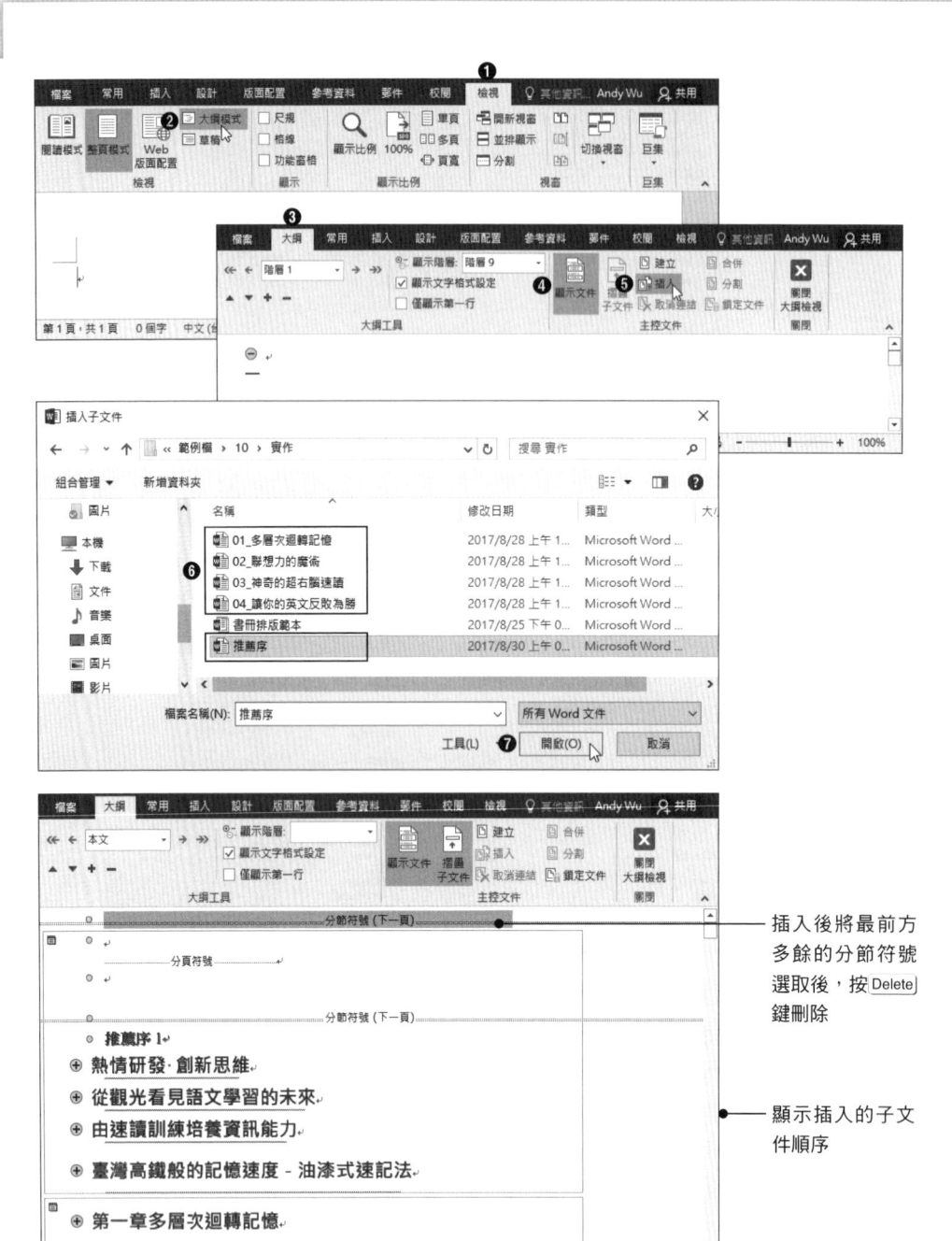

插入後將最前方多餘的分節符號選取後，按 Delete 鍵刪除

顯示插入的子件順序

2. **儲存主控文件檔**：先切換到「整頁模式」，瀏覽整個文件都沒問題後，由「檔案」標籤中執行「另存新檔」指令，將檔案儲存為「主控文件.docx」。

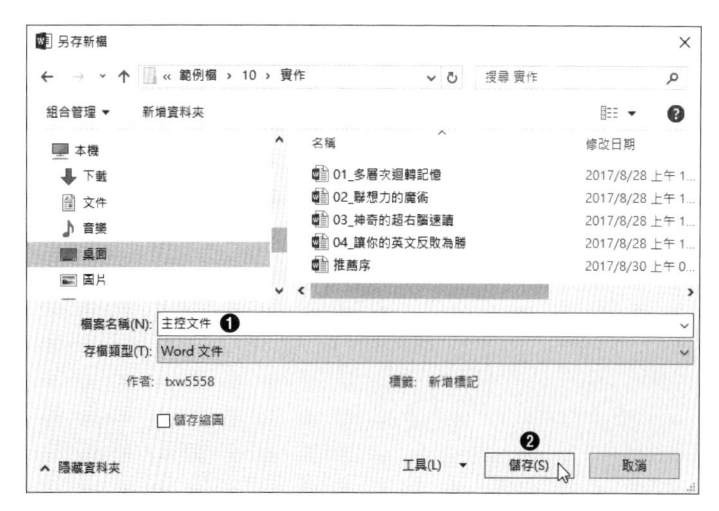

文件合併後的完整排版內容，各位可自行參閱「完整排版內容 OK.docx」。

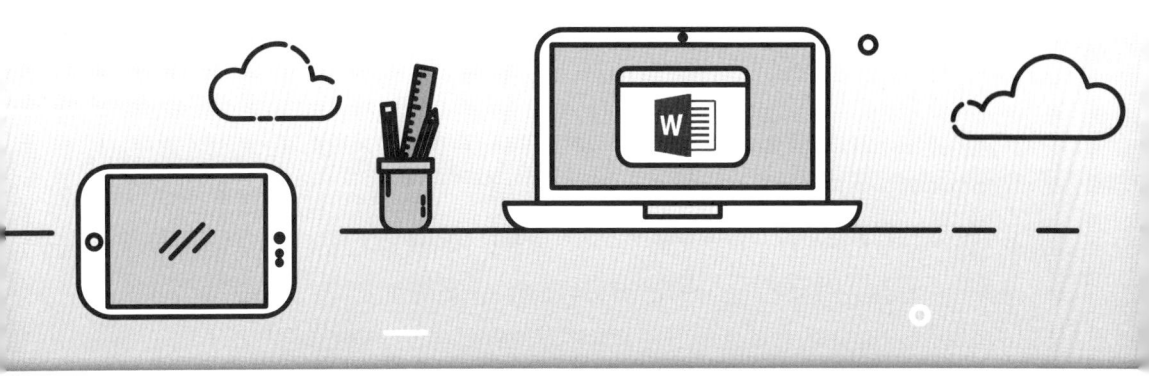

CHAPTER 11

快速修正排版錯誤

- 11.1 自動校閱文件
- 11.2 尋找與取代文字
- 11.3 指定方式做取代
- 11.4 尋找與取代格式

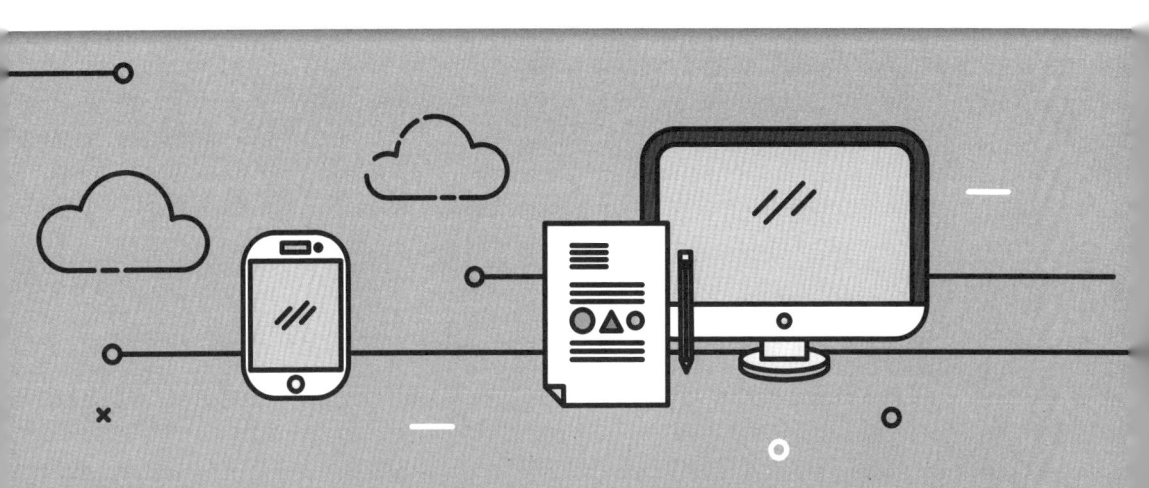

當所有文件的都編排完成，通常都會交由作者進先行校閱的工作，排版人員再根據錯誤的地方進行修正。Word軟體提供多項工具，可以幫助作者或編排人員快速進行修正，像是尋找與取代功能，就是提高排版效率的法寶。相信各位在第三章的實作中已經體驗過如何快速刪除多餘空白或空格，並進行標點符號的修正。這一章節我們將更深入的討論修正錯誤的方法與技巧，讓您的排版效率更上一層樓。

11.1 自動校閱文件

在輸入中英文字時Word都會自動判讀文字，同時分析所輸入的拼字或文法是否有錯，如果拼字上有問題，它會馬上在單字下方顯示波浪狀的紅線，如果是文法上的錯誤，則會出現藍色的波浪狀線條。藉由這種標示，就可以在輸入文件內容時，特別注意這些有問題的地方。

```
Quick memorization method
速記心法
Remembeing a large amount of informtion is like painting. You have to look at a wall as a unit and keep
painting again and again in several layers so that the wall eventually becomes even and beautiful. The
Painting Quick Memorization Method applies the concept of painting to quick memorization. It is a method
for quick memorization and speed reading「for large amount of information, using all parts of the brain
and in a multi-level rotational manner」. It utilizes the instinctive imagery association of the right brain as
well as the analytical and comprehension practice of the left brain, together with a switching way of
revision which makes use of a large amount of information that repeats several times in multiple layers, in
order to achieve the miraculous multiplication effect for a whole-brain learning.

記憶大量資訊就好像刷油漆一樣，必須以一面牆為單位，反覆多層次的刷，刷出來的牆才會均勻漂
亮。油漆式速記法就是將刷油漆的概念應用在快速記憶，是一種「大量、全腦、多層次迴轉」的速
讀與速記方法，它利用右腦圖像直覺聯想，與結合左腦理解思考練習，搭配高速大量迴轉與多層次
題組切換式複習，達到全腦學習奇蹟式的相乘效果。
```

— 英文字拼錯了，會以紅色波浪線條表示

— 文法錯誤會以藍色波浪線表示

如果文件中沒有出現波浪狀的線條，那是因為Word選項功能沒有被開啟。請由「檔案」標籤中執行「選項」指令，切換到「校訂」類別，確定「自動拼字檢查」、「自動標記文法錯誤」、「拼字檢查時亦檢查文法」等選項已呈現勾選狀態。

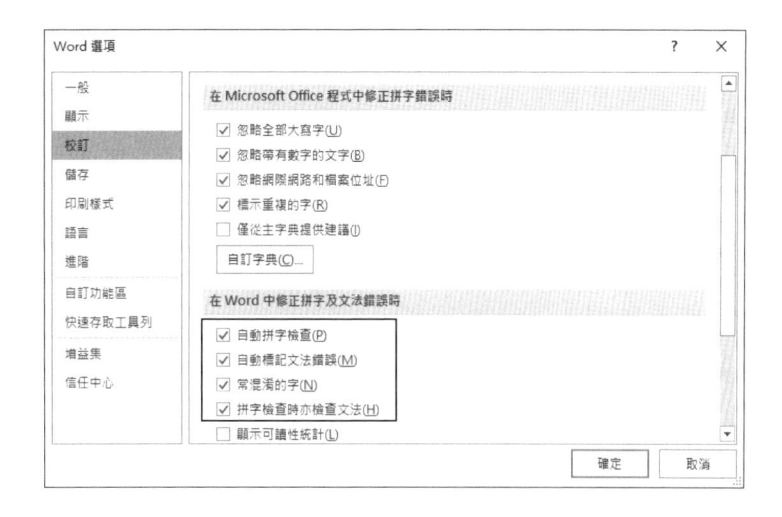

11.1.1 自動修正拼字與文法問題

當各位在文件中看到 Word 所標記的問題點，只要按右鍵在該文字上，就可以透過它的提示來自動修正拼字或文法問題。

自動修正拼字錯誤

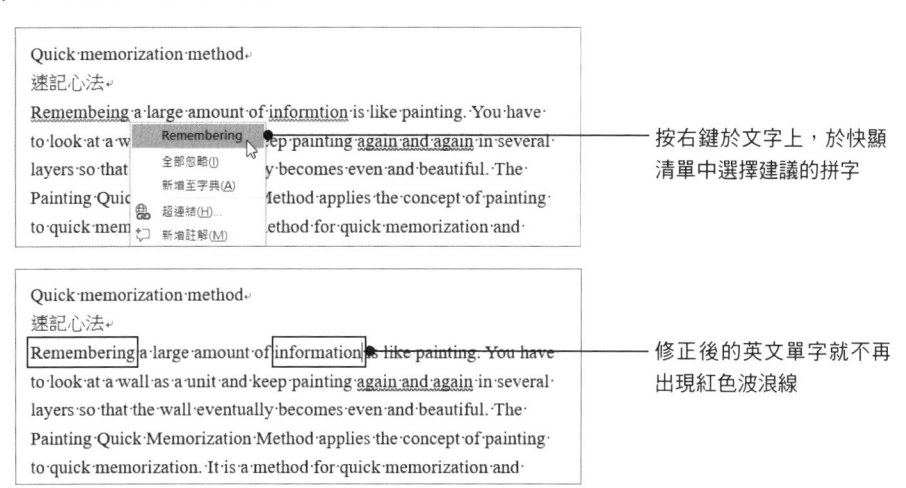

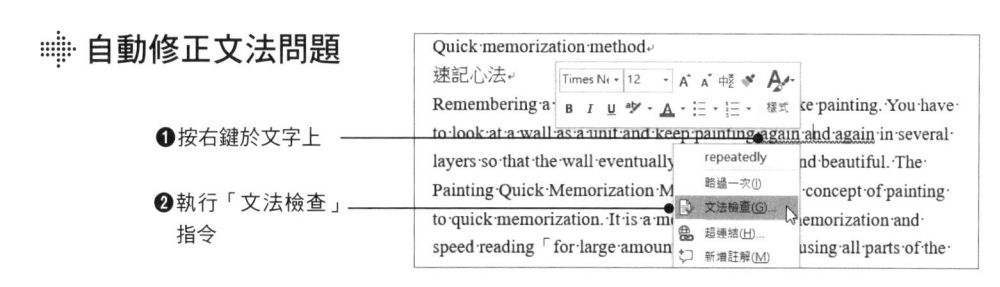

按右鍵於文字上，於快顯清單中選擇建議的拼字

修正後的英文單字就不再出現紅色波浪線

自動修正文法問題

❶ 按右鍵於文字上

❷ 執行「文法檢查」指令

251

❸ 顯示建議變更的文字

❹ 要變更請按下「變更」鈕

修正完成則藍色波浪線會自動消除

至於中文的錯誤,請自行修正文句,讓藍色的波浪線可以消失即可。若確定無誤則不需理會。

11.1.2 校閱拼字及文法檢查

除了邊輸入文字時邊自動修正錯誤外,也可以等到所有輸入工作告一段落後,再由「校閱」標籤中點選「拼字及文法檢查」鈕,這樣 Word 會依照標示的先後順序來一一校對。

請將輸入點放在文章的最前端,由「校閱」標籤按下「拼字及文法檢查」鈕,當右側出現「拼字檢查」窗格時,依照文件內容選擇「變更」或「略過」鈕,然後依序檢閱並修正內容。

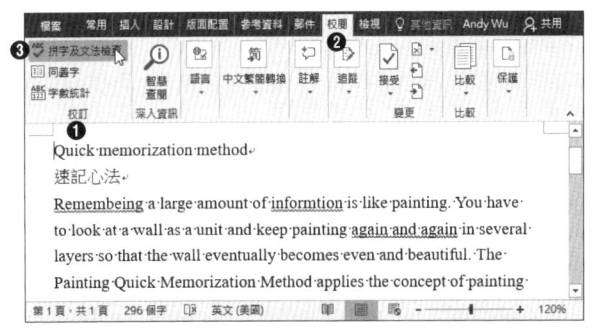

CHAPTER **11** 快速修正排版錯誤

當所有波浪線的文字都檢查完畢後，就會出現如下的檢查完成視窗，請按下「確定」鈕離開即可。

11.2

尋找與取代文字

編輯長文件時，想要從中尋找並修改某一個特定的錯別字，單憑肉眼搜尋總會有遺漏的地方。Word 提供有「尋找」與「取代」的功能，可以快速在文件中找到指定的文字。此處就好好的來認識「尋找」與「取代」的功能，讓錯誤無所遁形。

11.2.1 以導覽功能窗格搜尋文字

「導覽窗格」位在視窗左側，由「檢視」標籤中勾選「功能窗格」選項，或是在「常用」標籤按下「尋找」鈕，下拉選擇「尋找」指令，也會跳出「導覽窗格」。在搜尋欄框中輸入要尋找的文字，按下 Enter 鍵後文件中就會以黃色網底標示出來，並將找到的文字處於被選取的狀態。

253

說明　以快速鍵迅速開啟「導覽」窗格

假如各位經常使用導覽窗格來切換章節標題，或做文字的搜尋，可使用快速鍵 Ctrl + F 鍵。

找到的文字會以黃色底標示出來

說明　停止搜尋結果

要消除已搜尋到的黃色標記，可在搜尋欄位後方按下 × 鈕結束搜尋，它回到文件中的原始狀態。

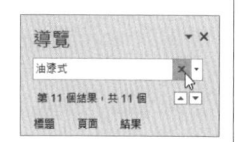

11.2.2 快速修改同一錯誤

想要從文件中快速修改同一個錯誤，若由「常用」標籤按下「取代」鈕，將會顯示「尋找與取代」視窗，請輸入要尋找的目標，再由「取代為」輸入要替換的文字，若是按下「尋找下一個」鈕，將會一一顯示該文字的位置讓各位確認，而按下「全部取代」鈕則會將所有字一次取代完成。

若是在「導覽」窗格搜尋後，由後方的下拉鈕下拉選擇「取代」指令，也會顯示「尋找及取代」視窗，讓使用者選擇取代或全部取代。

11.2.3 刪除多餘的半形或全形空格

整理文字稿時，經常有多餘的半形或全形空格，要一一用手做刪除，還得按不少的 Delete 鍵，若是透過尋找與取代功能，就能一次搞定所有多餘的半形或全形空格。

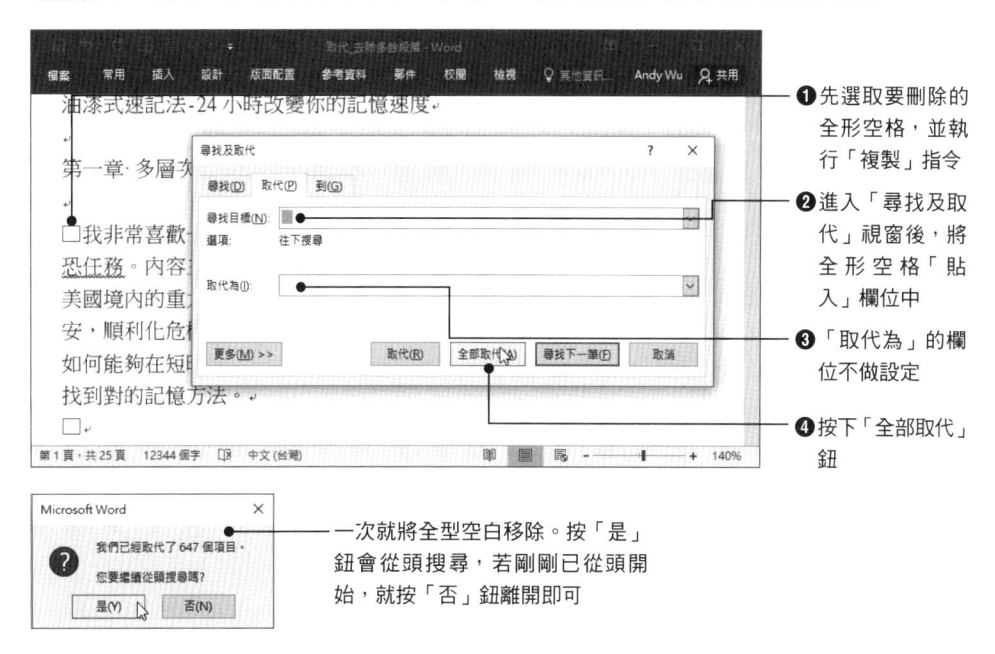

❶ 先選取要刪除的全形空格，並執行「複製」指令

❷ 進入「尋找及取代」視窗後，將全形空格「貼入」欄位中

❸ 「取代為」的欄位不做設定

❹ 按下「全部取代」鈕

一次就將全型空白移除。按「是」鈕會從頭搜尋，若剛剛已從頭開始，就按「否」鈕離開即可

11.2.4 快速轉換英文大小寫

英文字有大小寫之分，文件中如果同一個單字卻有不同的寫法，像是 word、WORD、Word 等差異，那麼排版時可以利用「尋找及取代」功能來轉換。

請按快速鍵 Ctrl + H 鍵開啓「尋找及取代」視窗,按下左下角的 更多(M)>> 鈕會顯現下方的搜尋選項,預設值會勾選「大小寫須相符」的選項,而所勾選的項目會自動列在「尋找目標」的下方,如圖示:

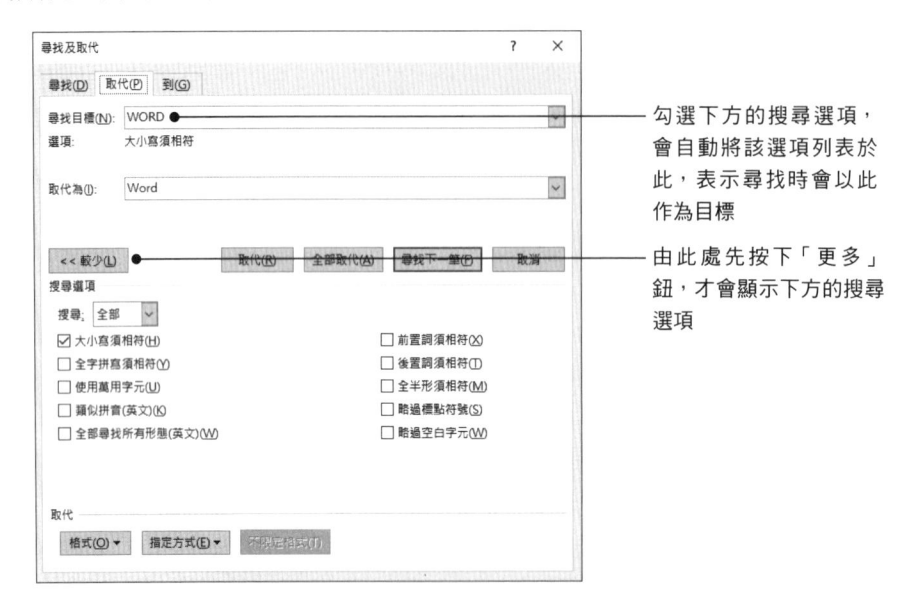

（圖：尋找及取代對話方塊）

— 勾選下方的搜尋選項,會自動將該選項列表於此,表示尋找時會以此作為目標

— 由此處先按下「更多」鈕,才會顯示下方的搜尋選項

如上圖所示,勾選「大小寫須相符」時,在搜尋單字時,只有符合有 WORD 的文字才會被搜尋到。其他像是 word、Word 等字則不會出現在尋找的範圍內。若是取消該選項,則 word、Word 等字就會出現在搜尋的範圍內。

11.2.5 快速轉換半形與全形英文字

在排版文件時,有時因為輸入法設定的不同,或是不小心處於不正確的輸入模式,而讓文件中同時出現半形或全形的英文字。例如:Word(半形)、Ｗｏｒｄ(全形),或是出現全/半形混合的英文字(Ｗord),這種情況可以使用「尋找及取代」功能來修正。

按快速鍵 Ctrl + H 鍵開啓「尋找及取代」視窗後,將「全半形須相符」的選項取消勾選,再進行「取代」的指令,那麼不管是半形、全形、或全/半形混合的字,都可以一併被取代。

取消「全半形須相符」的選項

11.2.6 使用萬用字元搜尋與取代

萬用字元是 Word 在尋找及取代時，用來指定某一類的內容。最常使用的萬用字元「？」可作為「任意單一字元」，像是「尋找目標」中輸入「P？I」，即可搜尋 PAI、PLI、PUI 等指定字元中間包含的一個字元的文字。而萬用字元「*」則是任意零個或多個字元，像是搜尋「C*T」時，可搜尋到 CAT、CUT、COAT、COURT 等一串字元，也就是 C 開頭，T 結尾的文字，都會被尋找出來。如果要搜尋單一位數，則是使用「#」，像是搜尋「5#」，則 51、58、50 等都可符合條件。

要使用萬用字元進行搜尋與取代，請先在「尋找及取代」視窗中勾選「使用萬用字元」的選項，再由「尋找目標」中輸入語法。

11.3 指定方式做取代

在做尋找與取代時,也可以指定方式,像是多餘的段落標記、多餘的空白區域、任一字元、任一數字、任依字母、分節符號、分欄標記…等,都可以在「指定方式」的按鈕中找到。

「指定方式」所包含的項目如圖

11.3.1 去除段落之間的空白段落

這裡以如下的文件檔作為說明,還記得本書教大家在做樣式套用時,我們花了許多時間在刪除兩段落之間的空白段落。如果各位會使用「指定方式」的功能來刪除多餘的段落標記,就可以少掉很多的按 Delete 鍵的工夫。

❶ 開啟文件檔,按 Ctrl + H 鍵使顯示「尋找及取代」視窗

原作者在段落之間加了空白段落

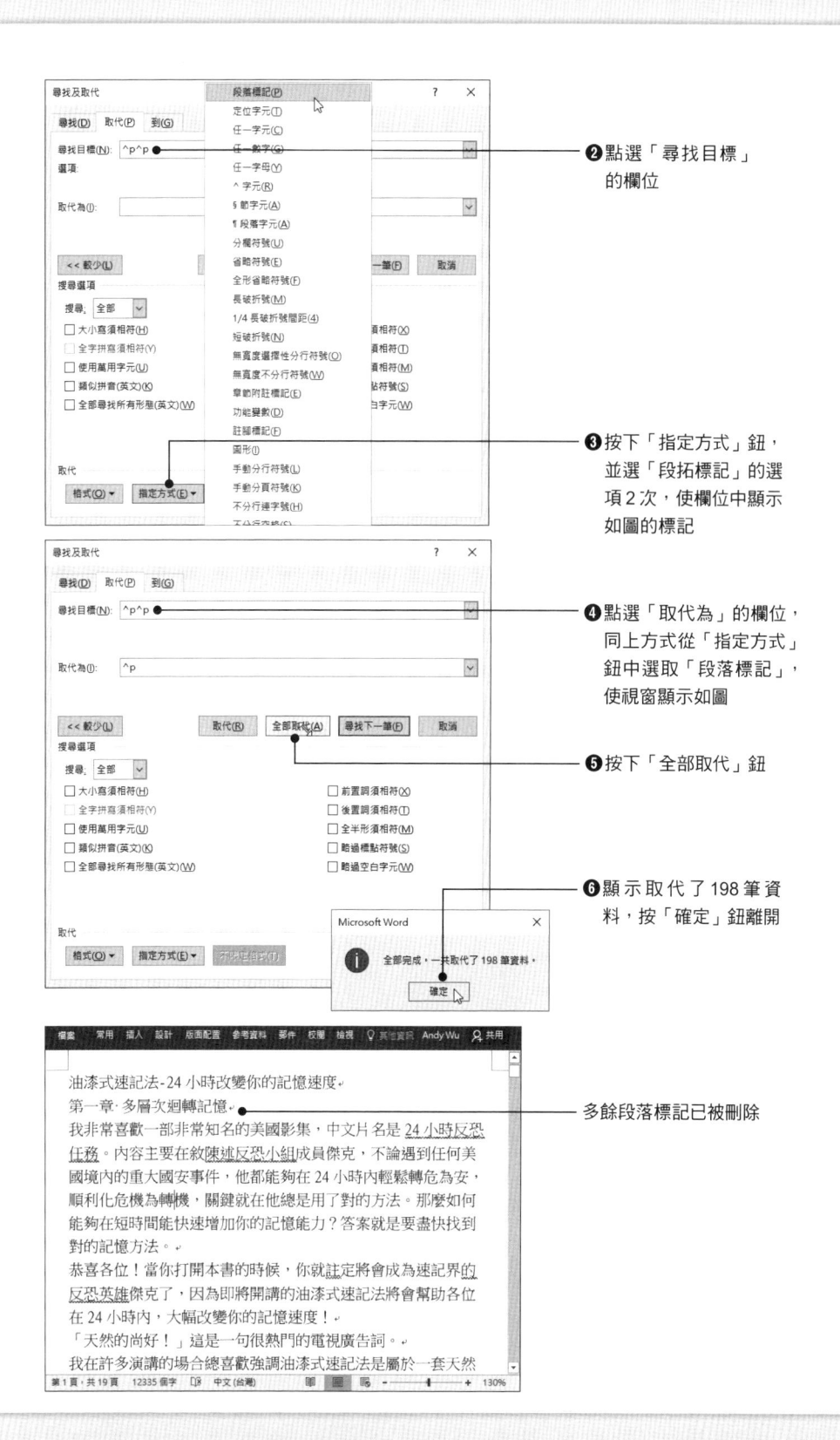

CHAPTER 11 快速修正排版錯誤

❷ 點選「尋找目標」的欄位

❸ 按下「指定方式」鈕，並選「段拓標記」的選項2次，使欄位中顯示如圖的標記

❹ 點選「取代為」的欄位，同上方式從「指定方式」鈕中選取「段落標記」，使視窗顯示如圖

❺ 按下「全部取代」鈕

❻ 顯示取代了198筆資料，按「確定」鈕離開

多餘段落標記已被刪除

259

11.3.2 去除文件中所有圖形

想要將文件中所有的圖片一併去除，也可以透過「指定方式」來加以刪除。只要在「尋找目標」的欄位中選取「指定方式」下的「圖形」指令，而「取代為」的欄位保留空白，這樣就可以將文件中的所有圖片一次都去除掉。

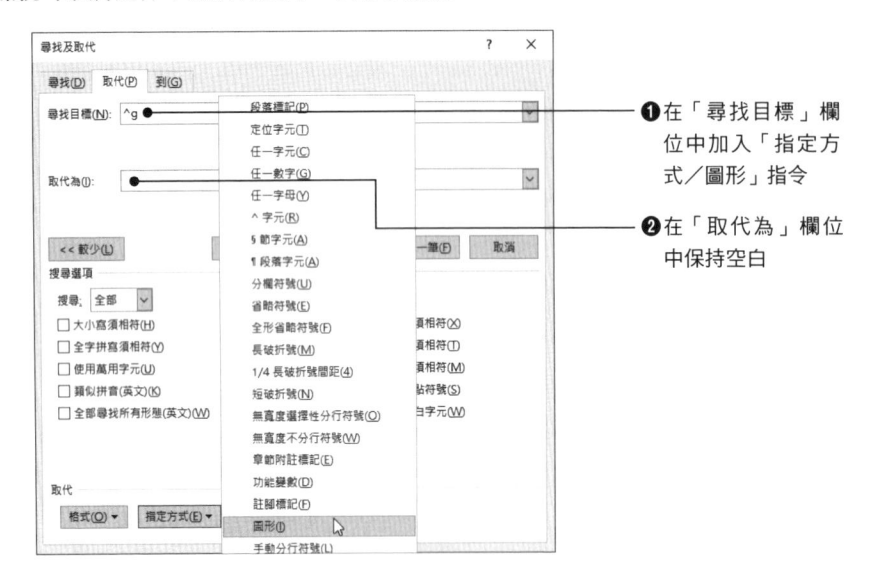

❶ 在「尋找目標」欄位中加入「指定方式／圖形」指令

❷ 在「取代為」欄位中保持空白

11.4 尋找與取代格式

Word 的尋找與取代功能，也可以針對「格式」進行搜尋與取代，按下「格式」鈕，可看到清單中包含了字型、段落、定位點、語言、圖文框、樣式、醒目提示等幾個選項。

使用者可以利用「格式」鈕所提供的各項功能，來進行目標的設定以及取代的格式設定。

11.4.1 取代與變更字型格式

請開啟「取代_格式.docx」文件，我們將利用「常用」標籤的「取代」功能，把「1 標題」樣式的紅色華康字型變更成綠色的文鼎字型。

❷ 由「常用」標籤按下「取代」鈕，使進入下圖視窗

❶ 切換到第三頁的標題處，並將滑鼠游標放在標題上

❸ 輸入點放在「尋找目標」的欄位中

❹ 按下「格式」鈕，並下拉選擇「字型」指令

❺ 選取文字原先設定的顏色

❻ 按下「確定」鈕離開

261

❼ 輸入點放在「取代為」的欄位中

❽ 按下「格式」鈕，下拉選擇「字型」指令

❾ 設定要取代的字型

❿ 設定要取代成的色彩

⓫ 按下「確定」鈕離開

要尋找的目標或取代的內容都會顯示在欄位下方

⓬ 按下「全部取代」鈕，開始進行取代

所有該層的標題格式都變更成新設定的效果

> **說明　取消原先格式設定**
>
> 當各位曾經做過格式的尋找與取代，那麼在「尋找及取代」視窗中的「尋找目標」與「取代為」欄位下方，都會保留上次所設定的格式，建議各位在進行其他的尋找與取代工作前，先按下下方的 不限定格式(I) 鈕，分別刪除「尋找目標」與「取代為」的格式設定，這樣才能進行新的尋找與取代工作。

11.4.2 取代與變更圖片對齊方式

對於圖片的對齊變更，也可以透過尋找與取代的功能來，這裡示範的是將文件中的圖片由原先的靠左對齊，變更為置中對齊方式。我們延續先前的檔案進行設定，請先點選文件中的圖片，再由「常用」標籤按下「取代」鈕。

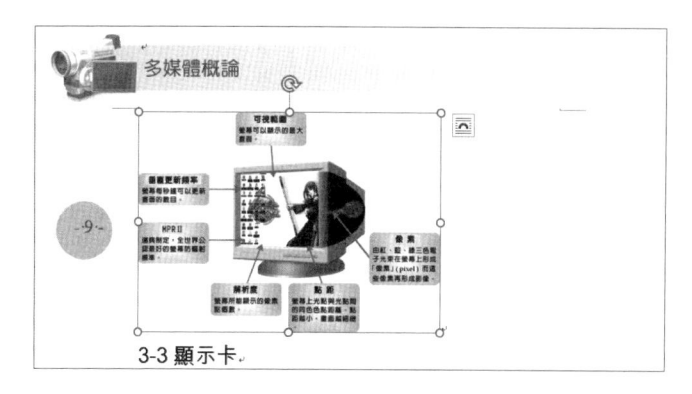

進入如下視窗後，先按 不限定格式(I) 鈕刪除「尋找目標」與「取代為」的格式設定。接著將滑鼠指標放在「尋找目標」欄位中，由「指定方式」下拉選擇「圖形」指令，使欄位顯示「^g」的標記。

滑鼠指標放在「取代為」的欄位中，由「格式」鈕下拉選擇「段落」指令，進入「取代段落」的視窗後，在「縮排與行距」的標籤中，將「對齊方式」變更為「置中對齊」，按「確定」鈕離開。

此時視窗會顯現如下圖的設定格式，當按下「全部取代」鈕後，就可以看到文件中的圖片都已變更為置中對齊了。

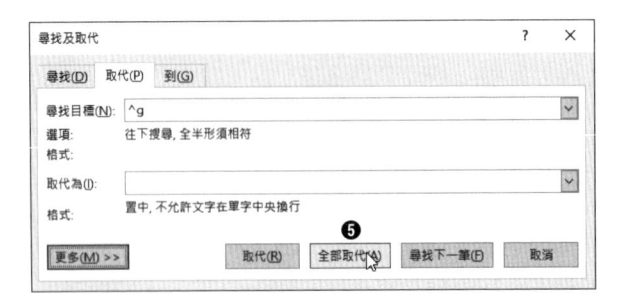

看完這一章節的介紹，相信各位對於尋找與取代的使用有了更深一層的認知，善用它將成為各位修正錯誤的最佳利器。

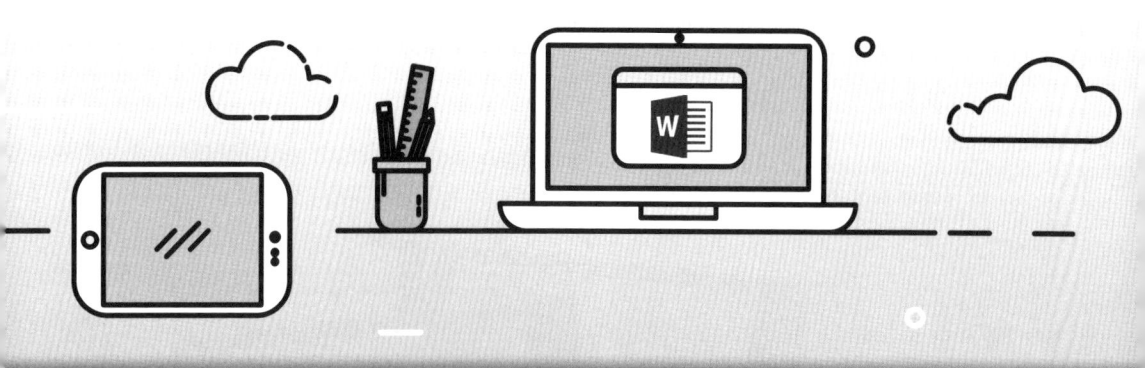

CHAPTER

12

列印／輸出與文件保護

- ✔ 12.1 少量列印文件
- ✔ 12.2 印刷輸出
- ✔ 12.3 文件保護
- ✔ 12.4 將文件轉為電子書格式

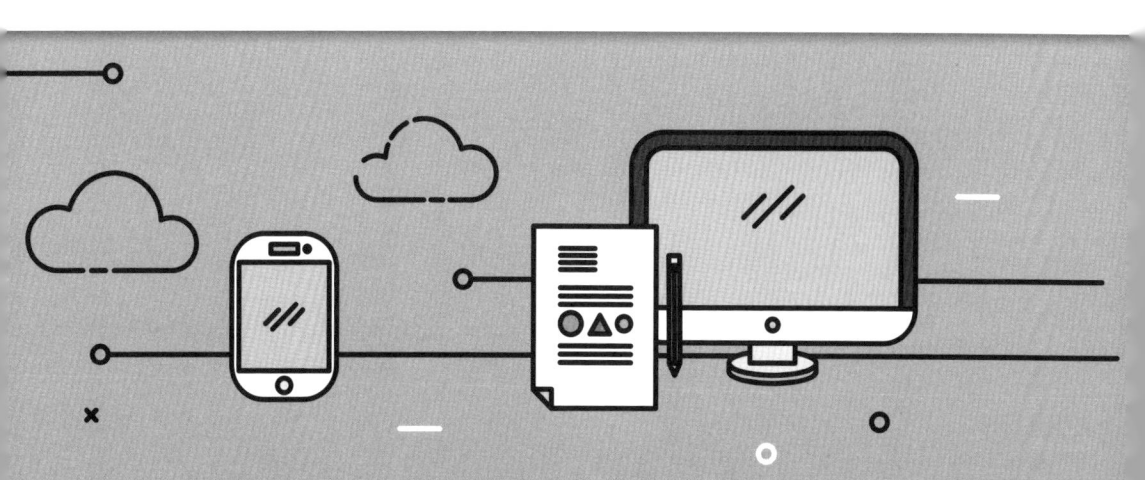

當排版的文件都已編排完成，也已校正完畢，最後的工作就是列印、輸出，或是將檔案轉換成電子書的格式。另外文件的保護我們也會加以說明，讓辛苦編寫的內容，不能輕易讓其他人再編輯利用。

12.1 少量列印文件

在大多數情況下，Word 可以讓個人、學校、公司、機關等單位將文件列印出來，以便在討論的場合或正式會議中使用。想要列印文件，只要開啓文件後，由「檔案」標籤執行「列印」指令，就會在右側看到列印的相關功能設定。通常指定列印的份數，確定「設定」處顯示「列印所有頁面」，再按下「列印」鈕就會開始列印整份文件，印表機會將文件中的所有頁面都列印出來。

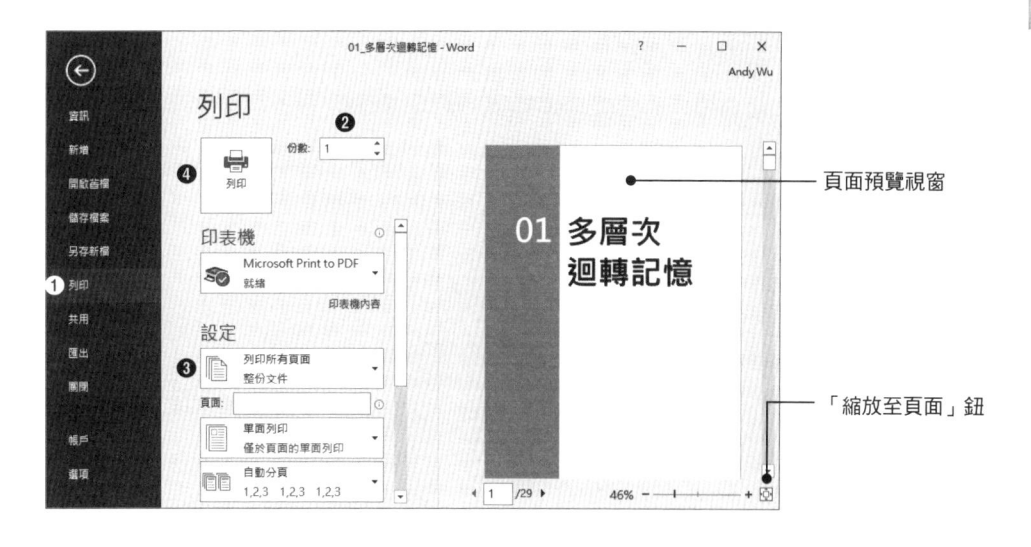

說明 調整頁面預覽視窗大小

在列印文件時，如果發現右側的頁面預覽視窗顯示不完全，而影響到畫面的預覽，可以按右下角的「縮放至頁面」鈕，讓頁面的大小自動顯示最恰當的比例。

12.1.1 列印目前的頁面

有時候因為印表機夾紙，或是因故只需要列印某一特定的頁面，那麼可先從預覽視窗中切換到想要列印的頁面，設定「列印所有頁面」處下拉，改選「列印目前頁面」的選項，那麼按下「列印」鈕就會只列印目前的指定頁面。

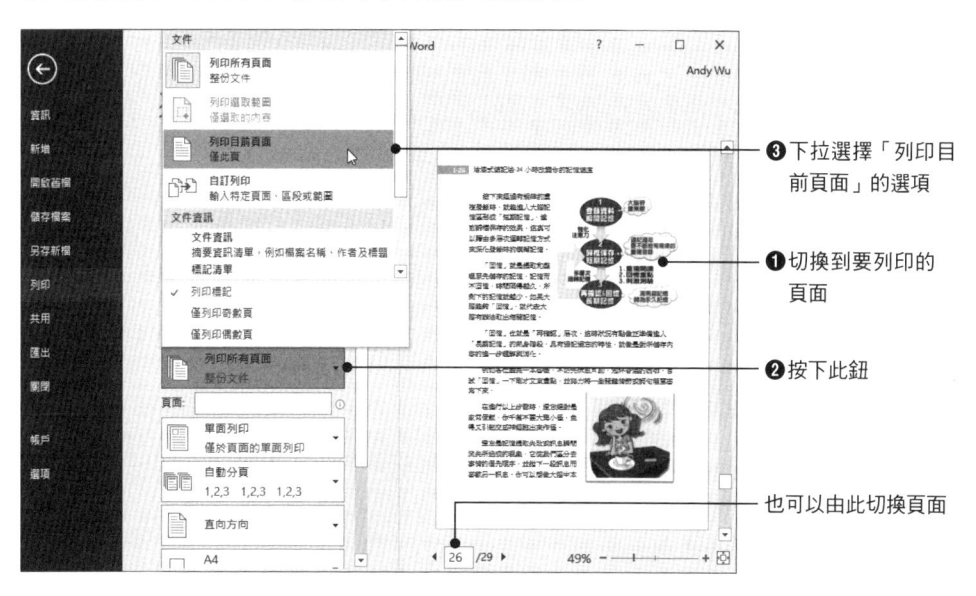

12.1.2 指定多頁面的列印

除了列印所有頁面或列印目前的頁面外，有時在二校稿時，也會只針對有修改的頁面進行列印。要指定多頁面進行列印，可在「設定」下的欄位下拉選擇「自訂列印」的選項，這樣就可以在「頁面」的欄位中輸入特定頁面、區段或範圍。

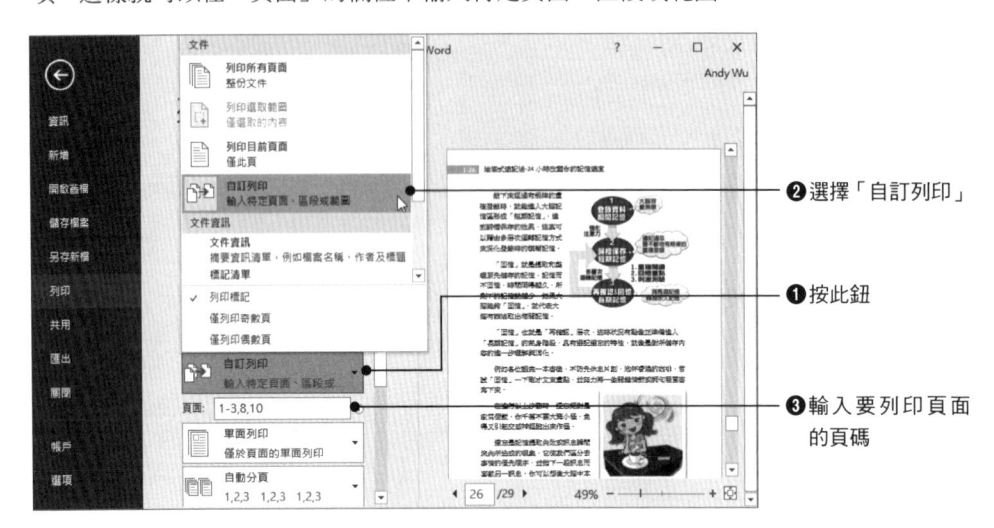

❶ 按此鈕
❷ 選擇「自訂列印」
❸ 輸入要列印頁面的頁碼

輸入的頁碼可能是連續或不連續的頁面，這裡簡要跟各位做說明標記的方式：

❏ **列印連續的多個頁面**：可使用「-」符號來表示，例如列印第 1 頁到第 3 頁，可輸入「1-3」。

❏ **列印不連續的頁面**：可使用逗點「,」符號來表示，例如列印第 8 頁和第 10 頁，可輸入「8,10」。

❏ **同時列印包含連續和不連續的頁面**：你也可以同時列印連續和不連續的頁面，像是輸入「1-3,8,10」，就表示列印 1 到 3 頁，還有第 8 頁和第 10 頁。

> 說明／列印包含小節的頁面
> 如果文件中有設定分節，那麼可以使用 P 表示頁碼，S 表示節。例如 P1S2 表示列印第 2 節的第 1 頁，P1S2-P8S2 表示列印第 2 節的第 1 頁到第 8 頁。

12.1.3 只列印選取範圍

列印時，除了以頁為單位外，也可以利用滑鼠選取要列印的區域範圍，由「檔案」標籤選擇「列印」指令，再由「設定」處下拉選擇「列印選取範圍」的選項，按下「列印」鈕就會只列印選取的內容。

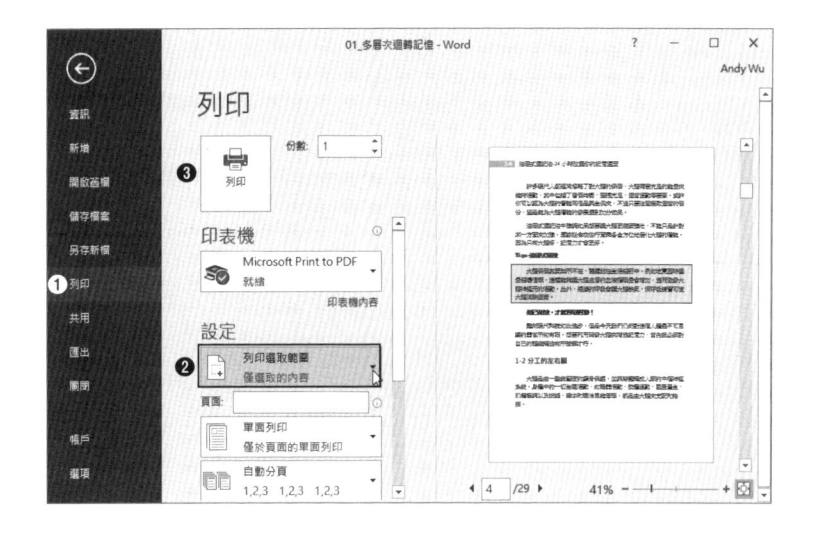

12.1.4 單頁紙張列印多頁內容

預設情況下,每一張紙只會列印一個頁面的內容,有時因為要節省紙張,或是因為特殊的需求,也可在一張紙上列印多頁的內容。請在「設定」的最下方,由「每張 1 頁」處下拉,即可選取在每一張紙上要列印的頁面數量。

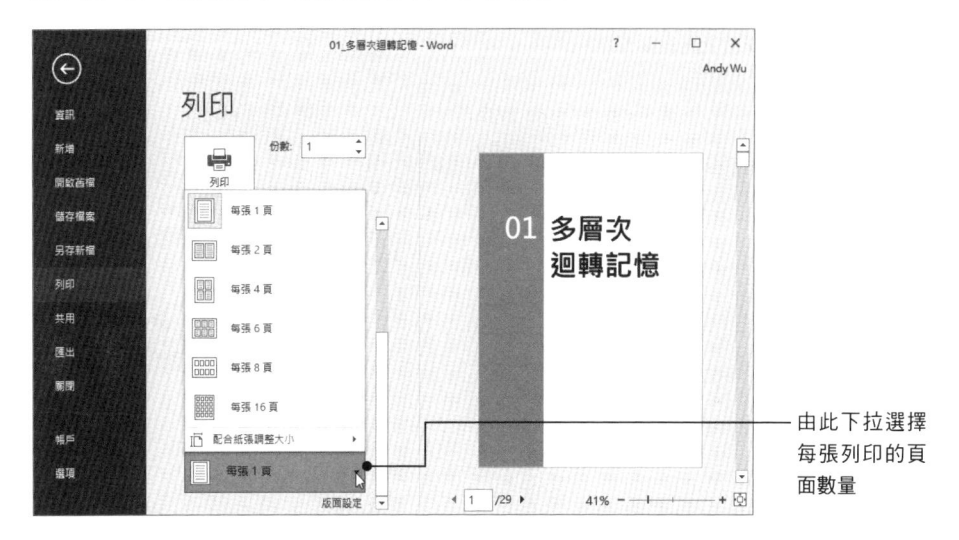

由此下拉選擇每張列印的頁面數量

12.1.5 手動雙面列印

利用 Word 列印功能,也可以按照書籍方式列印文件頁面。由「檔案」標籤執行「列印」指令後,可在視窗下方直接按下「版面設定」的連結會進入「版面設定」視窗,請在「邊

界」標籤的「多頁」處下拉選擇「書籍對頁」的選項，按「確定」鈕回到列印視窗，再由「單面列印」處下拉選擇「手動雙面列印」的選項，最後按下「列印」鈕進行列印即可。

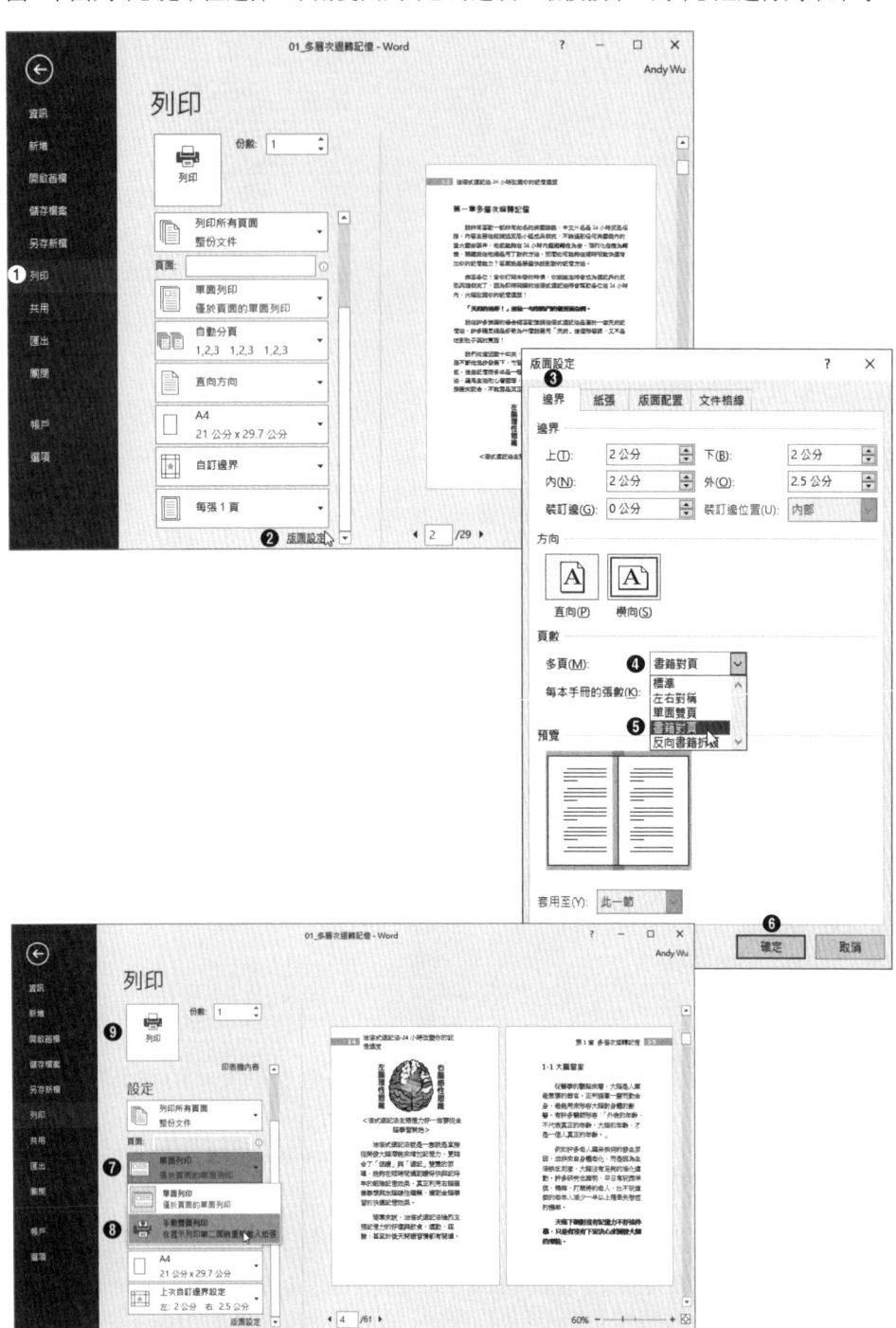

12.2 印刷輸出

前面小節介紹的是個人小量的列印方式,如果想要將排版後的文件大量印刷,那麼就要將檔案轉換成適合印刷的檔案格式。

12.2.1 匯出成 PDF 格式

PDF（Portable Document Format）是 Adobe 公司所發展的一種可攜式文件格式,可在任何的作業系統上完整呈現並交換的文件檔案格式。每個 PDF 檔案中可以包含文字、字形、圖形、排版樣式、和所需顯示的相關資料,能支援多國語言,且不論是採用何種軟體編輯,PDF 都可以保存文件的原始風貌。目前在學術界、排版業、或是高科技領域,都以 PDF 檔案當成是存放資料的主流。

要將文件匯出成 PDF 格式,請由「檔案」標籤選擇「匯出」指令,接著點選「建立 PDF/XPS 文件」選項,再按下「建議 PDF/XPS」鈕,於開啟的視窗中確認檔名,按下「發佈」鈕就可完成 PDF 文件。

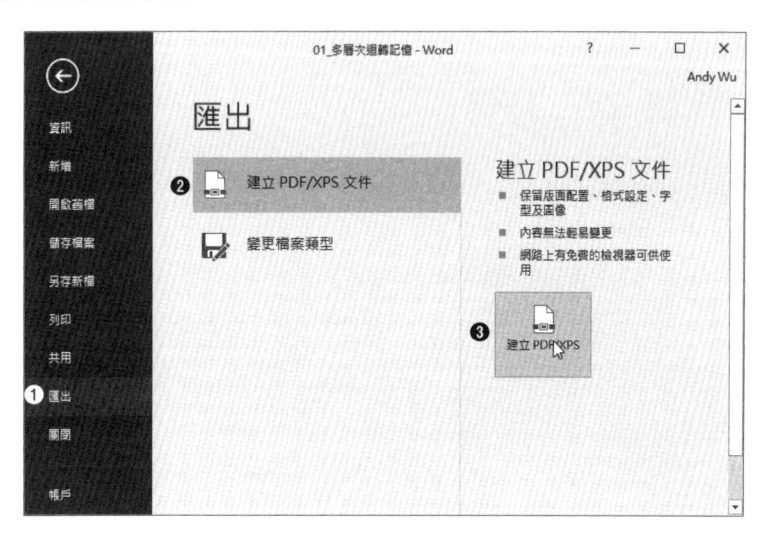

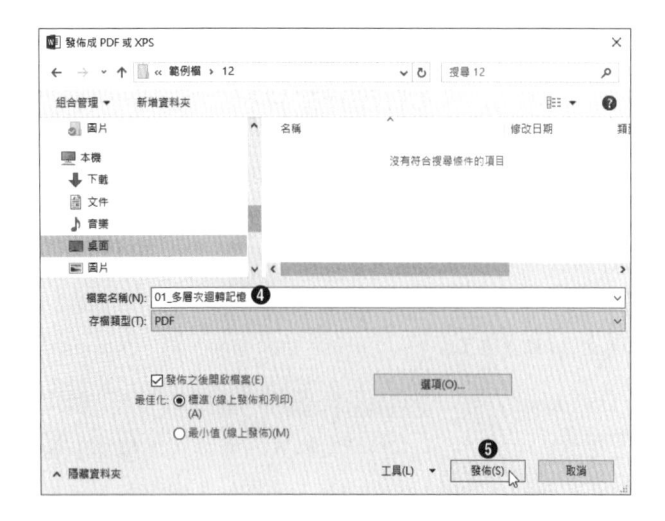

> **說明　PDF 文件選項設定**
>
> 匯出 Word 文件成為 PDF 檔案時，如果想指定頁面的範圍，或是想將標題建立成書籤，或是將文件加密處理，可在下方按下「選項」鈕，再進行選項設定。

除了使用「檔案」標籤的「匯出」指令來製作 PDF 文件外，選用「另存新檔」指令，也能在「存檔類型」的類別中找到「PDF」格式。如下圖所示：

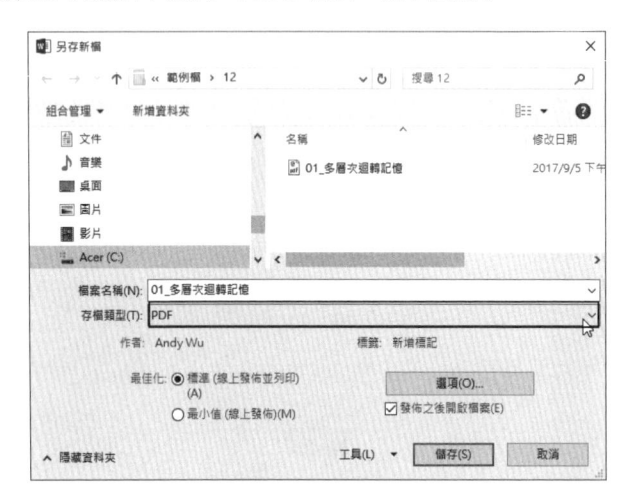

12.2.2 Word 文件輸出成 PRN 格式

PRN 檔案其實是打印機語言檔，類似 PostScript（PS）文件，此種格式可以包含圖像、文字、圖表、表格和要打印的內容。當目前的電腦沒有接到印表機的情況，利用 PRN 檔在其他連接印表機的電腦上，就可以將文件列印輸出。

要將 Word 文件轉換成 PRN 檔，請在「檔案」標籤中選擇「列印」指令，接著從「印表機」欄位下拉選擇「列印至檔案」的選項，按下「列印」鈕，在「列印至檔案」的視窗中輸入檔案名稱，按下「確定」鈕，這樣就能完成印表機檔案的輸出。之後只要將檔案複製到其他安裝了印表機的電腦中，即可直接列印。

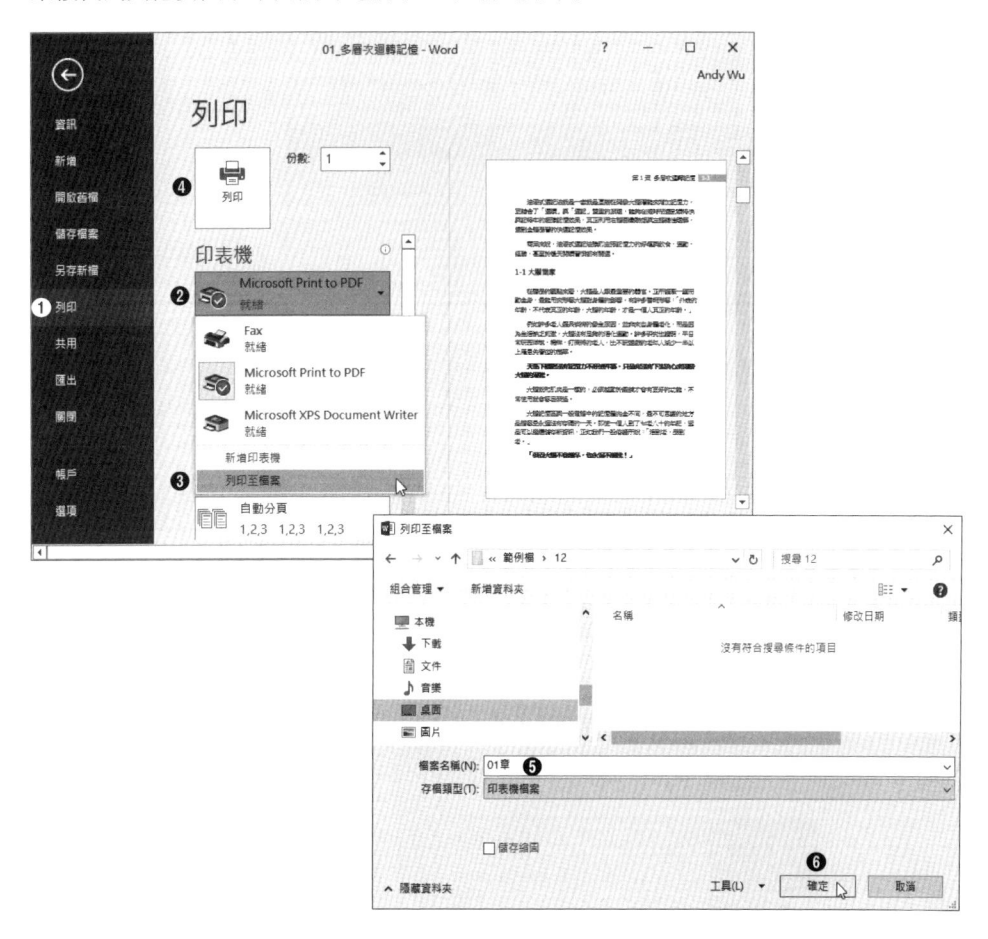

12.3 文件保護

文件製作完成後，需要分享給朋友時，可以使用一些簡易的保護功能，讓文件不被他人任意修改。對於一些重要或需要保密的文件，不希望讓不相干的人隨意的開啟，Word 也有提供加密的功能來保護，編輯者可以根據需要來選擇適合的文件保護方式。如果要

為文件設定密碼，也記得保留一份沒有加密的文件，否則連自己都忘記密碼，那麼文件就完全無法被開啓喔！

12.3.1 將文件標示為完稿

將文件標示為完稿，就是要讓讀者知道此文件已完成，同時將文件設定為唯讀。它的特點是文件的標題列上會出現「唯讀」的訊息文字，如下圖所示：

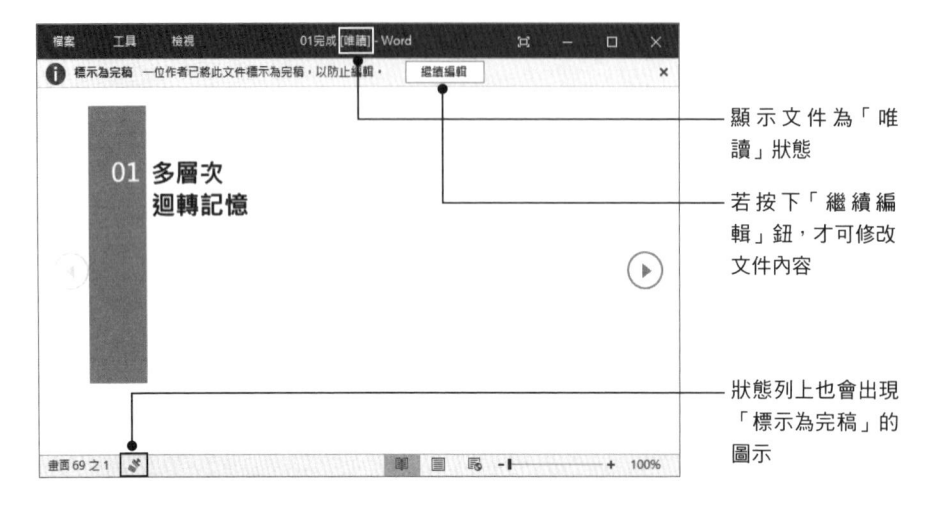

- 顯示文件為「唯讀」狀態
- 若按下「繼續編輯」鈕，才可修改文件內容
- 狀態列上也會出現「標示為完稿」的圖示

要將文件標示為完稿，在開啓文件後，請從「檔案」標籤選擇「資訊」指令，由右側按下「保護文件」鈕，再下拉選取「標示為完稿」的指令，此時會出現警告視窗，告知此文件必須先標示為完稿，才能進行儲存，請按下「確定」鈕離開，接著就會告知文件已變更為完稿，同時關閉鍵入、編輯命令及校訂標記等功能，按下「確定」鈕離開即可。

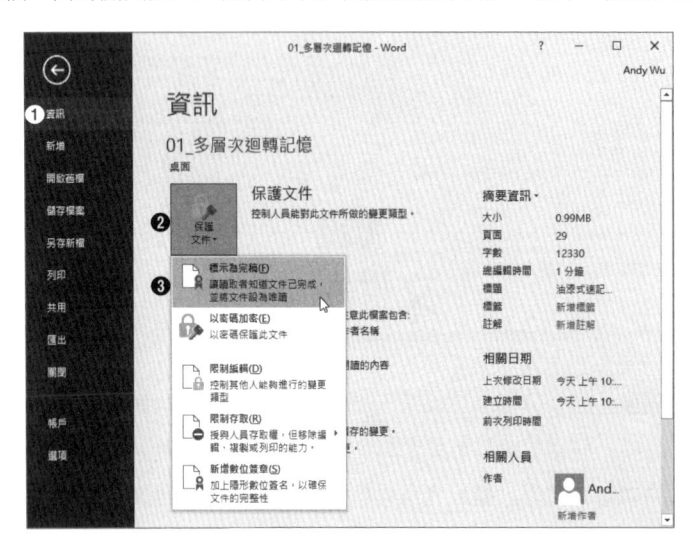

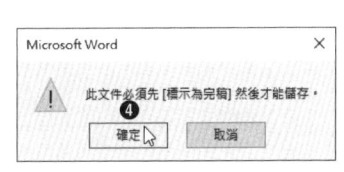

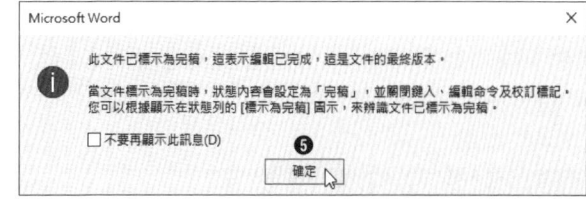

> **說明** 文件取消標示為完稿
>
> 文件已標示為完稿，若要取消完稿的標示，那麼請由「檔案」標籤執行「資訊」指令，再次點選「保護文件」鈕下的「標示為完稿」指令。

12.3.2 以密碼加密文件

以密碼加密文件，就是在開啟文件時必須輸入正確的密碼，所以只有知道密碼的人才能看到文件內容，如此一來能夠保護重要文件不被外人隨意竊取。

要設定加密文件，請從「檔案」標籤點選「資訊」指令，接著按下「保護文件」鈕並選擇「以密碼加密」指令，在開啟的視窗中輸入密碼後，再重新輸入密碼一次，這樣加密的動作就算完成，最後別忘了要儲存檔案。

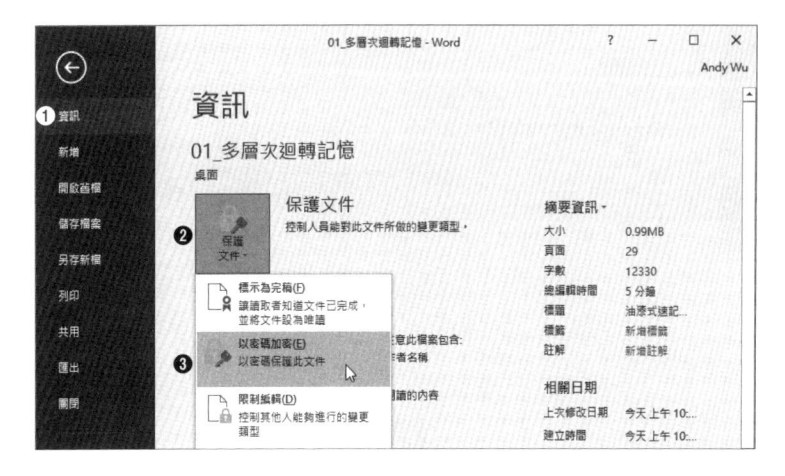

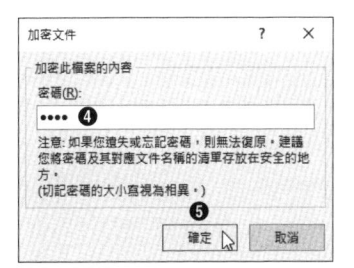

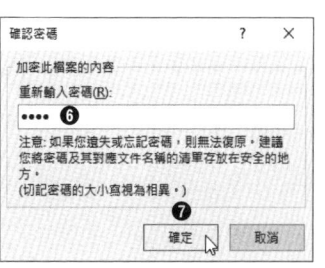

文件加密後並儲存後，下次開啟文件時會要求輸入密碼，若輸入成功能才能開啟文件，反之則不會有任何文件被開啟。

12.3.3 消除文件密碼設定

已做加密處理的文件，如果想要取消加密的功能，請開啟該加密文件後，由「檔案」標籤點選「資訊」指令，按下「保護文件」鈕並選擇「以密碼加密」指令，在開啟的視窗中將「密碼」欄位中的密碼刪除，離開後再次儲存文件，這樣下次開啟文件就不需要再輸入密碼了。

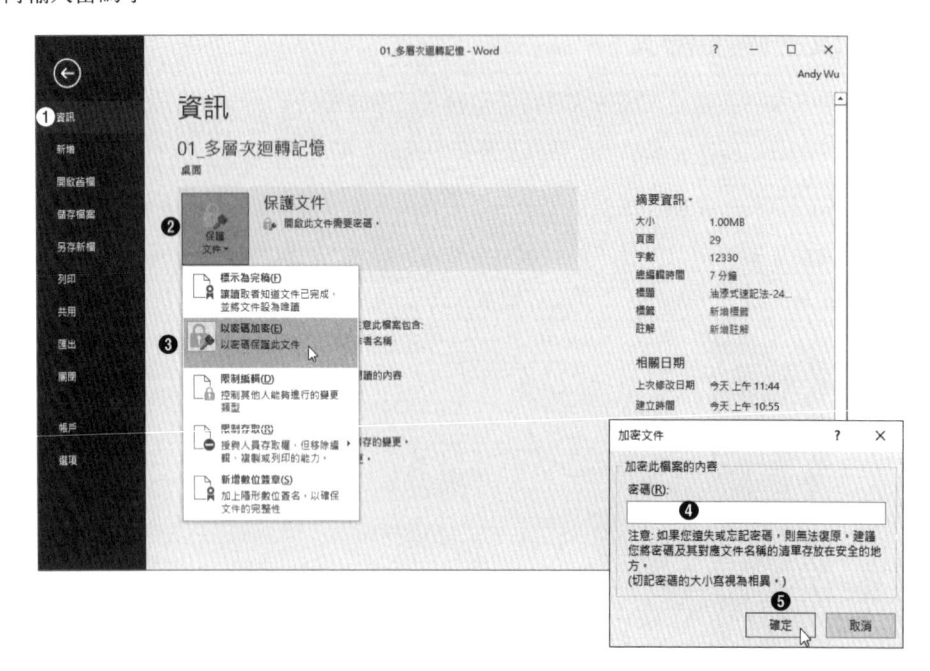

12.4 將文件轉為電子書格式

網路是吸收資訊的重要管道之一，很多出版商或作者也因應時代的潮流，紛紛將傳統的書籍轉換成電子書的形式，讓喜好讀書的人能以小額的付款即可閱讀大量的資訊。如果你有自己的作品或小說，也想透過電子書的方式來呈現，那麼這裡提供一些資訊供各位參考。

12.4.1 使用 Issuu 將文件轉為 Flash 電子書

Issuu（網站網址：🔗 http://issuu.com/）是一個提供免費線上閱讀書籍和上傳電子書服務的網站，它可以讓你將 DOC、PDF、PPT、RTF…等文件轉換成動態的電子書形式。檔案量只要在 100 MB 以內，頁數不超過 500 頁，就可以允許上傳。上傳的 Flash 電子書可以全螢幕的方式來瀏覽，切換到下一頁時也會顯示動態的翻頁效果，如右下圖所示：

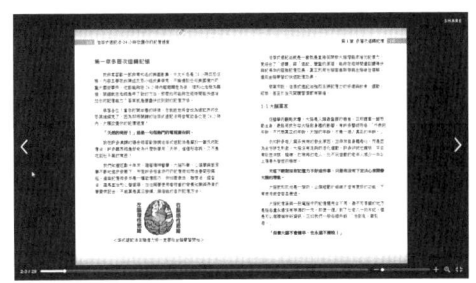

全螢幕顯示　　　　　　　　　　　動態翻頁效果

各位必須是 Issuu 的會員，才能使用該網站所提供的功能來轉換文件成為電子書，如果還不是 Issuu 網站的會員，就必須先申請帳號。請開啟瀏覽器，並輸入 Issuu 的網址。（🔗 http://issuu.com/）

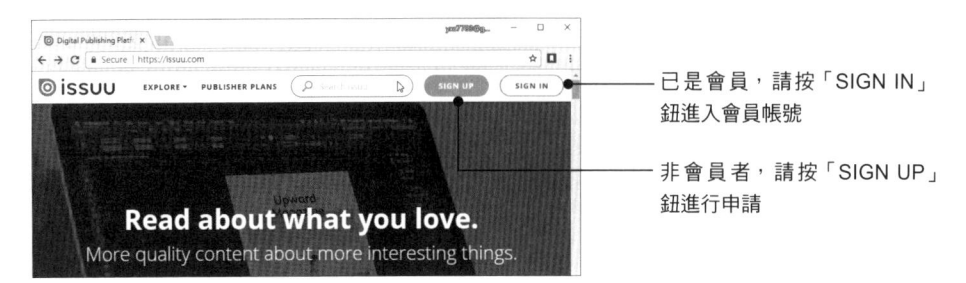

已是會員，請按「SIGN IN」鈕進入會員帳號

非會員者，請按「SIGN UP」鈕進行申請

要申請 issuu 的帳號，首先要輸入個人的資料名稱（Profile name）、電子郵件信箱（Email）和密碼（Password），再按下「Submit」鈕提交資料。

接著會告知你個人資料的網址（Profile URL），請按下「Create My Account」鈕建立個人帳戶，在個人帳戶中可以加入個人大頭貼。

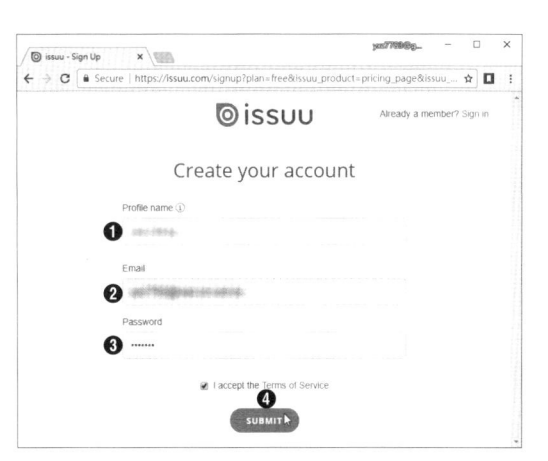

公司名稱、網址等資訊，也可以設定個人的社群網站資訊，像是 Instagram、Twitter、Facebook、Pinterest 等網址，完成之後就能進入到個人的帳戶之中，如下圖所示：

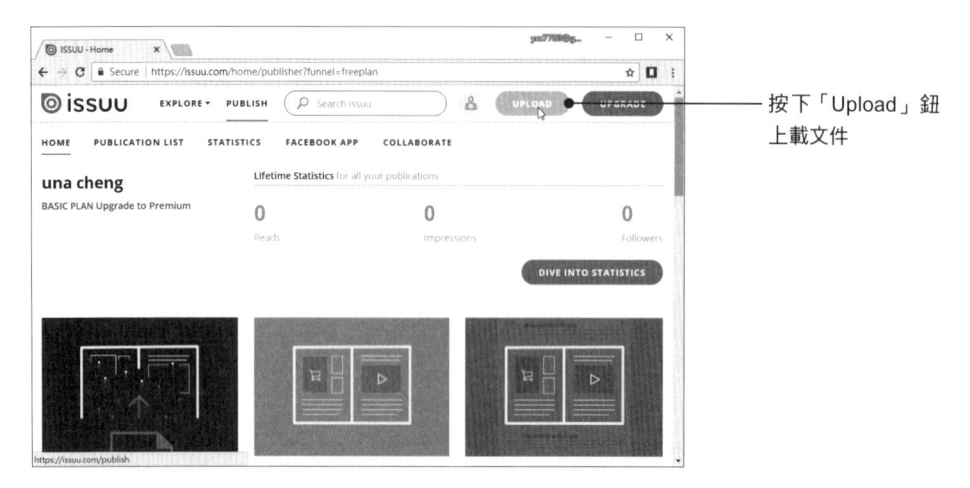

按下「Upload」鈕
上載文件

上傳文件

進入個人的帳戶後，由右上角按下「Upload」鈕，接著在開啟的視窗中按下「Select a file to get started」鈕選取要上傳的文件，或是使用拖曳方式將文件放入虛線的方框中，就可以開始上傳檔案。

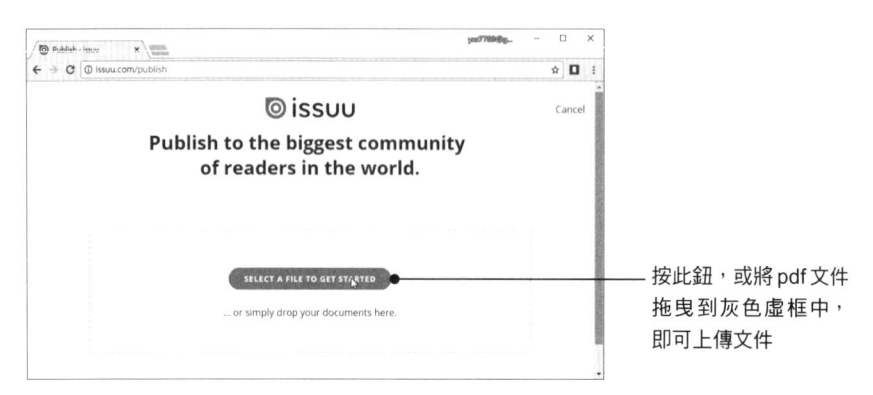

按此鈕，或將 pdf 文件
拖曳到灰色虛框中，
即可上傳文件

上傳文件後，稍等一下就可以看到如下畫面，讓各位瀏覽所出版的文件。

― 文件上傳結果

❶ 以滑鼠按下中間的「Fullscreen」鈕,將可以全螢幕瀏覽書籍

― 顯示動態的電子書

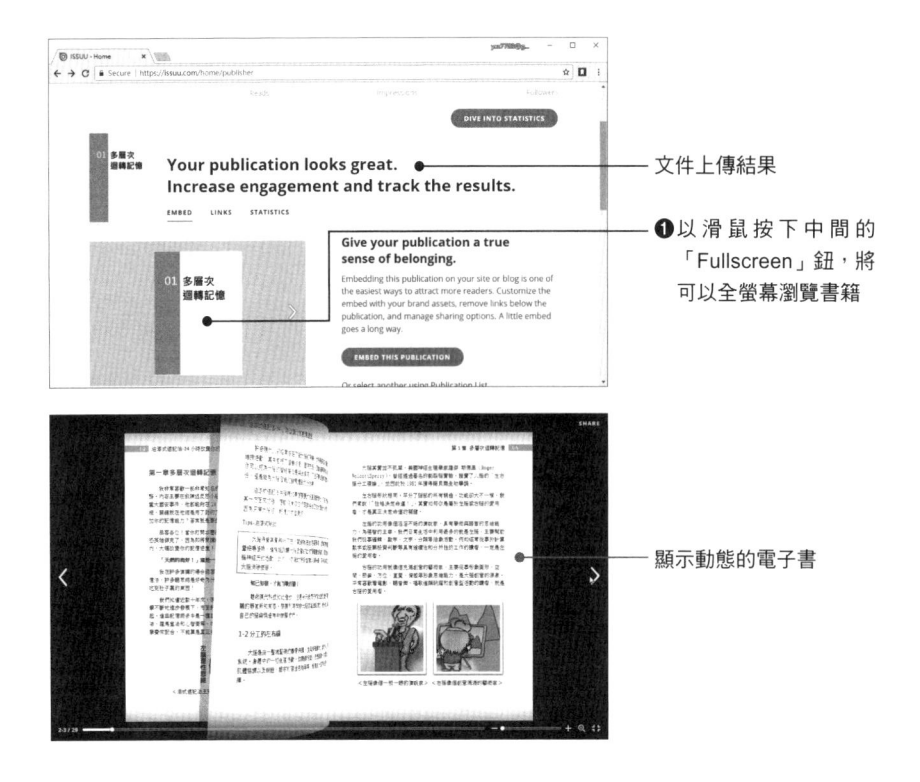

12.4.2 Issuu 的電子書管理與分享

在 issuu 的個人帳戶中,所上傳的電子書籍都可以在「Publication List」的出版物清單中看到,如果出版物需要再次上傳、刪除或下載,都可以按下出版物後方的 鈕進行管理。如下圖所示:

❶ 按此標籤

❷ 顯示所有已上傳的出版物清單

― 按此鈕可對出版物進行管理

279

要讓出版物有一個真實的歸屬感，可以考慮將出版物嵌入（Embed）到個人的網站上，以便吸引更多的讀者觀看，也可以使用互動鏈結（Links）的方式，讓讀者鏈結到你的出版物。要做嵌入（Embed）或鏈結（Links）的設定，可在如下兩個地方做選擇：

- 剛上傳文件後，若按下「Embed」標籤，再按下右側的「Embed this publication」鈕，就可以決定出版物的寬高、開始頁數、背景色彩、頁面編排等設定，按下「Get Code」鈕即可取得電子書嵌入網頁的 HTML 標籤，將取得的 HTML 標記語法貼入你的網頁中即可搞定。若是在如下視窗中按下「Links」標籤，再按下右側的「Link up your most recent upload」鈕則是針對連結進行設定。

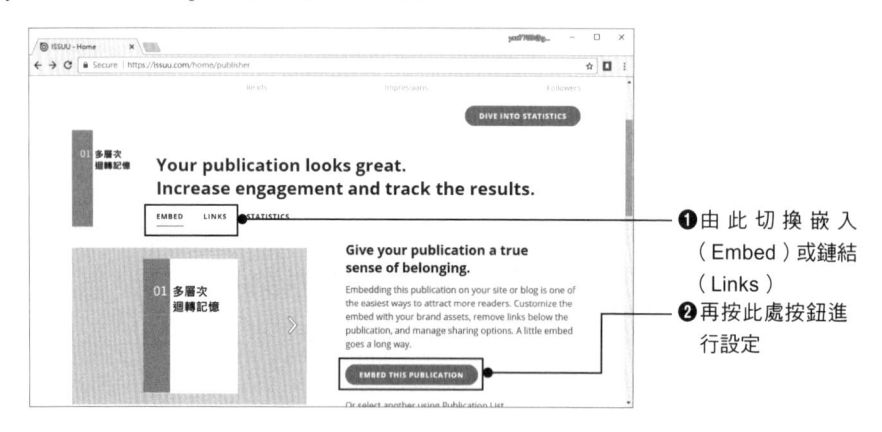

❶ 由此切換嵌入（Embed）或鏈結（Links）
❷ 再按此處按鈕進行設定

- 在「Publication List」出版物清單中，每個出版物下方也有提供嵌入（Embed）和鏈結（Links）的功能，直接點選該文字即可。

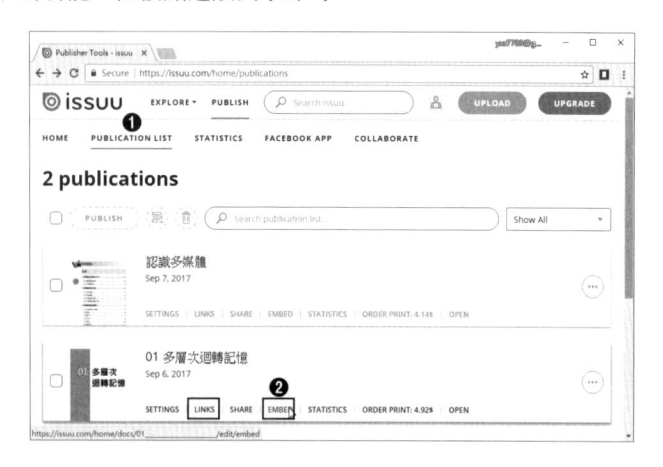

說明 登出 Issuu 帳戶
出版物上傳至 Issuu 網站後，如果要登出個人的帳戶，請按下網頁右上方的 鈕，再下拉選取「Sign Out」指令。

MEMO

MEMO

MEMO

MEMO

MEMO

MEMO

讀者回函

感謝您購買本公司出版的書，您的意見對我們非常重要！由於您寶貴的建議，我們才得以不斷地推陳出新，繼續出版更實用、精緻的圖書。因此，請填妥下列資料(也可直接貼上名片)，寄回本公司(免貼郵票)，您將不定期收到最新的圖書資料！

購買書號：＿＿＿＿＿＿＿＿ 書　　名：＿＿＿＿＿＿＿＿

姓　　　名：＿＿＿＿＿＿＿＿＿＿＿＿＿＿＿＿＿＿＿＿

職　　　業：□上班族　□教師　□學生　□工程師　□其它

學　　　歷：□研究所　□大學　□專科　□高中職　□其它

年　　　齡：□10~20　□20~30　□30~40　□40~50　□50~

單　　　位：＿＿＿＿＿＿＿＿＿＿　部門科系：＿＿＿＿＿＿＿

職　　　稱：＿＿＿＿＿＿＿＿＿＿　聯絡電話：＿＿＿＿＿＿＿

電子郵件：＿＿＿＿＿＿＿＿＿＿＿＿＿＿＿＿＿＿＿＿＿＿

通訊住址：□□□＿＿＿＿＿＿＿＿＿＿＿＿＿＿＿＿＿＿＿＿

您從何處購買此書：
□書局＿＿＿＿　□電腦店＿＿＿＿　□展覽＿＿＿＿　□其他＿＿＿＿

您覺得本書的品質：

內容方面：　□很好　　　□好　　　□尚可　　　□差
排版方面：　□很好　　　□好　　　□尚可　　　□差
印刷方面：　□很好　　　□好　　　□尚可　　　□差
紙張方面：　□很好　　　□好　　　□尚可　　　□差

您最喜歡本書的地方：＿＿＿＿＿＿＿＿＿＿＿＿＿＿＿＿＿＿

您最不喜歡本書的地方：＿＿＿＿＿＿＿＿＿＿＿＿＿＿＿＿

假如請您對本書評分，您會給(0~100分)：＿＿＿＿＿＿分

您最希望我們出版那些電腦書籍：

請將您對本書的意見告訴我們：

您有寫作的點子嗎？□無　□有　專長領域：＿＿＿＿＿＿＿＿

博碩文化網站　　http://www.drmaster.com.tw

歡迎您加入博碩文化的行列哦！

請沿虛線剪下寄回本公司

Give Us a Piece Of Your Mind

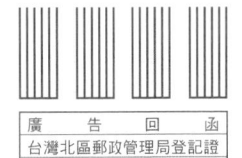

廣　告　回　函
台灣北區郵政管理局登記證
北 台 字 第 4 6 4 7 號
印 刷 品 ‧ 免 貼 郵 票

221
博碩文化股份有限公司　產品部
台灣新北市汐止區新台五路一段112號10樓A棟

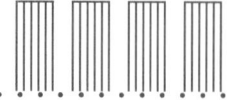

博碩文化

博碩文化